石油高等院校特色规划教材

油气生产过程风险控制

胡瑾秋　张来斌　编著

石油工业出版社

内容提要

本书以油气生产全生命周期过程风险的感知、识别、溯源、预警等为主线，系统描述了风险识别与危险剧情、安全屏障与保护层分析、系统性风险分析模型、复杂系统功能建模方法与风险推演、复杂系统故障传播行为分析方法、复杂系统异常工况溯源方法、数据驱动的异常工况在线监测与识别、风险预测预警方法，以及人因失误与人员风险评价等理论、方法与应用案例。

本书可作为高等学校安全类、石油化工类和机电类专业的本科、研究生教材，也可作为从事油气生产风险防控、安全与完整性管理、事故调查与应急等方向的工程技术人员业务学习用书或参考资料。

图书在版编目（CIP）数据

油气生产过程风险控制/ 胡瑾秋，张来斌编著. ——北京：石油工业出版社，2025.2

石油高等院校特色规划教材

ISBN 978-7-5183-6551-7

Ⅰ. ①油… Ⅱ. ①胡… ②张… Ⅲ. ①油气开采–高等学校–教材 Ⅳ. ①TE3

中国国家版本馆 CIP 数据核字（2024）第 042797 号

出版发行：石油工业出版社
（北京市朝阳区安华里二区 1 号楼　100011）
网　　址：www.petropub.com
编辑部：（010）64251610
图书营销中心：（010）64523633
经　　销：全国新华书店
排　　版：北京密东文创科技有限公司
印　　刷：北京中石油彩色印刷有限责任公司

2025 年 2 月第 1 版　　2025 年 2 月第 1 次印刷
787 毫米×1092 毫米　开本：1/16　印张：16.75
字数：406 千字

定价：45.00 元
（如发现印装质量问题，我社图书营销中心负责调换）
版权所有，翻印必究

前言

石油天然气行业是涵盖油气勘探、开发、生产、储运与加工利用等诸多环节的工业体系，不仅产业链长、涉及面广、区域跨度大、环节关联性强，且易受地质、环境、气候、社会等复杂因素影响，兼具高温高压、易燃易爆、有毒有害等危险性特点，是国际上公认的高风险行业。正所谓"千里之堤，溃于蚁穴"，重大灾难性事故的发生、发展、加剧，以及衍生、次生灾难的防控，亟须对油气生产过程风险加以感知、识别、评价、预警和决策控制。鉴于油气生产过程的复杂性和操作工况的多样性，油气生产"人—机—料—环"系统在全生命周期不同环节中的风险因素及其时空关联作用不同，但机理却有规律可循。

本书的编写源于对油气行业在复杂生产过程中面临安全与风险挑战的深刻认识，结合编者团队在油气生产全生命周期过程风险的感知、识别、溯源、预警等方面积累的十余年研究成果与最新研究进展。全书深入浅出地讲解了风险识别与危险剧情、安全屏障与保护层分析、系统性风险分析、复杂系统功能建模、故障传播行为分析、复杂系统异常工况溯源、数据驱动的异常工况在线监测与识别、风险预测预警，以及人因失误与人员风险评价等理论、方法、技术与应用案例。本书力求为油气安全科学与工程领域读者提供实用的分析工具和方法，使其能够在油气生产风险防控的实际工程中更好地应对和控制风险。同时，本书弥补了该领域教材的空白，为相关专业的本科生和研究生提供系统而全面的理论知识和应用实践经验。使用本教材的高校可根据人才培养目标定位对教学内容有所侧重，合理安排授课学时，部分章节可以通过自学掌握。

本书由中国石油大学（北京）安全与海洋工程学院胡瑾秋、张来斌编著。在本书的编写过程中，参考了大量文献资料，在此向这些参考文献的作者及图片的制作者表示真诚的感谢。本校研究生肖尚蕊、张蕾、马文豪、许子涵、孟令根、李雪妮、杨艾琳、刘若昕协助了资料收集整理、绘图和校对等工作，在此一并表示感谢。

由于编者水平有限，书中难免存在一些错误和不妥之处，敬请读者批评指正。

编著者

2024 年 10 月

目录

第一章 绪论	1
第一节 风险工程学概述	1
第二节 风险状态的分类	5
第三节 风险可接受准则和评价标准	6
第四节 风险感知	10
第五节 风险的表征	15
思考题	17
第二章 风险识别与危险剧情	18
第一节 在役装置 HAZOP 分析	18
第二节 风险矩阵法	27
第三节 危险剧情	29
思考题	32
第三章 安全屏障与保护层分析	34
第一节 保护层分析概述	34
第二节 确定初始事件频率	38
第三节 识别独立保护层	42
第四节 场景频率计算	57
思考题	60
第四章 系统性风险分析模型	61
第一节 国际系统性事故分析模型发展概况	61
第二节 系统性事故分析模型及其应用	63
思考题	88
第五章 复杂系统功能建模方法与风险推演	89
第一节 复杂系统	89
第二节 MFM 模型的基础理论	93

  第三节 MFM 模型建模方法 ……………………………………………… 95
  第四节 基于 MFM 模型的复杂过程风险演化推理机制 ………………… 107
  第五节 MFM 模型验证方法 ……………………………………………… 112
  思考题 ……………………………………………………………………… 121

第六章 复杂系统故障传播行为分析方法 ……………………………………… 122
  第一节 系统动力学理论 …………………………………………………… 122
  第二节 炼化系统故障传播行为的系统动力学表征 …………………… 127
  第三节 页岩气压裂井下事故的系统动力学表征 ……………………… 135
  思考题 ……………………………………………………………………… 149

第七章 复杂系统异常工况溯源方法 …………………………………………… 151
  第一节 基于关联规则的异常工况推理溯源方法 ……………………… 151
  第二节 格兰杰因果关系检验概述 ………………………………………… 155
  第三节 基于 BN-FRAM 的油气生产异常工况溯源方法 ……………… 161
  第四节 过程风险传播路径自适应分析及溯源方法 …………………… 171
  思考题 ……………………………………………………………………… 177

第八章 数据驱动的异常工况在线监测与识别 ………………………………… 178
  第一节 统计过程控制 ……………………………………………………… 178
  第二节 异常工况识别的多元统计方法 ………………………………… 189
  第三节 异常工况识别的特征选取方法 ………………………………… 201
  思考题 ……………………………………………………………………… 206

第九章 风险预测预警方法 ………………………………………………………… 207
  第一节 风险预测预警概述 ……………………………………………… 207
  第二节 故障诊断及故障预警 …………………………………………… 210
  第三节 基于炼化装置故障传播理论 …………………………………… 213
  第四节 炼化装置故障诊断预警方法应用实例 ………………………… 221
  思考题 ……………………………………………………………………… 230

第十章 人因失误与人员风险评价 ……………………………………………… 231
  第一节 人因失误理论 ……………………………………………………… 231
  第二节 人员可靠性分析方法 …………………………………………… 236
  第三节 人因分析和分类系统（HFACS） ……………………………… 238
  第四节 人员失误概率预测技术（THERP） …………………………… 243
  第五节 认知可靠性与失误分析方法（CREAM） …………………… 247
  思考题 ……………………………………………………………………… 256

参考文献 ……………………………………………………………………………… 258

第一章 绪 论

第一节 风险工程学概述

一、风险与事故

(一)风险的定义

"风险"一词最早出现在17世纪的西班牙,作为一种航海术语,意思是航海的时候遇上危机或者触礁,反映了资本主义早期商贸航行活动中的不确定因素。随着社会的发展,"风险"一词的含义不断丰富,有了更多的引申义。目前,对于风险(risk)的概念可以从经济学、管理学、保险学等不同的角度去认识。风险常被用于描述人们的财产受损和人员伤亡的危险情景,人们从事某项事业面临损失的情景,以及人们为获得某种利益和某种成功而甘愿付出的代价等。过去的风险定义包含:(1)损失的可能性;(2)损失的机会或概率;(3)潜在损失;(4)潜在损失的变化范围与幅度等。虽然风险的说法不统一,但都具有两个基本特征,即不确定性和损失性。

在工业生产系统中,美国化学工程师学会(American Institute of Chemical Engineers,简称AIChE)对风险的定义是:某一事件在一个特定的时段或环境中产生我们所不希望的后果的可能性。风险不仅意味着灾害、事故等不幸事件的存在,且特别强调其发生的可能性,具有概率和后果的双重性。风险 R 可以用发生概率 P 和损失程度 C 的函数来表示,即

$$R = f(P, C) \tag{1-1}$$

生产过程中,大量不确定因素的存在使得人们在从事生产的同时还承担一定的事故风险。事故风险存在三种类型:

(1)能量转换,指由于能量失控导致的伤害。能量转换分成物理模式和化学模式。物理模式指通过动能、势能以及其他能量之间的转化引起事故。化学模式指物质化合、分解等化学反应导致能量失控,使静态的化学能转化为物理能,对目标产生破坏力。两种模式包含的事故如图1-1所示。

物理模式	化学模式
物理爆炸	火灾
锅炉爆炸	爆炸
机械失控	剧烈反应
电气失控	……
核辐射	
热辐射	
……	

图1-1 两种能量转换模式包含的事故类型

(2)有害因素,指能对人的生命和健康造成危害的一些物质。一般包含以下三类:毒害,如氯气、重金属等;窒息,如二氧化碳等;生物性伤害,如细菌、病毒等。

(3)人的因素,指人的心理易受环境条件的影响,导致误操作,引起事故。

(二) 事故的定义

与风险紧密相连的是事故(accident)。事故一词极为通俗,事故现象也屡见不鲜,但对于事故的确切内涵却很难有一致的认识。《现代汉语词典》中对事故的定义是:生产、工作上发生的意外的损失或灾祸。美国数学家 Berckhoff 所提出的对事故定义较为常用,其定义是:人(个人或集体)在为实现某种意图而进行的活动过程中,突然发生、违反人的意志、迫使活动暂时或者永久停止的事件。Berckhoff 对事故还进行外延定义:(1)是一类特殊事件,来自人类生产、生活活动,无处无时不在,强调了预防事故的必要性;(2)是突然发生、出乎意料的事件,原因错综复杂,存在偶然因素,强调事故的随机性;(3)是导致活动停止的事件,影响、违背人的意志。

事故是一种动态事件,开始于危险的激化,并以一系列原因事件按一定的逻辑顺序流经系统而造成损失,如图1-2所示。根据对过去事故所积累的经验和知识,以及对事故规律的认识,可借助科学的方法和手段,对未来可能发生的事故进行预测。

风险因素 → 激化 → 损失 → 事故

图1-2 事故的动态演化过程

二、风险因素、风险事件和风险损失

(一) 风险因素

风险因素是指能够增加或引起风险事故发生频率大小的因素,它是风险事故发生的潜在因素,是造成损失的间接的和内在的原因。根据其性质,通常把风险因素分为实质性风险因素、道德风险因素和心理风险因素三类:

(1)实质性风险因素,属于有形因素,指能引起或增加损失机会与损失程度的物质条件,如失灵的刹车系统、恶劣的气候、易爆物品等。

(2)道德风险因素,属于无形因素,与人的不正当社会行为和个人的品德修养有关。常常表现为不良企图或恶意行为,故意促使风险事故发生或损失扩大,如不诚实、纵火、勒索等。

(3)心理风险因素,也属于无形因素,是指可能引起或增加风险事故发生和发展的人的心理状态方面的原因,如违章作业、一时疏忽造成的合同上的漏洞等。心理风险因素偏向于人的无意或疏忽,而道德风险因素强调的是人的故意或者恶行。

(二) 风险事件

风险事件是直接造成损失或损害的风险条件,它是酿成事故和损失的直接原因和条件。风险事件发生引起损失的可能性转化为现实的损失,它的可能发生或可能不发生是不确定性的外在表现形式。例如因水灾中断交通而引起巨大经济损失,水灾就成为风险事件。因此,风险事件是损失的媒介,它的偶然性是由客观存在的不确定性所决定的。

(三) 风险损失

风险控制与管理中的损失不同于一般损失,它是风险的结果,是风险承担者不愿看到的后果,是指非故意的、非计划的和非预期的经济价值的减少。对损失的大小进行度量,损失包含可见损失和无形损失,如图1-3所示。

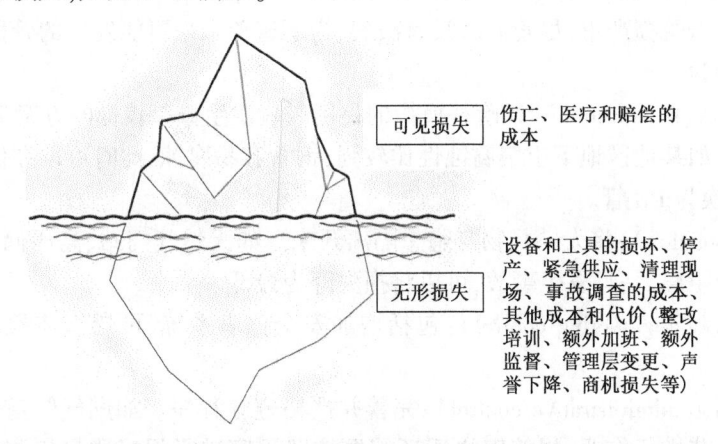

图1-3 可见损失和无形损失

可见损失：伤亡、医疗和赔偿的成本

无形损失：设备和工具的损坏、停产、紧急供应、清理现场、事故调查的成本、其他成本和代价(整改培训、额外加班、额外监督、管理层变更、声誉下降、商机损失等)

同时,损失可以分为直接损失和间接损失。直接损失指的是实质性的经济价值的减少,是可以观察、计量和测定的。间接损失指由直接损失引起的破坏事实,一般指额外的费用损失、收入的减少和责任的追究。例如,由于机器损失导致生产线中断所引起的直接损失是机器价值和产出的减少,而因未能按期交货而引起的客户索赔和造成订单的减少则是间接损失。

风险因素、风险事件和风险损失三者是紧密相关的。风险因素引发风险事件,风险事件导致风险损失,产生实际结果与预期结果的差异,这就是风险。

用"多米诺骨牌理论"表述上述三者的关系如图1-4所示。由图可以看出,一旦风险因素这张"骨牌"倾倒,其他"骨牌"都会相继倾倒。因此,为了预防风险、降低风险损失,就需要从源头抓起,力求风险因素这张"骨牌"屹立不倒。同时尽可能提高其他"骨牌"的稳定性,在上一张"骨牌"倾倒的情况下,下一张"骨牌"能够仅倾斜而不倾倒,即使倾倒也表现为缓慢倾倒而不是迅速倾倒,预留出应急响应等安全保护措施启动的时间。

风险因素 产生或增加⇒ 风险事件 引起⇒ 风险损失 产生⇒ 实际结果与预期结果之间的差异 ＝ 风险

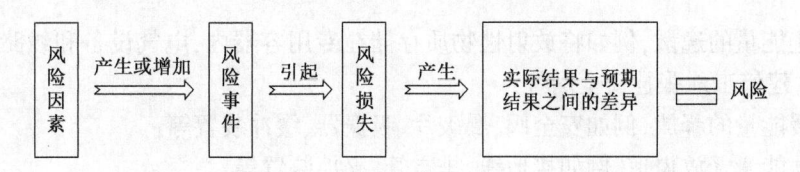

图1-4 风险因素、风险事件、风险损失与风险间的关系

三、风险与事故的控制

在工业生产中,风险控制指的是针对存在的风险因素,积极采取控制措施,以消除风险因素或减小因素的危险性,在事故发生前降低事故发生概率,在事故发生后将损失减少到最低限度,从而达到降低风险承担主体预期财产损失的目的。风险控制是风险管理过程中的中后段,

也是整个风险管理成功的关键所在。风险控制的目的在于改变生产单位所承受的风险程度,其主要功能是帮助生产单位尽量避免风险,预防损失,降低损失的程度,当损失无法避免的时候,务求尽量降低风险对生产单位所带来的不良影响。

在明确事故风险的控制、降低与消除措施前,首先要掌握以下几个国际通用名词:

(1)风险消除(elimination):风险消除是指消除风险的发生,从源头上杜绝损失。如某燃气管段受外力冲击受损严重,尽管此时没有破裂,为了避免未来可能发生的管段破裂事故而采取更换管段的行为。

(2)风险替换(substitution):风险替换指的是用风险发生概率较低的方案替换风险发生概率较高的方案。如某地区地下土壤腐蚀性比较强,钢管容易腐蚀,此时可以在保证压力强度的条件下,考虑更换为 PE 管。

(3)隔离(isolation):将人、财、物与隐患隔离开来。如天然气门站、高压储罐等危险源,要求保持一定安全距离,一旦发生事故,可以将损失降为最低。

(4)技术控制(engineering control):包括增加安全仪表系统、可燃气体检测、火灾探测等措施。

(5)程序控制(administrative control):完善并严格遵守程序。如燃气管道焊接施工,必须严格按照焊接工艺进行作业,焊接完之后还需要按照程序进行焊接质量检测等,确保焊接质量,杜绝隐患。

(6)个人保护(provide personal protective equipment):在施工或检修时,人员必须配备安全防护设备,防止受伤或中毒。

聚焦油气生产风险控制,存在 5 种事故风险的控制、降低与消除措施:

(一)限制能量的集中与积聚

(1)石油企业原油及其产品、化工原料——通过储量和周转量限额来限制能量集中;
(2)机械设备——限速;
(3)电气设备——采用低压装置,例如熔断器、断路器等;
(4)防止能量积聚——温度自动调节器、爆炸性气体报警器等。

(二)控制能量释放

(1)防止能量的逸散,例如将放射性物质存储在专用容器内,电气设备和线路采用绝缘材料防止触电,建筑工地张挂安全网等;
(2)延缓能量的释放,例如安全阀、爆破片、吸振器、缓冲装置等;
(3)建立能量释放渠道,例如接地线、排空管、火炬装置等。

(三)隔离能量

(1)在能源装置上采取防护措施,例如机械装置的防护罩,防冲击波的消波器,防噪声装置等;
(2)在能源装置和人之间设置防护屏障,例如防火墙、防水闸墙、辐射防护屏、安全帽、防护服、安全鞋等。

(四)防止人的失误

(1)创建安全性较强的工作条件,例如舒适的工作环境(照明、温度、湿度、色彩);
(2)设备符合人机工程学要求;
(3)加强人员的教育和训练;
(4)制定健全的规章制度和严格的督查检查制度。

(五)降低损失程度

配备紧急冲洗设备、急救医疗设备和报警装置。

第二节 风险状态的分类

风险的状态,可以理解为与人们现有的控制措施和能力相对应的风险水平。一方面,它与危险源在一定条件下导致事故发生的可能性和事故后果的严重性有关;另一方面,它又与人们现有的科学技术水平、安全管理水平及经济承受能力有关。

一、按风险是否可控分类

根据风险在人们现有综合能力的前提下是否处于可控范围内可以将风险状态分为:可以控制的风险状态和不可控制的风险状态,如图1-5所示。可以控制的风险状态,也就是人们可以利用现有的科学技术,经济地采取相应措施消除、降低、控制风险。不可控制的风险状态,就是对现存的风险,无法利用现有的科学技术去控制它,如地震、海啸、火山爆发、天体坠落等;或者技术上可以控制风险但经济上却不可行,如许多重工企业(炼钢厂、焦化厂、炼油厂、水泥厂等)都要排放大量的烟雾,这就对大气环境构成了危害,要消除或降低这些烟雾,一个技术上比较可行的办法是用清洁能源代替煤油,但这样在经济上却难以承受。

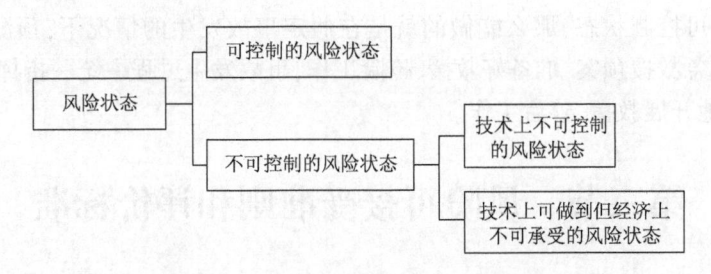

图1-5 风险状态分类图(是否可控)

二、按风险是否稳定分类

从不同角度看,风险的状态会不一样。站在风险控制的角度,所要知晓的不仅是现在的风险状态,更具实际意义的是风险的发展趋势,这实际上可以归结为风险是处于稳定的还是变化的状态(图1-6)。严格地讲,风险总处于一个动态的变化过程之中,不存在绝对稳定的风险状态,我们提出的稳定和变化是一个相对的状态。要准确判定风险处于稳定的状态还是变化的状态,如果处在变化的状态,那么是恶化状态还是改善状态?这就属于风险预测的范畴,在准确预测出风险的变化趋势后,就能够更加合理地采取对策和措施控制风险。

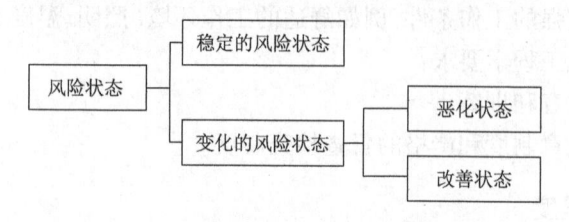

图1-6 风险状态分类图(是否稳定)

三、按风险的重要性和急迫性分类

也可以根据风险的重要性和急迫性把风险状态分成四类(图1-7)。

Ⅰ、重要且急迫的风险。如燃气储罐发生泄漏而导致火灾爆炸的风险;生产过程中安全阀被发现失灵的风险。

Ⅱ、重要不急迫的风险。如安全阀生产企业在抽检过程中发现某批安全阀不能达到预期泄压效果;城市输气钢制管道发生腐蚀。

Ⅲ、急迫不重要的风险。如生产作业场所无标志、标志不清楚或不规范。

Ⅳ、既不重要又不急迫的风险。如作业场所光照不足、通风欠佳等。

图1-7 风险状态分类图(重要性和急迫性)

如果风险尚处于可控制的状态,那么看它处于Ⅰ、Ⅱ、Ⅲ、Ⅳ哪种状态,把风险分成以上四种状态后,可以根据"要事优先"原则,相应地采取措施应对不同的风险。分轻重缓急,然后主要的工作是寻找适当的措施,消除、降低和控制风险。如果风险处于不可控制状态,那么能做的就是在假定事故发生的情况下,预测事故发生的时间、地点,制订应急救援预案,准备好救援、抢险工作,事故发生过程中统一指挥、协调各个相关部门,有条不紊地开展救援、善后工作。

第三节 风险可接受准则和评价标准

一、制定风险可接受准则的基本原则

(一)风险的度量

前面已经提及,风险比较通用的定义为:风险是事故发生概率与事故造成的环境(或健康)后果的乘积。由于死亡风险比较直接和容易被定义,也易于与生活中的其他风险相比较。因此,在大多数风险评价中,通常采用死亡的概率作为风险的度量。

按照接受风险的主动与否,将风险分为:

(1)自愿风险,指能够带来很大的经济收益或者本身很吸引人的风险,例如赛车、危险体育项目等;

(2)强制风险,指真实存在但受经济和技术的制约,人们还没有能力完全消除,不得不接受的风险,例如癌症等。

按照风险的主体将风险分为:

(1)个人风险,指在某一特定位置长期生活、未采取任何防护措施的人员遭受特定危害的频率,此危害通常指死亡。个人风险常用风险等值线图表征。

(2)社会风险,描述事故发生概率与事故造成的人员受伤数或致死数间的相互关系,社会风险可以用"累计频率—死亡人数曲线($F-N$ 曲线)""余补累计频率分布"或"余补累计函数"等表征。

英国健康与安全执行局(Health and Safety Executive, HSE)提出了基于伤害的风险度量方法:

(1)几乎使每个人都非常难受;

(2)相当大的一部分人需要医疗护理;

(3)有些人严重受伤,需要长时间的医疗护理;

(4)任何身体非常虚弱的人都有可能死亡。

满足上述条件的风险度量称作"危险"的剂量,因为其可以导致死亡。所要评价的风险是暴露在危险剂量下的风险。

(二)基本原则

在制定风险接收准则时应遵循以下原则:

(1)重大危害度对个人或公众成员造成的风险不应显著高于人们在日常生活中接触到的其他风险;

(2)只要合理可行,任何重大危害的风险都应努力降低;

(3)在有重大危害风险的地方,具有危害性的开发项目不应对现有的风险造成显著的增加;

(4)如果一个事件可能造成较严重的后果,那么应努力降低此事件发生的概率,也就是要努力降低社会风险。

二、风险的评价标准

在制定定量风险评价标准时,最简单和直接的方法是:对个人风险定义一个标准值,如果个人风险水平大于这个标准值,则认为这种风险是不可接受的,如果小于这个标准值,则认为可以接受。对于社会风险,可定义一条标准的 $F-N$ 曲线,如果社会风险水平在这个标准曲线以上,则认为这种风险是不可接受的,如果在这个标准曲线以下,则认为可以接受。这样制定的风险标准容易使用,但是在实际应用过程中,评价标准应当有一定的灵活性。目前普遍接受的风险评价标准一般都可分为上限、下限和上下限之间的"灰色区域"3个部分(图1-8)。"灰色区域"内的风险,需要根据开发项目和当地的具体情况采用包括成本—效益分析等手段进行详细分析,以确定合理可行的措施来尽可能地降低风险。

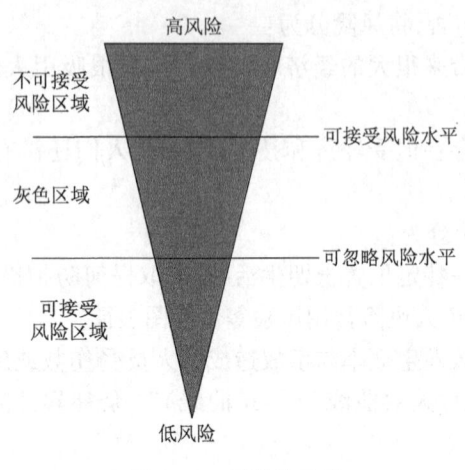

图 1-8 风险的标准

(一) 个人风险标准

在制定个人风险标准时,需要了解人们在日常生活中接触到的风险水平,比如交通事故的风险、致命疾病的风险等。1988年英国交通事故的死亡风险是每年 1×10^{-4},雷击死亡的风险是每年 1×10^{-7}。近年来,美国由于自然灾害造成的死亡风险水平大约是每年 5×10^{-6},挪威大约是每年 2×10^{-6}。

1982年Keltz提出工业设施对距离最近居民的最大死亡风险水平是每年 1×10^{-6},这一风险水平在英国、美国和丹麦等国家的一些公司的内部风险分析中使用了许多年。1988年Ramsey提出大型管线对距离最近居民的最大死亡风险水平是每年 4×10^{-4}。1989年Taylor等提出个人死亡风险水平最大是每年 1×10^{-6}。表1-1列出了英国、荷兰等国家或地区制定的个人风险标准。

表 1-1 部分国家或地区制定的个人风险标准

国家或地区	适用范围	最大可接受的风险	可以忽略不计的风险
荷兰	新建工厂	1×10^{-6}	无
荷兰	现有工厂	1×10^{-5}	无
英国	现有危险性工业	1×10^{-5}	1×10^{-6}
英国	新建核电站	1×10^{-4}	1×10^{-5}
英国	现有危险物品运输	1×10^{-4}	1×10^{-6}
中国香港	新建工厂	1×10^{-6}	无
澳大利亚新南威尔士	新建工厂	1×10^{-5}	无
美国加利福尼亚圣巴巴拉	新建工厂	1×10^{-5}	1×10^{-6}

1989年,英国为邻近重大危害性工业设施的土地利用规划提出的风险下限是每年 1×10^{-6}。但这里所说的风险是指接受危险剂量的风险而不是死亡风险,对于一部分高危人群来说,危险剂量会导致死亡,这一标准约等于每年 1×10^{-7} 的死亡风险;而对于大多数人来说,这一标准约等于每年 0.333×10^{-6} 的死亡风险。对于危害性工业设施应采用严格的标准,英

国以每年 1×10^{-5} 作为上限。

从以上分析可以看出,英国为邻近重大危害性工业设施的土地利用规划所提出的个人风险上限是英国交通事故死亡风险的十分之一,风险下限(可以忽略不计)大约是被雷击而导致死亡的风险的 10 倍。

(二)社会风险标准

制定社会风险标准的一种方法是,利用现有的某种特定危害的 $F-N$ 曲线,也就是取现有的 $F-N$ 值的一个部分作为标准。社会风险的标准应该足够低,以便于在可预见的将来,所有符合标准的开发项目不会对现有的社会风险造成很大增长。

1979 年荷兰提出的可接受的社会风险标准为:导致一个人死亡的社会风险水平每年 1×10^{-6} 是 $F-N$ 曲线的起点,$F-N$ 曲线与死亡人数的平方成反比下降。在灰色区域中可以寻求安全的改进,尽可能降低风险,这个灰色区域的上限是死亡人数为 1000 人。

1989 年 Taylor 等人也提出了社会风险标准(图 1-9),并在许多国家的近 50 个工厂中得到应用。该标准表明导致一个人死亡的社会风险水平是每年 1×10^{-4},并提出应当考虑严重或永久性伤害,以及后续伤害的可能性。

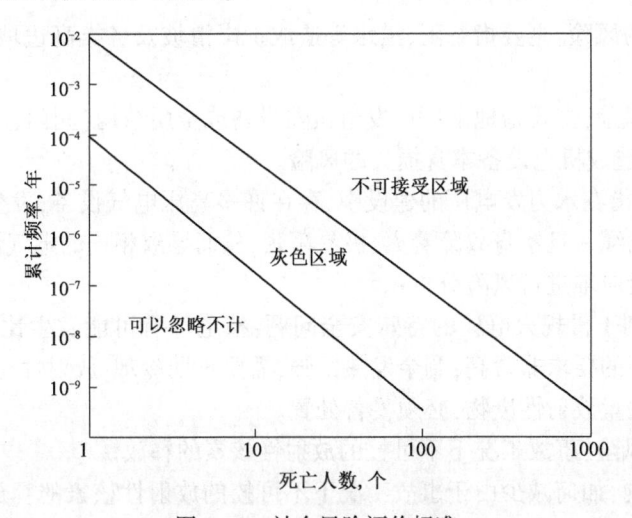

图 1-9 社会风险评价标准

1988 年英国在邻近重大危害工业设施的土地利用规划中,对社会风险的处理是将各种类型的开发项目换算成相应规模的住宅开发项目,然后根据其个人风险水平和住宅项目的规模来判断风险的大小。据此提出可接受的风险水平为:

(1)为超过 25 人提供住宅的开发项目的个人风险水平小于每年 1×10^{-5};

(2)为超过 75 人提供住宅的开发项目的个人风险水平小于每年 1×10^{-6};

(3)对于零售和休闲设施来说,中等大小的项目的个人风险水平小于每年 1×10^{-5},大型项目的个人风险水平小于每年 1×10^{-6};

(4)如果涉及福利设施(医院、护理中心等)时,应采用更严格的标准。

由此可见,风险可接受程度对于不同国家和不同行业,根据系统、装置的具体条件有着不同的准则。风险评价标准是为管理决策服务的,风险评价标准的制定必须是科学的、实用的,即在技术上是可行的,在灾害承受能力中有较强的可操作性。标准的制定,首先要反映公众的价值观、灾害承受能力。不同地域人群,由于受价值取向、文化素质、心理状态、道德观念、宗教习俗等诸多因素影响,承灾能力差异很大。其次,风险评价标准必须考虑社会的经济能力,标准过严,社会经济能力无法承担,就会阻碍社会发展。因此必须进行费用—效益分析,寻找平衡点,优化标准,从而制定科学、合理的风险评价标准。

第四节 风险感知

一、风险感知的概念

在阐述风险感知的具体概念前,先思考一个问题:作为城市中生活的居民,您认为水电站与核反应堆相比较,哪一个地点的危险程度高呢?相信对于大多数普通居民,其回答都是核反应堆的危险程度更高。实际上众多小水电站的风险要远远高于核反应堆的风险,为什么大众只对后者感到恐惧?

首先对水电站进行一个简单的风险分析:

(1)自然条件的风险:主要指暴雨、洪水等造成护岸滑坡及各类高边坡塌方或滚石导致建筑物损坏的风险。

(2)意外事故风险:主要指地下厂房发电机器设备或金属结构(阀门、启闭机等)在运行过程中由于内在原因造成机电设备本身损失的风险。

(3)火灾:主要指在水力发电厂的建设中,存在许多高压电气设备,发生火灾的概率较高。同时,星罗棋布的电缆一旦本身故障着火,极易蔓延,从而导致相连的电气设备、仪表等烧毁。

同样地,对核反应堆进行风险分析:

(1)核电厂区别于常规火电厂的特殊安全问题:核电厂有可能发生比设计功率高得多的超功率事故,对控制的要求非常高;剩余发热很强,需要长期冷却;放射性运行、关闭时,需要屏蔽;核电厂会产生大量放射性废物,必须妥善处置。

(2)核电站的风险:事故工况下不可控的放射性核素的释放。

(3)核安全问题:如何减少由于事故工况下不可控的放射性核素的释放对于工作人员、居民和环境造成的危害。

由上述问题引入风险感知的概念:风险具有不确定性,不确定性依赖于个人的知识、能力、经验、偏好等因素,而个人的知识、能力、经验、偏好又与个人的风险态度和风险承受能力密切相关。分析家们在评估危险时使用的复杂深奥的分析技术称为"风险评估",而大多数公众依靠的则是直觉风险判断,一般称为"风险感知"。

风险感知是个体对存在于外界各种客观风险的感受和认识——从感知上认识危险和有毒有害物质及其指示物,即对物体、声音、气味的感觉。风险感知强调个体由直观判断和主观感受获得的经验对个体认知的影响。换言之,就是不同人的感觉能力不同,因而会感受到不同程度的危险。例如因疲劳、疾病、酒精的影响而感知能力暂时受损;由于分心、警惕性不够也可能察觉不到危险。

大众对客观事物的认知必然影响其对待客观事物的态度。诸多涉及大众的国家决策,都须争取人们的理解和支持。大众的态度也是决策者决策的依据之一。存在风险的问题往往是大众敏感的问题。因此,大众的"风险感知"是决策者不能忽视的。这也是"风险感知"研究的意义所在。

风险感知存在两个维度:忧虑风险维度(dread risk)和未知风险维度(unknown risk)。忧虑风险维度与风险的灾难性和不可控程度相联系,不可控程度、忧虑的潜在性和后果的致命性同这个主成分有高相关性。未知风险维度代表风险的可知性程度,新奇度、对科学知识的了解和效果的延迟同这个主成分有高相关性。

二、风险感知的影响因素

影响风险感知的因素包括个体因素、期望水平、风险沟通、风险的可控程度、风险的性质、知识结构、成就动机、事件风险度等八个因素。

(一) 个体因素

人格特征、知识经验等个体因素会导致不同的风险认知特点。个人风险态度分类为:(1)风险偏好者;(2)风险中立者;(3)风险厌恶者(风险回避者)。

风险偏好者的特点为:视风险为机遇或契机;低估风险;喜欢高波动性;假设最好的情景;强调收益的可能性;乐观主义者;喜欢模糊;喜欢变化;偏好不确定性。

风险厌恶者的特点为:视风险为危险;高估风险;喜欢低波动性;假设最差的情景;强调损失的可能性;悲观主义者;喜欢清晰;不喜欢变化;偏好确定性。

风险中立者的特点,介于以上二者之间。

(二) 期望水平

1. 个人风险态度

风险情景(期望值)对于个体的风险认知有着参照性的作用。个体对风险的期望值不同,会导致他们对风险的态度有差异。Yates 和 Stones 认为,风险是各类损失的总和。但任何一种风险概念都应该包括一定成分的"机会",甚至只是一种避免损失的机会,即风险情景中"收益"的成分。当个体的期望低于参照点时,个体处于欲望未获满足的状态,因此会将情景知觉为"损失"的特征。

2002年诺贝尔经济学奖获得者、著名心理学家卡尼曼(Kahneman)提出卡尼曼前景理论。他开展了一个心理实验,实验包括两个问题,每一问题均有两个选项。

(1)问题一:

A. 确定的 3000 美元收入;

B. 80% 的可能获得 4000 美元,20% 的可能获得 0 美元。

(2)问题二:

C. 确定的 3000 美元损失;

D. 80% 的可能损失 4000 美元,20% 的可能无损失。

上述两个问题涉及相同的金额和概率,唯一区别是,问题一涉及收入,问题二涉及损失。

针对问题一,大部分人会选择 A,也就是在一个金额确定但相对较小的收益和一个金额相对较大但没有保证的收益之间,大多数人会选择前者。选项 A 被认为是风险厌恶者的选择,而选项 B 是风险偏好者的选择。在问题二中,C 是确定的、风险厌恶型的选项,D 是不确定的、风险偏好型的选项。在面临损失的可能性时,大多数人改变了他们的偏好而选择 D。两害相权取其轻,当所有备择选项都有害时,多数人偏好有 20% 可能不发生损失的选项,而不顾 80% 发生较大损失的可能,表现为风险偏好型。事实上,选项 A 和 D 的偏好都表明了不愿意承担损失的心理学现象,即损失的不确定性使一个人在面对问题一时表现为风险厌恶者,面对问题二时表现为风险偏好者。在两种情形下,人们都不愿意放弃已有的或肯定会有的金钱或财富,而且多数人面临损失选项时的风险承受能力高于面临收益时的情形。

上述结果说明,安全性是人类最基本的需求,人们对待风险的态度中最核心的部分是不愿意承担风险。

针对个人风险态度衡量,可以采用"博彩"衡量法("标准赌博"衡量法)定量划分。

(1) 案例一:

假设用 Z 元买彩票,有 30% 的概率得到 100 元,70% 的概率什么也得不到。你打算投入多少钱?

"博彩"衡量法需要计算期望值,案例一的期望计算见式(1-2):

$$E(R) = 100 \times 0.3 + 0 \times 0.7 = 30 \tag{1-2}$$

若 $Z > E(R)$,则称为风险偏好者;若 $Z = E(R)$,称为风险中立者;若 $Z < E(R)$,称为风险厌恶者。

(2) 案例二:

如果你被告知你刚刚从一个有点古怪的叔叔那儿得到了一笔遗产,你有两个选择:

A. 接受 10000 美元现金。

B. 参加一个从一个装有 90 颗黑弹子和 10 颗白弹子的罐子里取弹子的游戏。假如你取到的是黑弹子,你得到 1000 美元;假如你取到的是白弹子,你得到 100000 美元。你将作何选择,为什么?

首先计算一下平均期望,在该案例中 $Z = 10000$,$E(R)$ 由式(1-3)得到。

$$E(R) = 1000 \times 0.9 + 100000 \times 0.1 = 10900 \tag{1-3}$$

2. 个体决策影响因素

个人如何感知和处理有关不确定事件的信息?个人在一定程度上体现了非理性的判断或行为,这些判断失误或非理性行为源于个人处理信息的有限能力以及情感方面的干扰。个体决策的影响因素如下。

(1) 直觉判断的盲目自信。

在实际生活中,大多数人(包括专业人员和门外汉)对自己所作的判断盲目自信。某研究让人们作一个选择,然后自己估计该选择正确的概率。结果表明,如果人们相信自己有 80% 的正确概率,实际正确的概率只有 70%;当一个人完全确信某一事物时,尤其容易发生这种误差。另一项研究表明,当人们认为某件事一定会发生时,它的发生概率其实只有 80%;而当人们认为某一件事一定不会发生时,它仍然有 20% 的发生概率。虽然这些数据未必是精确的,但人们对直觉判断过于自信却是不争的事实。

通常,人们掌握相关信息越多,对所做的决策就会显得越自信,而在决策时实际使用的信息或线索往往不像自己声称的那样多。在大多数情况下,次要信息或线索的重要性容易被高估。

(2) 短期趋势缺乏代表性。

多数人忽略了大数法则,经常依据没有代表性的或偏高的小样本进行风险评估,却没有意识到长期规律未必会在短期内表现出来的客观事实。

(3) 否认风险的存在。

实际上,当人们自愿参与某项活动时,往往不能客观评估风险的实际水平。虽然人们知道统计概率,但总是不愿相信这种概率会发生在自己头上,从而主观上否认风险的存在。美国保险信息研究所的一项研究表明,在床上吸烟的人中,只有58%的人认为这是有风险的行为,而不在床上吸烟的人却有92%认为是有风险的,差异显著。人们认为自身熟练的技能可以降低自己所从事活动的风险。比如,很多滑雪运动爱好者不认为滑雪运动是有风险的。还有一些人否认风险的存在是因为他们把自己想得过于幸运,即使只有10%的可能性,也总是认为自己肯定会成为幸运儿。

生活中很多人不愿购买保险,部分原因就是上述盲目乐观。一些保险代理人向具有购买力的客户介绍死亡率、伤残率和住院率等经验数据时,多数人不以为意,认为这种统计概率不会发生在自己身上,或者至少认为自己早逝、住院、伤残的概率低于平均水平。一项研究首先告诉被调查者,每年遭受持续三个月以上的伤残概率为19‰,然后让他们估计自己遭受类似伤残的概率。结果,被调查者自我估计的平均概率仅为6‰,远低于19‰的统计水平。在实际生活中,人们很容易忽视小概率事件,而且经常将小概率事件等同于不可能事件。这种误解使得很多人即使面临巨灾风险,在面对定价偏低的保险产品时,也不愿意投保。

(4) 对完全消除风险与降低风险的不同反应。

假设可能的收益金额为2000元,获得该收益的确切概率不知道,考虑获得该收益的三种概率情形:①从0%增加到1%;②从41%增加到42%;③从98%增加到99%。上述三种情形都是增加1个百分点,但被调查者愿意支付的额外代价并不相等,愿意为情形①和情形③支付的代价均高于情形②。考察人们对降低风险与完全消除风险的不同反应,可以发现大多数人不成比例地高估完全消除风险的价值。

(5) 熟知性偏误。

为什么一个人对国家、公司、产品等情况了解得越多,所感受到的风险就越小?大多数人惧怕未知和不熟悉的事物,因此,人们对未知风险的恐惧程度远高于对熟知风险的恐惧程度。例如资深投资者的风险承受能力总是高于刚刚起步的投资者;2003年春夏之交的SARS疫情就是最好的证明,事实上,在300多人死于SARS的3个月期间,全球已有不下10万人死于交通事故。为什么前者引起那样的恐慌,而后者没有产生任何恐惧感?又或是在生活中,如果我们熟知的某人死于某种疾病,我们就可能高估该疾病导致死亡的概率。我们有时更相信来自朋友处的信息,而不相信更具代表性和可靠性的统计信息。

还要引起注意的是,人们对于自己亲身经历的事物总是感觉特别熟悉和印象深刻,而这容易对相关风险的评估产生影响。例如除非被警察多次警告,大多数人通常不系安全带,而一旦获知朋友或邻居因不系安全带而死亡时,就会自觉系上安全带。

(6)受期限长短的不当影响。

一般人总是在心理上高估短期风险,低估长期风险。研究表明,10~15年是多数人可以接受的最长期限。

(7)情绪对风险承受能力的影响。

良好的情绪可能产生更多的正面预期,降低可感受的风险;而不良的情绪容易使人高估风险。

(8)承担决策后果的当事人。

(9)心理账户。

心理账户是芝加哥大学行为科学教授理查德·塞勒(Richard Thaler)提出的概念。通过下面的案例说明该概念:

①如果今天晚上你打算去听一场音乐会,票价是200元,在你马上要出发的时候,你发现你把最近买的价值200元的电话卡弄丢了。你是否还会去听这场音乐会?

②假设你昨天花了200元钱买了一张今天晚上的音乐会门票。在你马上要出发的时候,突然发现你把门票弄丢了。如果你想要听音乐会,就必须再花200元钱买张门票,你是否还会去听?

两个回答其实是自相矛盾的。面对问题①大部分人会选择去听,而面对问题②大部分人会选择不去听。

不管丢的是电话卡还是音乐会门票,总之是丢失了价值200元的东西,从损失的金钱上看,并没有区别。之所以出现上面两种不同的结果,其原因就是大多数人的心理账户的问题。人们在脑海中,把电话卡和音乐会门票归到了不同的账户中,丢失了电话卡不会影响音乐会所在的账户的预算和支出,大部分人仍旧选择去听音乐会。但是丢了的音乐会门票和后来需要再买的门票都被归入了同一个账户,所以看上去就好像要花400元听一场音乐会了,人们当然觉得这样不划算了。

(三)风险沟通

当广泛涉及人们利益的风险事件发生以后,信息的缺乏会引起人们的高度焦虑。同样地,人们接收信息的渠道,信息传播的时间顺序、方式和范围都会影响个体的风险认知(涟漪效应)。

(四)风险的可控程度

当个体可以控制他们的行为或事物互动的结果时,个体是属于收益取向的,即重视可能的好处更胜于避免可能的损失;而当个体无法控制结果时,个体是属于损失取向的,即重视可能的损失更胜于可能的好处。

(五)风险的性质

研究发现,人们对概率小而死亡率大的事件风险估计过高,而对概率大而死亡率小的事件风险估计过低;对迅速发生、一次性破坏大的风险估计过高,对长期的、潜伏性的风险估计过低。

(六) 知识结构

研究表明,如果人们对特定风险事件的相关知识了解得比较全面,那么对该事件结果的认知能够客观地知觉。

(七) 成就动机

个体在冒险性上的差异与个体渴望成功与恐惧失败的不同倾向有关,尤其在需要技能的条件下更是如此。

(八) 事件风险度

事件风险度会影响个体的风险认知,所以当个体面对高风险度的事件时,会知觉到较大的风险;当个体面对低风险度的事件时,会知觉到较小的风险。

第五节 风险的表征

风险的表征即将风险进行某种形式的定量化,通常用个人风险和社会风险进行表征。

一、个人风险的量化表征

个人风险值表示某一位置的风险水平,与距离风险源的远近有关,通常采用风险等值线直观表示(图 1-10)。

个人风险是空间位置坐标的函数,体现为区域地图上的风险等高线,称为 Individual Contour(图 1-11)。个人风险值给出了给定条件下位置的风险信息,而不考虑此处是否存在人员。因此,个人风险不是针对任何人员,而是针对装置/设施以外某一被计算的具体位置。

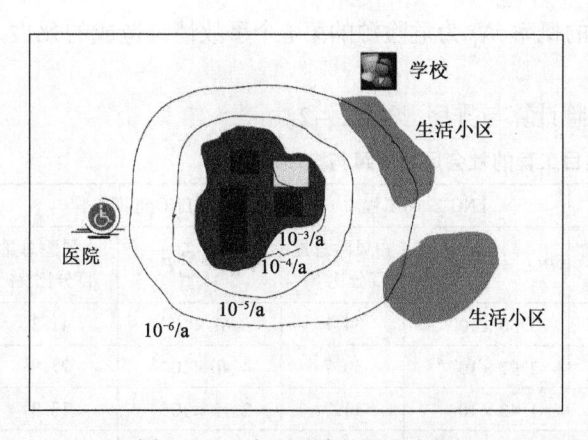

图 1-10 个人风险的量化表征　　图 1-11 风险等高线

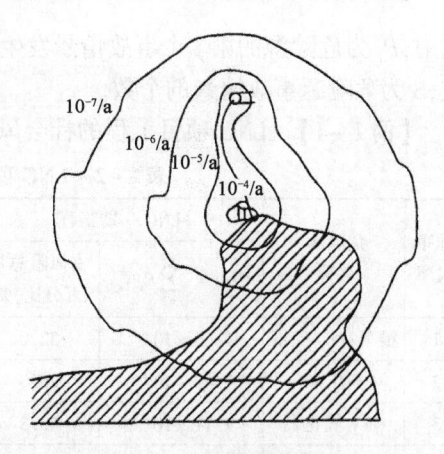

个人风险值 IR,指区域内某一固定位置的人员,因区域内各种潜在事故施加于其的个人死亡的概率(或者特定的伤害水平),体现为不同水平的风险等值线(图 1-12)。其计算如下:

$$R(x,y) = \sum_{s=1}^{N} f_s v_s(x,y) \tag{1-4}$$

式中，f_s 为事故发生概率，v_s 为某位置个人由于事故而死亡的概率。

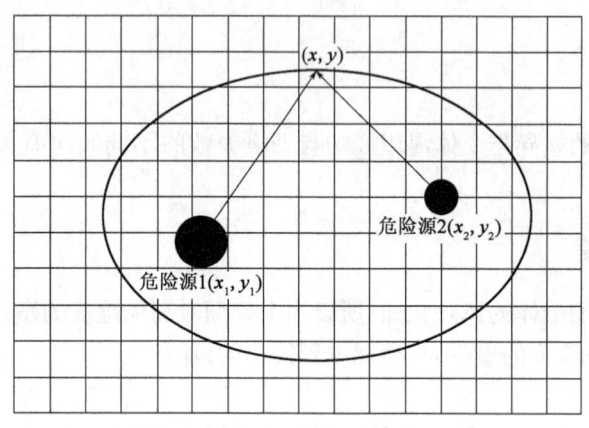

图 1-12　风险等值线

二、社会风险的量化表征

社会风险是给定人群遭受特定水平的伤害的人数和发生频率之间的关系。其特点是除了对直接受害者产生立即影响外，也对社会造成长期危害。社会风险是与周围人口密度相结合的危险活动的风险量度，没有人员出现在危险活动的现场，则社会风险为零，而个人风险值可能较高。

量化社会风险通常使用潜在生命损失值 PLL（potential life lost）。PLL 值表征了单位时间内造成一个生命损失的可能性，通常用人/年表示，可按式（1-5）计算：

$$PLL = \sum_{i=1}^{S} P_i N_i \tag{1-5}$$

式中，P_i 为危险源的第 i 个事故情景发生的概率，N_i 为危险源的第 i 个事故情景造成的死亡人数，S 为危险源事故情景的个数。

【例 1-1】　LNG 项目工程的社会风险计算与排序，见表 1-2。

表 1-2　LNG 项目工程的社会风险计算与排序

排序次序	危险源名称	LNG 一期工程 $PLL = \sum_{i=1}^{S} P_i N_i$	占风险总量百分比,%	LNG 二期工程 $PLL = \sum_{i=1}^{S} P_i N_i$	占风险总量百分比,%	LNG 远期工程 $PLL = \sum_{i=1}^{S} P_i N_i$	占风险总量百分比,%
1	槽车 LNG 支管	1.65×10^{-4}	32.0	3.30×10^{-4}	34.1	6.61×10^{-4}	41.3
2	高压泵	1.49×10^{-4}	29.0	2.97×10^{-4}	30.7	4.46×10^{-4}	27.9
3	ORV 气化器	7.11×10^{-5}	13.8	1.42×10^{-4}	14.7	2.13×10^{-4}	13.3
4	SCV 气化器	6.56×10^{-5}	12.8	1.28×10^{-4}	13.2	1.91×10^{-4}	11.9
5	再冷凝器	5.12×10^{-5}	10.0	5.12×10^{-5}	5.3	5.12×10^{-5}	3.2
6	LNG 储罐	1.23×10^{-5}	2.4	1.96×10^{-5}	2.0	3.69×10^{-5}	2.3
	PLL 求和	5.14×10^{-4}	100	9.68×10^{-4}	100	1.60×10^{-3}	100

个人风险关注的是点,社会风险关注的是面。社会风险反映的是公众所面临的风险,是为保护社会公众而设置的。

三、风险容许标准

不同人群对不同水平风险的感受和承受是不同的,据此提出的安全要求也是不同的。个人风险和社会风险的容许标准是地方政府和公司企业进行安全决策的重要依据。

可接受风险水平(receivable risk level)是根据历史的统计数据推断出来的,作为衡量系统风险的准则。风险容许标准因地区差异、经济发展水平以及人文环境等诸多因素的不同而不同,因此,应根据当地的实际情况确定可接受风险标准。风险标准中的 ALARP(as low as reasonably practicable)原则如图 1-13 所示。其中不可接受风险区域指风险在任何地方都不能接受,需要进行根本性改造;ALARP 区域指只有当无法降低风险或者降低风险措施的成本无法接受时,才可接受此风险,或者说只有当所有通过成本、获益分析的可行的降低风险措施都被实施时,才可接受此风险;而可接受风险区域不需要进一步行动。

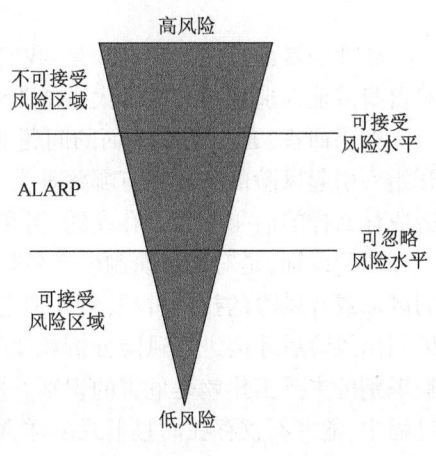

图 1-13 ALARP 原则

思考题

1. 风险的两个基本特征是什么?
2. 风险因素、风险事件、风险损失的含义是什么?这三者与风险的关系是什么?
3. 思考以下行为属于哪一种事故风险控制、降低与消除的措施。
(1)人员的教育和训练、原料储量和周转量限额、安全阀、急救治疗、辐射防护屏、接地线。
(2)机械设备限速、严格监督检查、温度自动调节器、火炬装置、机械装置的防护罩、防冲击波的消波器。
(3)熔断丝、将放射性物质存储在专用容器内、建筑工地张挂安全网、吸振器、缓冲装置、安全帽、防噪声装置。
(4)爆炸性气体报警器、排空管、防火墙、舒适的工作环境、紧急冲洗设备、绝缘材料防止触电。
4. 风险的状态与哪些因素有关?
5. 个人风险和社会风险的定义分别是什么?
6. 个人风险量化的特征是什么?个人风险与社会风险的区别是什么?
7. 风险厌恶者和风险偏好者的判别标准是什么?
8. 风险感知的概念是什么?
9. 影响风险感知的因素有哪些?
10. 个人风险的量化表征用什么表示?

第二章　风险识别与危险剧情

企业经常面临的一个问题是：我们的操作有什么主要的危险吗？换句话说：我们的操作会对自身或他人造成潜在的重大事故吗？

如果回答"是"，那么下面的问题就是：我们应该如何开展安全生产工作，安全生产从哪里开始？引起风险的危险源有哪些种类？其中哪些危险源是重大危险源？各种危险源分别将会造成什么样的后果？对于存在的、潜在的风险，我们如何去辨识？

风险识别，是对产品研制生产各阶段、各过程中可能产生的风险进行识别，识别出有风险的区域或有风险的技术过程，由此确定风险区。风险识别是风险分析和风险评价的基础，只有识别出风险后才能进行风险分析和风险评价，才能采取相应的措施控制风险、消除风险。而风险识别的主要工作就是危害的识别。危害识别是识别危害的存在并确定其性质的过程。生产过程中，危害不仅存在而且形式多样，很多危险源不是很容易就被人们发现的，人们要采取一些特定的方法对其进行识别，并判定其可能导致事故的种类和导致事故发生的直接因素，这一识别过程就是危害识别。危害识别是控制事故发生的第一步，只有识别出危险源的存在，识别出危险危害因素的分布、伤害（危害）方式及途径和重大危险源，找出事故的根源，才能有效地控制事故的发生。对于工厂企业来说，应识别的主要部位为厂址、厂区平面布局、建筑物、生产工艺过程、生产设备、有害作业部位（粉尘、毒物、噪声、振动、辐射、高温、低温等）和管理设施、事故应急抢救设施及辅助生产、生活和卫生设施等。

系统安全风险管理是多种安全技术综合实施的过程，贯穿于企业整个生命周期。目前还没有一种安全技术能解决所有的问题，因此必须采用多种方法相互补充。系统安全风险管理的新进展包括：从单个设备到工艺流程，即从"点"到系统；安全评价覆盖装置的全生命周期；必须考虑操作人员的人为因素；从定性分析提高到半定量、定量分析；安全评价与本质安全设计相结合；计算机辅助/自动安全评价；计算机在线安全监测及预警。

国际推荐的常用风险识别技术包括失效模式及后果分析（failure mode and effects analysis, FMEA）、危险和可操作性分析（Hazard and Operability Analysis, HAZOP）、保护层分析（LOPA）、安全完整性等级（SIL）、事件树（ETA）、故障树（FTA）、道化学公司火灾爆炸危险指数等。本章主要探讨上述几种常用的风险识别技术的应用。

第一节　在役装置 HAZOP 分析

随着社会的发展，人们对石油化工产品的需求不断增加，这种需求促使人们不断开发出新的工艺，装置加工规模越来越大，操作条件越来越苛刻，导致一系列重大工艺安全事故发生，给人们带来了深刻的教训。例如，1984 年美国联合碳化物公司印度有限公司发生异氰酸甲酯

(MIC)泄漏事故,被称为印度博帕尔泄漏事故,该事故被认为是史上最严重的工业灾难之一(图2-1)。该事故导致20万人不同程度接触了有毒气体,最终造成2万人死亡,11000人残疾,另有6万余人需要长期接受治疗。

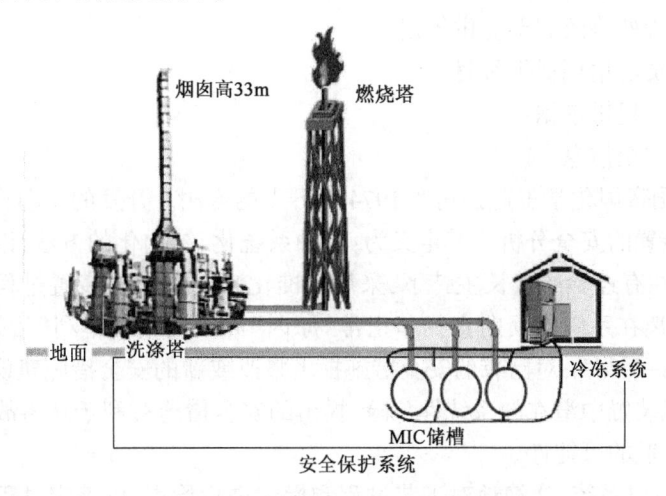

图2-1 印度博帕尔泄漏事故模拟场景

印度博帕尔泄漏事故经过如下:
(1)1984年12月2日,第二班负责人安排MIC装置的操作工用水清洗管道,在操作前应该进行隔离,但被忽略了;
(2)正巧几天前装置刚进行了检修,加上其他的可能性,冲洗水进入了其中一个MIC储槽;
(3)2日23时30分,操作工发现MIC和污水从MIC储槽的下游管道流出,一座储存45吨MIC的储槽压力上升;
(4)3日0时15分左右,储槽压力达到379.21kPa,即最高极限;
(5)当操作工走近储槽时,感受到储槽的热辐射;
(6)罐内产生极大的压力,最后导致罐壁无法抵受压力,防爆膜破裂,安全阀打开,漏出大量MIC;
(7)操作工启动尾气洗涤系统,漏出的MIC流向NaOH洗涤器,该洗涤器因能力太小,不能完全中和MIC;
(8)最后的安全防线是燃烧塔,但燃烧塔也未发挥作用;
(9)罐内的化学物质泄漏至博帕尔市的上空。

发生泄漏事故后对事故原因进行调查,发现该MIC罐现有一套冷却系统,以便储罐内MIC始终保持在0.5℃左右。但该冷却系统从1984年6月就停止运转。在没有有效的冷却系统时,不可能控制急剧产生的大量MIC气体。

1984年12月2日,为了进行维修,关闭了设在排气管出口处的火炬装置。对于关闭冷却系统、火炬装置等这样的工艺变更,从工艺安全管理的角度看,应该进行工艺危害分析,以识别由此变更而带来的风险,并审核该变更的可行性。印度博帕尔泄漏事故给我们带来的启示是:石油、石化、化工装置是一个危险物料和能量的生产处理系统,必须应用以HAZOP分析为基础的工艺过程安全技术和方法来预防事故。

在役装置开展HAZOP的作用如下：
(1) 系统识别在役装置风险；
(2) 为操作规程的修改完善提供依据；
(3) 为操作人员的培训提供教材；
(4) 为隐患治理提供依据；
(5) 完善工艺安全信息。

HAZOP是英国帝国化学工业公司在1974年开发的方法。开发的初期目的是用于热力—水力系统等化工装置的安全分析。其定义为：一种系统化、结构化的方法，以多专业团队人员的集体智慧方式，在有经验的组长主持下，采用标准化"引导词"对装置过程系统的中间变量设定"偏离"，沿偏离在系统中反向查找非正常"原因"和正向查找不利"后果"。查找系统中针对各重要"原因—后果"，对已有的安全措施提出整改或新的安全措施建议。其主要优点是能够较完备地发现装置中潜在的系统性危险，提出的安全措施有利于从事故源头切断危险的生成或减少危险扩散的可能性。

HAZOP方法可以系统、详细地对工艺过程和操作进行检查，以确定过程的偏差是否会导致不希望的后果。该方法开发早期主要用于连续的化工过程，在连续过程中管道内物料工艺参数的变化反映了各单元设备的状况。因此在连续过程中分析的对象确定为管道，通过对管道内物料状态和工艺参数产生偏差的分析，查找系统存在的危险。在经过改进以后，它也可以很好地应用于间歇过程的危险性分析，分析的对象为主体设备。根据间歇性生产的特点，分成进料、反应、出料三个阶段，分别对反应器加以分析。同时，在这三个阶段内不仅要按照引导词来确定工艺状态及参数产生的偏差，还需要考虑操作顺序等因素可能出现的偏差。

与传统的安全检查表侧重普查危险"原因"和"后果"在装置的发生部位相比，HAZOP方法用于揭示系统性危险，即找到检查表得到的"原因"与"后果"的内在关系以及防止该危险发生的措施。检查表的结果为HAZOP方法提供基本信息。

一、引导词

HAZOP方法的基本过程是将连续的工艺流程分成许多片段，根据相关的设计参数建立引导词，以此为引导找出系统中工艺过程或状态的参数偏差及操作控制中的偏差，然后找出造成这种变化或偏差的原因、后果及采取的措施。引导词的主要目的之一是能够使所有相关偏差的工艺参数得到评价。

为保证分析详尽而不发生漏项，分析时应按照引导词表逐一进行，引导词可以根据研究对象和环境确定。表2-1和表2-2为两个引导词定义表。

表2-1　HAZOP基本引导词定义表（一）

引导词	意义	说明
空白(NO/NOT)	设计与操作要求的事件完全没发生	没有物料输入,流量为零
过量(MORE)	与标准值相比数量增加	流量或压力过大
减量(LESS)	与标准值相比数量减少	流量或压力减小

续表

引导词	意义	说明
部分(PART OF)	只完成功能的一部分	物料输送过程中某种成分消失或输送一部分
伴随(AS WELL AS)	在完成规定功能的同时,有其他事件发生	物料输送过程中发生组分及相的变化
相逆(REVERSE)	出现与设计和操作相反的事件	发生反向的输送
异常(OTHER THAN)	出现与设计和操作不相干的事件	异常事件发生

表2-2 HAZOP基本引导词定义表(二)

引导词	意义	说明
没有/否(NO/NOT)	完全否定标准值的要求	规定功能完全没有实现
多/大(MORE)	数量增加	数量的增加或减少
少/小(LESS)	数量减少	完成功能的高或低
部分(PART OF)	质的减少	完成部分功能
而且(AS WELL AS)	质的增加	完成规定功能,但有其他事件发生
相反(REVERSE)	功能相反	与规定功能相反的过程或物质
其他(OTHER THAN)	其他运行状况	其他不适宜的运行过程或物理过程

除上述表中的基本引导词外,还有与时间和顺序或序列有关的引导词,见表2-3。

表2-3 HAZOP与时间和顺序有关的引导词

引导词	意义	说明
超前(EARLY)	原设计意图出现过早	流量产生过早;预期的温度(高或低)过早取得
延迟(LATE)	原设计意图出现过晚	迟迟达不到预期的液位、温度等
先(BEFORE)	流程、操作顺序提前	未按照规定的流程、操作顺序
后(AFTER)	流程、操作顺序延后	

HAZOP方法的分析过程是分析组成员根据以上标准引导词表,结合适当的参数给出合理的解释,并针对装置或流程的某段提出问题。但是,只有当引导词和工艺过程参数相结合有意义时,问题才可以被采用,其他成员根据问题深入研究其产生的原因和可能导致的后果。

二、分析步骤

HAZOP方法要求不同专业、不同领域的专家共同参与,充分激发专业设计人员、安全专业人员、管理人员和操作人员的经验和想象,使他们能够辨识系统的危险性,以便采取措施排除、减少或控制影响系统和人身安全的危险因素。其流程如图2-2所示,其分析步骤为:

(1)确定研究目的、对象和范围。使用HAZOP方法时,对所研究的对象要有明确的目的,即要查找系统危险源,保证系统安全运行,或审查现行的指令、规程是否完善等,防止操作失误,同时要明确研究对象的边界、研究的深入程度等。

(2)建立研究组,确定任务和研究对象。研究组的人员应包括设计、管理、使用和评价等各方面人员,评价人员要有相关的安全评价研究经验。研究组的任务要明确。要充分了解分析对象,准备有关资料,包括各种设计图纸、流程图、工程平面图、等比例图和装配图,以及操作指令、设备控制顺序图、逻辑图或计算机程序,有时还需要工程和设备的操作规程和说明书。

(3)划分单元,制订研究计划。将系统划分为若干单元,明确其功能并说明它的运行状态和过程,组织者根据各单元的情况制订相关计划,确定每个生产工艺或操作步骤分析所要花费时间和研究内容。

(4)确定引导词,根据研究对象和环境因素,建立引导词表,按照引导词逐个分析每个单元可能产生的偏差。

(5)综合审查,分析系统中产生偏差的原因和后果,确定应该采取的措施,制订相应的对策。

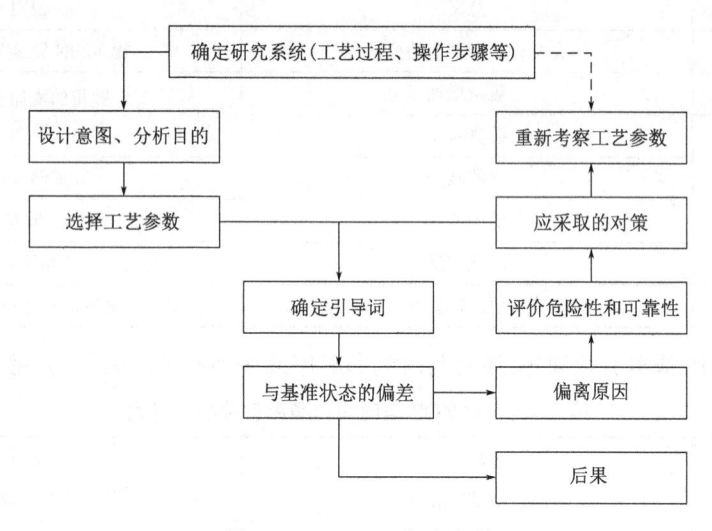

图 2-2　HAZOP 方法流程

三、特点和适用范围

HAZOP 方法是从系统的中间状态参数的偏差开始,找出导致偏差的原因,判明其可能导致的事故后果,是从中间向两头分析的一种方法。通过该方法对工艺设计进行全面系统的分析研究和审查,能够探明装置及过程存在的危险,根据危险带来的后果明确系统中的主要危害。如果有进一步深入分析的必要,还可利用事故树对主要危险继续分析,因此它可以作为确定事故树"顶上事件"的一种方法。

HAZOP 方法作为一种定性风险评估方法得到了广泛应用,它具有以下优点:

(1)能对工艺设计进行全面系统的分析研究和审查,分析审查的质量取决于审查小组的人员组成及素质、组长的能力和工艺安全文件的精确性。

(2)能对生产操作人员的操作错误及由此而产生的后果进行分析研究,对那些由于人为的操作错误导致的严重后果进行某些预测,并针对性地提出措施,以确保装置的生产安全。

(3)针对工艺设计中的潜在危险进行分析研究,HAZOP 方法可以有效地发现这种潜在危险,甚至能发现更微小隐蔽又可导致从来没有发生过的事故隐患,并采取措施消除。

(4)通过 HAZOP 的分析审查,排除了工艺装置在设计和操作中可能发生的突然停车、设备破坏、产品不合格以及爆炸、火灾、中毒等恶性事故,从而提高装置的生产效率和经济效益。

(5)通过 HAZOP 的分析研究,可以使设计和操作人员更加全面深入地了解装置的性能,既完善了设计,保证了装置的生产安全,又能充实生产操作规程,提高操作人员的培训质量。

HAZOP 方法是从英国帝国化学公司发展而来,适合于类似化学工业系统的安全性分析。随着它的发展,适用范围也越来越广,已经应用于生产过程的各个方面。该方法应用于设计审查阶段和现有生产装置的安全评价,主要应用于连续的化工过程。对现有生产装置进行分析时,应吸收熟悉生产装置、有操作经验和管理经验的人员参加,这样会收到更好的效果。

四、方法示例

某石化企业有一中压加氢裂化装置,该系统以蜡油为原料,在高温、高压、$H_2 + H_2S$ 环境下进行加氢精制和加氢裂化反应,生产轻石脑油、重石脑油、柴油和液化气等产品。由于这些物料具有易燃、易爆、毒害等危险危害性,反应过程放热较强,高低压分离器之间压力相差很大,因此生产中潜藏着很大危险性,一旦工艺参数发生偏差,将会导致重大事故。

该反应的工艺流程如下:原料油过滤后与 H_2 混合,送加热炉加热至反应温度,依次进入加氢精制反应器和加氢裂化反应器,在催化剂的作用下进行加氢脱硫、脱氮、脱氧、烯烃饱和、芳烃饱和及裂化等反应,反应产物经冷却后进入冷高压分离器进行气、油、水三相分离,气体 H_2 经过脱硫后循环使用,油相减压后送至冷低压分离器,酸性水去汽提。冷低分油换热后依次进入脱丁烷塔、分馏塔,分出轻石脑油、重石脑油、柴油和液化气。

为保证中压加氢裂化装置安全稳定运行,选择其危险性较大的单元进行 HAZOP 研究。根据工艺流程和 PID 图得知,加氢裂化反应器出口至冷高压分离器进口一段管线流量对装置高压部分安全性起重要作用,故选择这段管线作为分析节点,对工艺参数"流量"发生偏差进行 HAZOP 研究,其结果如表 2-4 所示。

表 2-4 加氢裂化反应器出口至冷高压分离器进口管线流量 HAZOP 研究

引导词	偏差	原因	后果	建议措施
空白	无流量	1. 进料泵未开; 2. 进料泵坏; 3. 由于电气故障进料泵停; 4. 循环氢压缩机停; 5. 操作错误,进料阀未开; 6. 进料调节阀失效; 7. 进料控制器失效; 8. 进料计量指示失效; 9. 炉管结焦堵塞; 10. 空冷器管道堵塞; 11. 管道(含炉管)破裂、泄漏; 12. 物料输送到其他地方	1. 影响反应器正常进行; 2. 停料后再进料,若时间过长或温度超过一定值,有可能引起"飞温"; 3. 物料漏出系统,在环境中与空气混合形成爆炸性混合气体,有引起燃烧爆炸的危险; 4. H_2S 气体逸出,有引起中毒的风险	1. 应按照操作程序操作; 2. 应有备用泵; 3. 动力源应设双路供电; 4. 循环氢系统应正常运行; 5. 必须保证控制系统、调节系统、计量显示系统灵敏、准确、好用,其零部件材质应耐相应介质的腐蚀,安装旁路阀; 6. 炉膛燃烧时炉管受热均匀,严格控制工艺条件; 7. 空冷前必须保证注水,以防止铵盐析出堵管; 8. 设备、管路、阀件材质应能耐高温、高压、烯烃和相应介质的腐蚀,制造过程中应保证焊接质量,定期对设备、管路进行探伤、检测,按规范设可燃有毒气体检测报警装置,现场有气防开关; 9. 改进工艺达到不可能发生管线无流量的情况

续表

引导词	偏差	原因	后果	建议措施
多	流量偏高	1. 进料泵输出能力太大； 2. 操作失误，进料阀开得太大； 3. 进料控制器失效，调节阀开度过大； 4. 进料调节阀失效，开度过大； 5. 进料计量指示（显示）异常； 6. 温度控制异常，冷氢注入量过大； 7. 氢压力过高，进氢量过大	1. 空速增大，反应温度降低，反应深度浅，影响产品质量； 2. 空速大，设备、管道受冲蚀； 3. 若高分液面控制失灵，则高分器液面升高，循环氢带液，压缩机受损，有引起爆炸的危险	1. 选择进料泵的输送能力应符合工艺要求； 2. 按照操作规程要求操作； 3. 必须保证控制系统、调节系统、计量显示系统灵敏、准确、好用，其零部件材质应耐相应介质的腐蚀； 4. 冷氢注入量必须及时可靠，因此相对应的温度测点应能反映实际工艺，故应设多点温度测量，以确保注氢降温无误； 5. 对压缩机加强维修保养，在可能的情况下合理用机
少	流量偏低	1. 进料泵输出能力偏小； 2. 操作失误，进料阀开度偏小； 3. 进料控制器失灵，阀门开度小； 4. 进料调节阀失效，阀门开度小； 5. 进料计量指示（显示）异常； 6. 空冷器部分堵塞； 7. 管路部分泄漏、破裂； 8. 循环氢压缩机故障	1. 影响生产正常进行； 2. 空速降低，容易引起反应器"飞温"； 3. 若高分液面调控失灵，高分液面偏低，会引起高压窜入低压，有爆炸的危险； 4. 物料泄入环境，有形成爆炸性混合气体而引起爆炸的危险； 5. H_2S 气体逸出，有引起中毒的危险	1. 泵的输送能力应符合工艺要求； 2. 严格按照操作规程要求调节； 3. 必须保证控制系统、调节系统、计量显示系统灵敏、准确、好用，零部件材质应耐相应介质的腐蚀； 4. 空冷前必须保证注水，以防止铵盐析出堵塞管道； 5. 按规范设可燃有毒气体检测报警装置，现场有气防用具，加热炉内应设灭火蒸汽； 6. 压缩机检修
伴随	组分及相增加	1. 原料中有固体杂质； 2. 有催化剂微粒进入； 3. 铵盐析出	1. 催化剂床层阻力增加； 2. 空冷器管道堵塞； 3. 影响产品质量	1. 原料油需要过滤； 2. 催化剂粒子应有一定强度； 3. 空冷前必须保证注水量
部分	反应深度不够，产物比例变化	1. 空速太快，催化反应时间短； 2. 温度低	影响产品质量	1. 控制进料量，保持正常空速； 2. 控制反应温度时间短
相反	物料反向流动	不会出现		
其他	反应生成物含水量过高	注水控制计量调节失效，注水过多	油相带水，影响后处理工艺，增加丁烷分离塔负荷，产生冲料	控制注水量

由表 2-4 可知，若加氢裂化反应器出口至冷高压分离器进口管线流量发生偏差，可能引起的主要事故有：(1) 反应器"飞温"；(2) 物料泄漏至空气中形成爆炸性混合物，遇火源引起火灾、爆炸；(3) 物料泄漏，引起 H_2S 中毒；(4) 循环氢带液，压缩机受损，甚至发生爆炸；(5) 高分器液面太低，高压窜低压，导致低压系统密封失效甚至爆炸等。

针对这些事故发生的原因，通过 HAZOP 分析可从工艺、设备、控制、操作、维修保养、管理等方面提出相应的安全对策措施。

五、计算机辅助 HAZOP 分析

(一)人工 HAZOP 方法优缺点

人工 HAZOP 方法的优点:对资料和数据把握具有正确性、及时性;HAZOP 组长的经验和洞察能力强;分析小组运用 HAZOP 方法识别偏离、原因及后果的能力强;分析小组对识别对象的感知和程度的把握,特别是对不利后果严重程度的评估到位;分析员有责任心、态度好、具备合适的发散性思维和专业知识水平等。

人工 HAZOP 方法的缺点:耗时长;分析的结论太多,重点不突出;分析小组进入无休止的过细的讨论之中;少数成员支配了讨论。人工 HAZOP 还存在以下缺点:人工难以处理大规模的数据、信息和计算;人工分析大规模系统无法得到完备的结果,即使有专家参与也难免出现漏评(思维惯性);口头讨论方式不严格,讨论时易出现概念混乱;人工评价得出的报告不规范,事后难以看懂;人工评价不考虑危险剧情;人工评价一般不考虑控制系统;人工评价一般是一次性,无法反复进行;人工评价不考虑全流程分析,只考虑到相邻设备;人工评价费时、费力、成本高。

(二)计算机辅助 HAZOP 分析工具及优点

由于传统人工 HAZOP 存在弱点,需要在计算机和新的安全评价技术的辅助下,方能实施深度、完备、高效、符合国际规范的安全评价。只有完成深度高、完备性强的 HAZOP,才能进一步实现 LOPA(保护层分析)。

美国普渡大学以 V. Venkatasubramanian 教授为首的过程系统研究室的研究群体对 SDG (signed directed graph)方法的完善和工业化应用做出了显著成绩,成功地将 SDG 方法应用于化工过程 HAZOP 分析。基于 SDG 模型和规则的专家系统是一个 50 万条 C++计算机程序,通过了 20 多个化工过程实例的测试,在美国著名制药公司辉瑞公司、礼来公司、空气产品与化学公司得到了广泛应用。

SDG 是一种基于定性因果关系的、由节点和节点之间有向连线构成的网络图。HAZOP 过程与 SDG 方法有着天然的联系,研究利用 SDG 模型及基于图论的推理方法,进行计算机自动 HAZOP 分析,这就是 SDG – HAZOP 方法。

HAZID 软件也是计算机辅助 HAZOP 的工具之一。该软件由英国拉夫堡大学 Frank Lees 教授主持开发,其在本领域的研究工作始于 1986 年。在 ESPRIT STOPHAZ 计划的持续支持下,软件在 HAZOP 其原创公司 ICI,以及 VTT 和 Snamprogetti 企业现场应用成功。软件由 HAZID 技术有限公司独家商业化,并且得到拉夫堡大学的技术支持。HAZID 技术有限公司还是国际知名的工程设计软件 Intergraph 公司的合作伙伴。

除此之外,HAZOP + V2.0、HAZOP Manager V6.0、HAZOPs、PHA – Pro、HaziD Pack V6.0、HAZID/HAZOP Modu Spec 以及 UML – HAZOP 等都是现在市面上常用的计算机辅助 HAZOP 分析的工具。

(三)计算机辅助 HAZOP 分析的步骤与功能实现

计算机辅助 HAZOP 分析的步骤:
(1)确定评价目标和范围;
(2)详细调查和收集评价对象信息和资料;
(3)确定 HAZOP 专家小组和组长;
(4)对系统进行定性建模(SDG)和验模(V&V);
(5)实施计算机高速定性推理,自动获取危险剧情;
(6)专家小组对计算机结论进行筛选;
(7)自动生成 HAZOP 报表和技术文件。

计算机评价原理和人工安全评价完全相同,完全遵照国际标准 IEC 61882。

计算机辅助 HAZOP 分析和人工 HAZOP 分析相比,主要有以下几个方面的优点:
(1)完备性高(可在不同项目中针对模型不断补充、完善);
(2)系统性好(获得全部的危险剧情);
(3)推理深度深(全流程);
(4)时间、人工和费用低;
(5)结果表述标准化。

我国的计算机辅助 HAZOP 分析由计算机辅助 HAZOP 技术向着计算机自动 HAZOP 分析(推理)技术发展,致力于开展基于隐患、偏差的超前危险预测技术以及 HAZOP 定量评价技术,最终实现降低误报警、漏报警即报警优化。

现代网络化集成化工业自动化系统为在线 HAZOP 预警提供了优越条件,如图 2-3 所示。

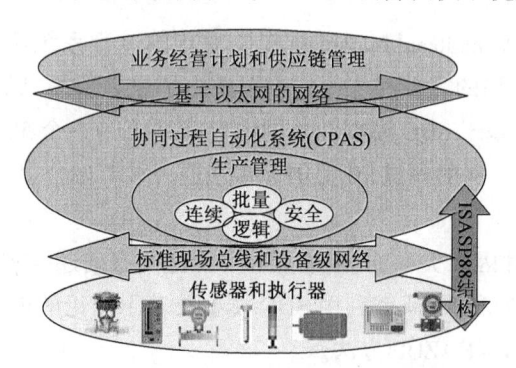

图 2-3 美国 ARC 协同过程自动化系统(CPAS)的功能性视角

在线 HAZOP 将故障诊断、事故预案、事故预警分析相结合,包含工厂紧急状态监测与指挥系统、全厂危险点分布和救灾系统分布图、紧急通信系统、各级保护层的启动系统等,共建立三道防线:

(1)直接剧情(第一防线):检查表法得到的直接原因导致的不利后果,采用基于规则的专家系统实时判定。
(2)简单剧情(第二防线):由实时 HAZOP 得到的单原因经中间事件导致的不利后果。
(3)复杂剧情(第三防线):采用多重实时故障诊断方法并行得到的复杂剧情。

报警优化技术的研究热点在于：
(1)集中关注最主要的报警；
(2)当需要时,抑制不必要的报警；
(3)快速地理解当前的工况(这种理解应具备明确的、坚实的、简明的、广博的信息)；
(4)获得有用的信息(例如:可能的原因和推荐的纠错方法)；
(5)评估系统及操作工的能力。

第二节　风险矩阵法

一、评价方法简介

风险矩阵是在系统管理过程中识别风险(风险集)重要性的一种结构性方法,还是对系统风险(风险集)潜在影响进行评估的一套方法论。这种方法是美国空军电子系统中心(electronic system center,ESC)的采办工程小组于1995年4月提出的。自1996年以来,ESC的大量工程都采用风险矩阵的方法对潜在风险进行评估。

风险矩阵方法作为一种简单、易用的结构性风险管理方法,具有以下优点：
(1)可识别哪一种风险是对系统影响最为关键的风险；
(2)加强系统要求、技术和风险之间相互关系的分析；
(3)允许工业部门在风险管理前期就加入进来；
(4)风险矩阵方法是在项目全周期过程中评估和管理风险的直接方法；
(5)为工程项目风险和风险管理提供了详细、可供进一步研究的历史记录。

二、评价步骤

风险矩阵法的评价流程如图2-4所示。

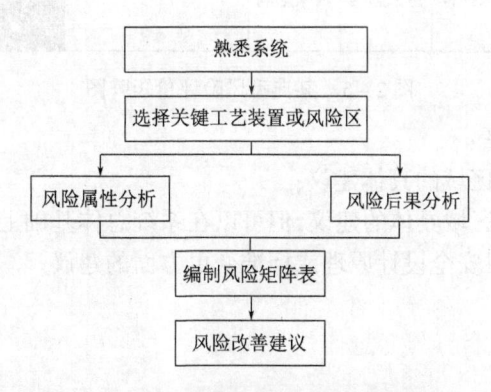

图2-4　风险矩阵法评价流程

(1)熟悉系统:搜集系统有关材料,熟悉系统的各个组成部分以及工艺流程等相关参数。
(2)选择关键的工艺装置或风险区域,评定风险的规模和属性。
①风险属性。风险属性是指采用风险评价技术对各种安全设计、紧急情况控制以及管

等内容进行风险评价和核查。

②风险后果。风险后果分析是指采用风险分析方法对下列内容进行评价和测定：泄漏着火；气体云爆炸；毒气（氟化氢、氨气）泄漏；运行中断（利润损失包括不可预见的结果）；第三方责任。

③编制风险矩阵表。根据每个工艺装置总体风险系数编制风险矩阵表。此步骤是采取安全对策措施和改善各组成部分安全状态的依据。图2-5为一典型风险评价矩阵图。

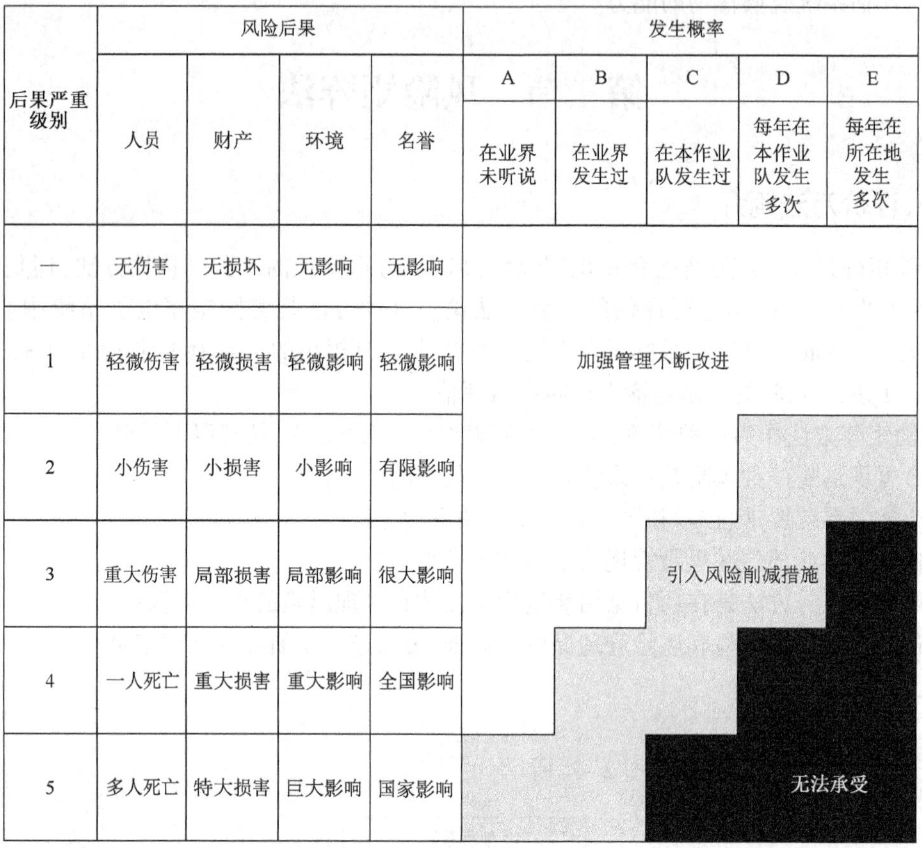

后果严重级别	风险后果				发生概率				
	人员	财产	环境	名誉	A 在业界未听说	B 在业界发生过	C 在本作业队发生过	D 每年在本作业队发生多次	E 每年在所在地发生多次
一	无伤害	无损坏	无影响	无影响					
1	轻微伤害	轻微损害	轻微影响	轻微影响	加强管理不断改进				
2	小伤害	小损害	小影响	有限影响					
3	重大伤害	局部损害	局部影响	很大影响			引入风险削减措施		
4	一人死亡	重大损害	重大影响	全国影响					
5	多人死亡	特大损害	巨大影响	国家影响				无法承受	

图2-5 某典型风险评价矩阵图

④风险改善建议，包括：

A型建议：工艺装置/区域的具体建议；

B型建议：工艺装置/区域具体的建议，但可以在系统总体基础上使用；

C型建议：对将来项目安全设计原理或标准变更方面的建议。

三、评价等级

(1)频率(F)。

F(frequency)指危险可能发生的频率(次/年)，分级代码如下：

[0]：1次/1000年；

[1]：1次/100年；

[2]：1次/10年；

[3]:1次/1年;
[4]:1次/1月。

(2)危险分类(C)。

危险分类 C(hazard category)的具体分级代码如下:

[1]:人员伤害;
[2]:设备损坏;
[3]:工厂停产;
[4]:环境影响;
[5]:外界反应。

(3)严重度(S)。

严重度(S)的分级代码如下:

[0]:轻度;
[1]:一般;
[2]:较重;
[3]:严重;
[4]:灾难。

四、风险评估后果

风险评估后果见表2-5。

表2-5 风险评估后果

	[0]轻度	[1]一般	[2]较重	[3]严重	[4]灾难
[1]人员伤害	只需一次性简单处理的轻伤	需要时间进行处理的伤害	需要住院治疗的伤害	终身致残或一人死亡	多人死亡
[2]设备损坏	0~5.6万元损失	5.6万~56万元损失	56万~560万元损失	560万~5600万元损失	5600万元以上损失
[3]工厂停产	小于1小时	半天	1~5天	数周,对客户产生影响	1年以上,企业无法经营
[4]环境影响	局限于岗位,可以迅速自然消散	有明显的超出岗位的影响,但仍为局部和短期的影响	广泛的,但短期对环境有影响	长期污染,影响范围大	严重的,需要动用国力才能消除环境损害
[5]外界反应	局部流传,一般性诉苦	区域性报纸和电视坏消息报道	国家电视和媒体负面报道	公众质询和长时间媒体的负面报道	国际新闻,刑事起诉

第三节 危险剧情

一、定义和要素

危险剧情是由事故根原因起始,在物料流、能量流和信息流的推动下,使危险在系统中传播,引发一系列中间事件,最终导致不利后果的事件集合。风险分析的重要基础任务之一,就是识别系统中的危险剧情。危险剧情的发现及应用是现代安全技术的一项重要进展,而HAZOP技术是识别危险剧情的有效方法。下面通过实际案例说明危险剧情的概念。

图2-6是构成危险剧情的要素,将危险剧情中部的变量点"拉偏",从该变量点反向检查分析偏离原因,从该变量点正向检查分析偏离的不利后果,如图2-7所示。HAZOP基于定性方法,综合了FTA和FMEA两种推理模式,有利于识别全部危险剧情,易于推广应用,是HAZOP生命力所在。

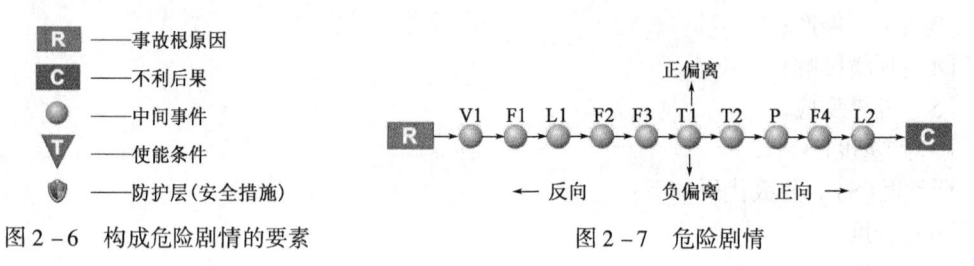

图2-6 构成危险剧情的要素

图2-7 危险剧情

二、危险剧情与智能推理技术

利用深层HAZOP知识模型构建危险剧情与智能推理技术(基于深层知识的安全评价自动推理方法)。典型代表为美国普渡大学研制的"新一代过程控制系统,非正常事件指导和信息系统(AEGIS)"。这类软件的特点是真正利用到研究对象的内部机理模型进行推理,而不是依赖于专家的经验。

站在系统工程的角度,我们更关注系统级的安全与稳定,而不是具体的单个设备。我们需要一个基于计算机的HAZOP方法,该方法利用计算机根据深层知识自动进行推理,来帮助安全专家快速、全面地挖掘大型复杂系统中潜在的危险及其根源,并预测事故发展趋势。这种方法就避免了目前市场上充斥的计算机辅助类型的HAZOP系统主要用于人工HAZOP分析中的支持软件(如记录、查询物性库等),但推理过程仍由专家进行的弊端。

为构建基于计算机的HAZOP方法,首先需要建立一个模型,该模型需要易于理解、接受与使用,并且能够包容足够的信息,适用于安全工程开放的构架,同时易于修改、移植,可以包容其他成熟技术。在过程工业中,各个部件间存在各类关系。我们最为关注的是"因果关系",因为这是危险传播的途径。

- 转移概率矩阵

$$A = \begin{pmatrix} 0.50 & 0.25 & 0.25 \\ 0.375 & 0.25 & 0.375 \\ 0 & 0 & 1 \end{pmatrix}$$

- 状态转移图

图2-8 状态图模型

(一)状态图与Markov模型

状态图将系统中各个部件的各个状态描述出来,并用状态的迁移来进行推理,如图2-8所示。其本质上是一种结论知识的描述,而不是知识模型。因为,该图上所有的知识都是人来描述的。对知识的表述能力不强,导致结构过于复杂,且模型的移植性较差。

(二)SDG模型

SDG模型中节点代表变量和部件,支路代表影响关系,符号则代表状态。为了处理导致危险的源发事件,引入非正常原因(abnormal cause)节点[图2.9(a)];为了了解事故导致的后果,引入不利后果(adverse effect)节点[图2.9(b)]。

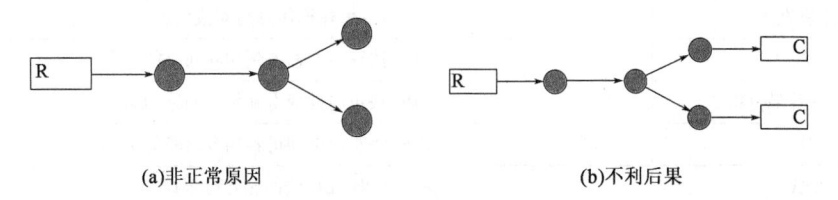

(a)非正常原因　　　　　　(b)不利后果

图2-9　SDG模型节点

下面主要介绍三级SDG模型。三级SDG模型样本的规律如下:
(1)三级SDG模型由节点及节点间的有向支路组成;
(2)节点在某时刻的状态由符号"+""0"和"-"表示;
(3)节点符号"+"表示变量超过阈值上界;
(4)节点符号"-"表示变量低于阈值下界;
(5)节点符号"0"表示变量处于正常工况;
(6)支路传输为增量影响"+"时,支路两端节点变化趋势相同,用实线箭头表示;
(7)支路传输为减量影响"-"时,支路两端节点变化趋势相反,用虚线箭头表示。

相容通路是能够传播故障信息的通路,规定SDG相容通路的判定规则如下:
(1)节点状态不为"0";
(2)若支路为"+",且实线箭头两端节点同号为相容;
(3)若支路为"-",且虚线箭头两端节点反号为相容。

构造SDG模型的原则是:节点和支路的确定应当有利于揭示故障。构造SDG模型的方法包括:
(1)找出和故障相关的、关键的、可观测的变量作为节点;
(2)尽量找出导致这些节点故障的原因(即节点与支路的组合),将这些关键可观测节点用"+"或"-"支路相连;
(3)找出关键可观测节点之间的关系,用"+"或"-"支路相连;
(4)SDG图做出后,采用该过程的仿真系统进行案例分析,反复验证与修改SDG模型直到满意为止。

显然,三级SDG样本节点状态分布所有可能的排列组合存在规律,如表2-6所示。

表2-6　三级SDG样本节点状态分布数

SDG模型节点数	1	2	3	4	…	n
状态数	3	3^2	3^3	3^4	…	3^n

表2-6说明,在节点较多的情况下人工分析不可能达到完备性,并且状态具有存储"空间爆炸"问题,100个节点时,三级SDG模型的状态数就要达到惊人的5.15×10^{47}个,基于深层知识模型的即时推理是提高效率、节省容量的唯一办法。

将SDG方法与各主要安全评价方法进行关联,SDG方法可以很好地为各种方法进行计算机建模,如表2-7所示。

表 2–7　SDG 法与各主要安全分析方法的关系

各主要安全分析方法	SDG 法
安全检查表	提供建模信息与阈值信息
HAZOP	SDG 法双向推理得到相容通路的结果
CEA(原因—后果分析法)	SDG 法正向推理得到相容通路的结果
FMEA	SDG 法双向推理得到相容通路的结果
ETA	即 SDG 法的相容有根树
FTA	以 SDG 为前提,自动生成故障树
稳态仿真法	为 SDG 的建模、实验以及阈值修正提供全面支持
动态仿真法	为 SDG 的建模、实验以及阈值修正提供全面支持
多种故障诊断方法	SDG 的反向推理结果是多种故障诊断的判断依据

HAZOP 分析是从生产运行过程中工艺参数的变动,操作控制中可能出现的偏差分析,判明这些变动与偏差对系统的影响及其可能导致的后果,寻找出现变动或偏差的原因。在基于 SDG 的 HAZOP 分析中,选定某一感兴趣的关键变量节点,对其进行拉偏,在 SDG 图中进行计算机自动反向推理寻找非正常原因,正向推理判明不利后果。因此,基于 SDG 进行的 HAZOP 与人工进行 HAZOP 的原理完全一致,但速度和完备性要大大超出人工。

国外在进行此工作的过程中,通常使用大型的专家系统(例如 G2 等)完成自动推理。由于这些相关软件的规模庞大、价格极为昂贵(几百万人民币),在国内推广使用是不现实的。这同样也是国外发达国家普及 SDG 技术的制约因素。

构建模型后就要围绕模型展开推理,SDG 的推理过程如下:
(1)选择某些变量作为原始偏差点;
(2)对某一个偏差点,进行拉偏;
(3)沿着 SDG 模型中的支路,回溯寻找导致该偏差的原因;
(4)沿着 SDG 模型中的支路,前溯寻找该偏差导致的后果。

推理过程可以通过搜索 SDG 模型中的路径来完成,只要该路径上所有的节点满足逻辑因果关系,即相容通路。SDG 模型将推理问题映射到了网络拓扑的问题。

思考题

1. HAZOP 方法与安全检查表法的异同是什么?
2. HAZOP 方法的步骤是什么?
3. 独立引导词的存在是否有意义?如何理解引导词与偏差的关系?
4. HAZOP 方法的优缺点是什么?
5. 计算机辅助 HAZOP 分析与人工 HZAOP 分析的区别是什么?
6. 风险矩阵法的步骤有哪些?
7. 计算机辅助 HAZOP 的建模有什么特点?可以采用哪些模型?
8. 采用 SDG 方法对图 2–10 的过程进行建模。

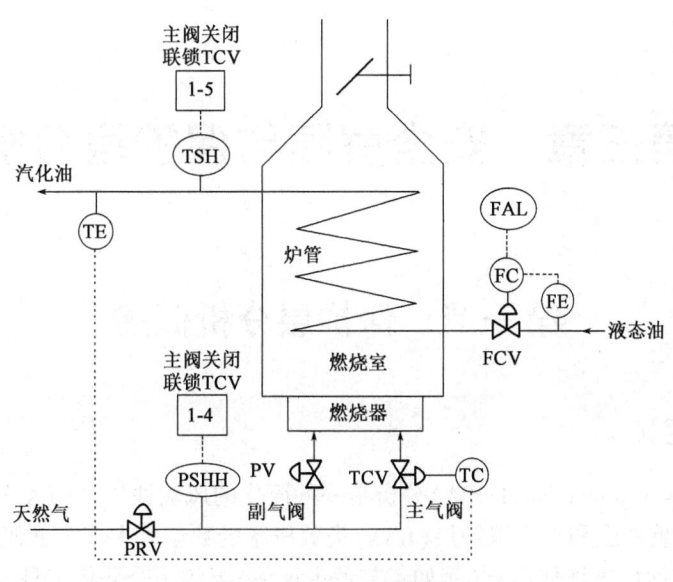

图 2-10 加工系统流程

9. 在识别危险剧情的过程中,HAZOP 方法起到了什么作用?

第三章 安全屏障与保护层分析

第一节 保护层分析概述

一、LAPA 定义

保护层(layers of protection,LOPA)分析是一种简化的风险评估,LOPA 分析通常使用初始事件频率、后果严重程度和独立保护层(IPLs)失效概率的数量级大小来近似表征场景的风险。LOPA 是建立在定性危害评估信息(例如工艺危害评估)上的一个分析工具,LOPA 分析执行一套完整的规则。

如同许多其他危害分析方法,LOPA 的主要目的是确定是否有足够的保护层以防止意外事故发生(风险是否能够容忍)。如图 3-1 所示,场景中可能有各种不同类型的保护层,这取决于过程的复杂程度和潜在后果的严重性。但对于特定的场景,只需一个保护层成功运行就可以避免事故后果的发生。然而,因为没有任何一个保护层是完全有效的,所以必须提供充足的保护层来减小事故风险,以满足风险容忍标准。

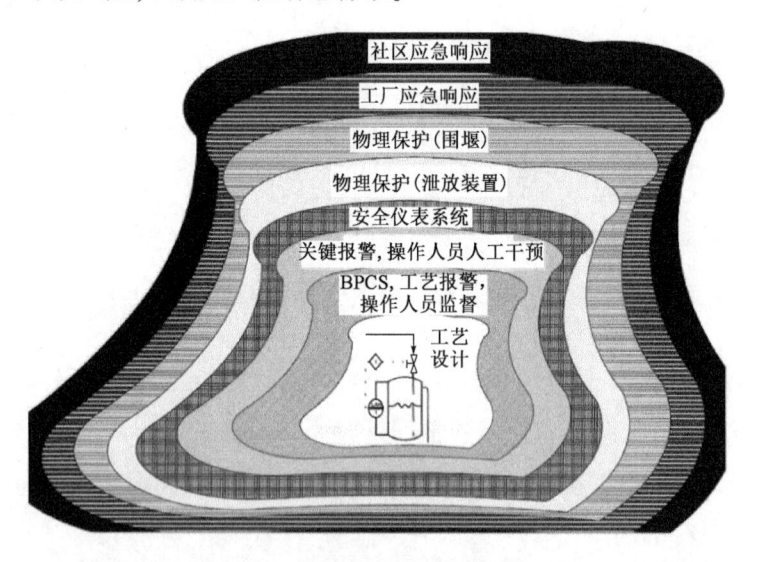

图 3-1 事故场景中的保护层

二、LOPA 用途

LOPA 分析为风险分析人员提供了一种可重复评估选定事故场景风险的方法。事故场景常在定性危害评估过程中识别出,如工艺危害分析、变更管理评估或设计审查。LOPA 提供了场景风险的近似数量级。

LOPA 分析仅限于评估单一原因/后果对的场景,若为多重原因,则综合看作一个事件。一旦选定进行分析的原因/后果对,分析人员就能够使用 LOPA 确定哪些防护措施满足独立保护层的定义,并评估场景的风险现状,然后可进一步根据评估的结果进行风险判断,帮助分析人员决定达到可容忍风险等级需要多少额外的风险削减措施。

一个 LOPA 场景代表了穿过事件树的一条路径(通常选择导致最严重后果的路径)。图 3-2 显示了 LOPA 分析与事件树分析对比。事件树显示了初始事件所有可能的后果。对于 LOPA,分析人员必须限制每一次分析只有一个后果,并且和单个原因配对(初始事件)。在许多 LOPA 的应用中,分析人员的目标是确定超出本企业风险容忍标准的所有可能原因/后果对。

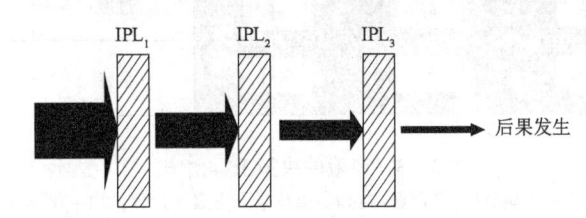

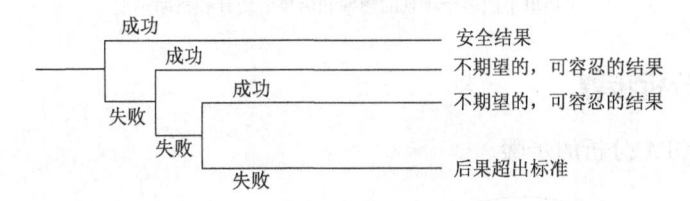

图 3-2 LOPA 分析与事件树分析的对比

LOPA 一般是在定性危害分析后进行的,并采用定性危害分析小组确定的场景。当然 LOPA 也可用于分析其他来源的场景,如设计方案分析和事故调查。

(1)以下情形也可使用 LOPA:
①对于小组人员而言,场景过于复杂而不能使用完全定性的方法作出合理的风险判断;
②后果过于严重而不能只依靠定性方法进行风险判断。
(2)满足以下条件,危害评估小组可认为"场景过于复杂":
①无法充分理解初始事件;
②无法充分了解事件的发生顺序;
③无法判断防护措施是否为真正的独立保护层。

LOPA 也可作为一种筛选工具,在进行更严格的定量风险分析(chemical process quantitative risk analysis,CPQRA)之前使用。当作为筛选工具使用时,具有一定后果或风险程度的场景将首先进行 LOPA 分析,然后个别场景再进行更高层次的风险评估。是否要进行定量风险分析通常根据 LOPA 确定的风险程度或者 LOPA 分析人员的意见来决定。

图 3-3 描述了风险决策工具的谱图:从完全的定性方法到严格的定量方法。可以看出,LOPA 分析适用于评估对定性分析方法来说过于复杂或后果严重的场景,同时也可筛选出需要进一步进行定量分析的场景(这些场景需要进行 CPQRA)。

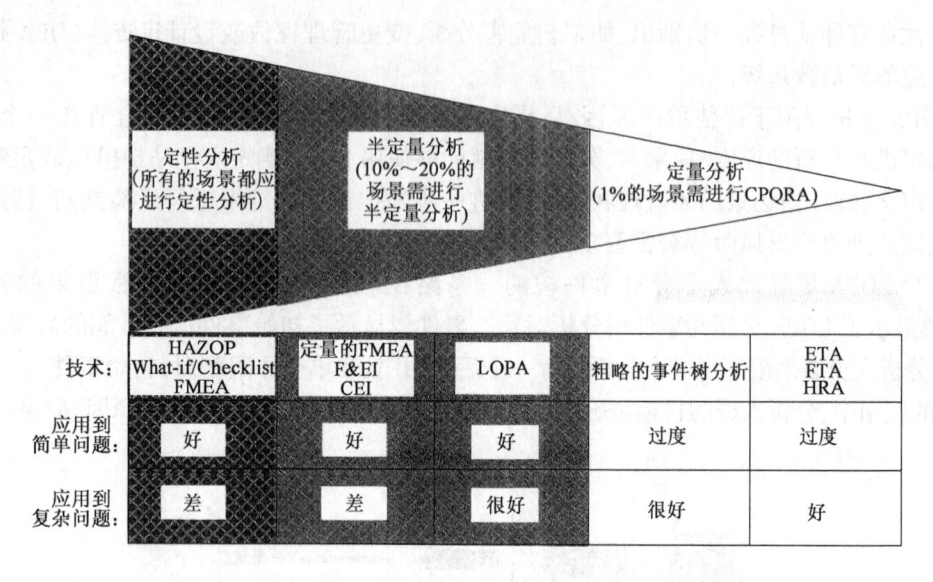

图 3-3 风险的决策工具谱图

FMEA—失效模式和影响分析,可定量;F&EI—道化学火灾爆炸指数;CEI—化学品暴露指数;
HRA—人因可靠性分析,使用人成功/失败事件树来模拟事故序列;CPQRA—定量风险分析,
包括单个或多个场景的频率和后果的统计和概率模型

三、LOPA 分析步骤

图 3-4 为 LOPA 分析的步骤。

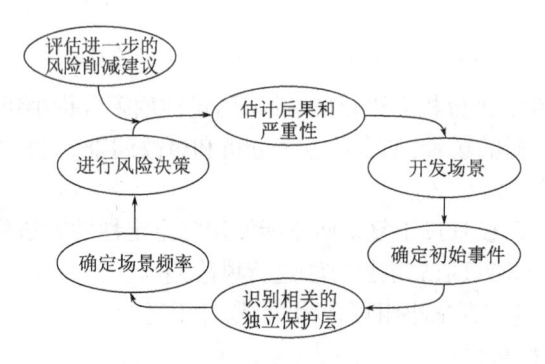

图 3-4 LOPA 分析的执行步骤

第 1 步:筛选场景。最常见的筛选方法是基于后果筛选场景。后果通常在定性危害分析(如 HAZOP 研究)过程中进行了识别。接下来分析人员将对后果进行评估(包括后果影响)。

第 2 步:选择事故场景。LOPA 一次只能选择一个场景。这个场景可来自其他分析(如定性分析)过程,但是这个场景描述的应是单一的"原因/后果对"。

第 3 步:识别场景初始事件,并确定初始事件频率(次数/年)。在所有防护措施都失效时,初始事件必然会导致后果的发生。初始事件频率必须考虑场景的背景情况,如可引发场景的操作模式的频率。大多数公司提供了评估事件频率的指南,以实现 LOPA 后果的一致性。

第 4 步:识别独立保护层。评估每个独立保护层要求时的失效概率(probability of failure

of demand,PFD)。对于特定场景,识别现有的安全防护措施是否满足独立保护层 IPLs 的要求是 LOPA 分析的核心内容。大多数公司提供了独立保护层的预设值,供分析人员使用,分析人员在分析时可以选择最适合分析场景的数值。

第 5 步:将后果、初始事件和独立保护层相关数据进行计算,评估场景风险。在计算过程中可能包含其他因素,这取决于后果的定义(事件的影响)。计算方法包括公式法和图表法。

第 6 步:评估风险,作出决策。

四、LOPA 的优点和局限性

(一)LOPA 的优点

(1)与定量风险分析相比,LOPA 耗时较少。这尤其适用于对于定性风险评估来说过于复杂的场景;

(2)LOPA 可帮助解决决策时的分歧,它提供了一致的、简化的框架来评估场景风险并且为讨论风险提供了一致的术语,提供了一个更好的风险决策基础;

(3)LOPA 可以更快地达成风险判断;

(4)LOPA 有助于更精确地确定原因/后果对,因此可以改善场景识别;

(5)LOPA 可用于同个公司中使用相同方法的单元之间或工厂之间的风险对比;

(6)LOPA 给定了场景频率和后果的具体数值,与定性方法相比,提供了更具可靠性的风险判断;

(7)LOPA 可以用来帮助一个机构决定风险是否"尽可能低且合理可行",有助于满足特定的监管要求;

(8)LOPA 可以帮助识别一些操作和程序,将其风险降低到可容忍的水平;

(9)LOPA 为每个独立保护层提供了更清楚的功能要求;

(10)LOPA 的信息可以帮助组织决定操作、维护以及相关培训的重点放在哪些防护措施上,是执行过程、安全管理过程中保证设备机械完整性及建立基于风险的维护系统的有力工具,有助于确定"安全关键设备"的属性及功能。

(二)LOPA 的局限性

(1)只有使用相同的 LOPA 方法,场景风险的对比才有效,并且对比都是基于同样的风险容忍标准或者与 LOPA 确定的其他场景风险相比较。LOPA 计算结果并不是场景风险的准确值,这也是其在定量风险分析方面的局限性。

(2)LOPA 是一种简化的方法,并不适用于所有的场景。对一些风险决策过程,执行 LOPA 可能过于复杂,而对另一些决策 LOPA 可能又显得过于简化。

(3)在风险决策过程中,LOPA 耗时较多。在中度复杂的场景中,由于 LOPA 改善了风险决策过程从而弥补了 LOPA 的耗时。对于简单的决策,LOPA 的使用价值不明显。而对于很复杂的场景和决策,LOPA 比定性方法更节省时间,因为 LOPA 将重点放在了风险决策上。

(4)LOPA 依赖于识别初始危险事件的方法以及确定事件原因和防护措施所采用的方法(包括定性危害审查方法)。LOPA 执行过程的严格性使得它更常运用于澄清定性危害审查中不明确的场景。

（5）不同组织在风险容忍标准和 LOPA 执行程序的差异性，意味着分析结果通常不能在各组织之间直接比较。CPQRA 也是这样。

第二节　确定初始事件频率

一、初始事件

LOPA 的每一场景都有单一的初始事件。初始事件频率通常以每年发生的次数来表示。初始事件一般分为三个类型：外部事件、设备故障、人的失效（也称为不恰当的行动），如图 3-5 所示。

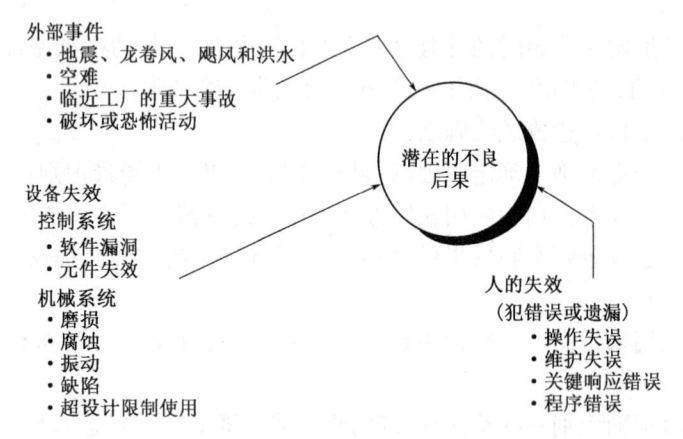

图 3-5　初始事件类型

根原因的定义为"事故发生的根本系统（最基础）原因"。初始事件是各种根原因的结果，包括外部事件、设备故障或人的失效，如图 3-5 所示。初始事件的根原因并不都是一样的，在确定初始事件时不应太深究其根原因。不过根原因有助于确定初始事件发生的频率。

（一）外部初始事件

外部事件包括自然现象如地震、龙卷风、洪水、邻近设施火灾或爆炸引起的"连锁"事件，以及第三方破坏如机械设备、机动车辆或建筑设备的破坏。破坏和恐怖活动初始事件需要特殊对待，因为一个真正的破坏者可能也会破坏或试图破坏独立保护层，此外防止破坏和恐怖活动比较困难。

（二）与设备有关的初始事件

与设备有关的初始事件可以被进一步分为控制系统失效和机械故障。
控制系统失效包括（但不限于）：
（1）基本过程控制系统（BPCS）元件失效；
（2）软件失效或崩溃；

(3)控制支持系统失效(例如电力系统、仪表风系统)。

机械故障包括(但不仅限于):

(1)磨损、疲劳或腐蚀造成的容器或管道失效;

(2)设计、技术规程或制造/制作缺陷造成的容器或管道失效;

(3)超压造成的容器或管道失效(例如热膨胀、清管/吹扫)或低压(真空导致崩塌);

(4)振动导致的失效(例如转动设备);

(5)维护/维修不完善(包括使用不合适的替代材料)所造成的失效;

(6)高温(如火灾暴露、冷却失效)或低温,以及脆性断裂(如自冷、低环境气温)引起的失效;

(7)湍流或水击引起的失效;

(8)内部爆炸、分解或其他失控反应造成的失效。

与设备有关的初始原因清单可参阅《过程设备故障排除指南》(CCPS,1998)。

(三)与人的失效相关的初始事件

与人的失效相关的原因或者是疏忽或者是犯错误,其中包括(但不限于):

(1)未能按正确的顺序执行任务步骤,或遗漏了一些步骤;

(2)未能正确观察或响应过程或系统给出的条件或其他提示。

虽然无效的管理系统往往是人员失效的根本原因,但是管理系统通常不作为潜在的初始事件。对于 LOPA 分析,在识别原因时,将具体的人员失误作为初始事件已经足够深入。

(四)初始事件确认

在确定初始事件频率之前,应审查场景开发中所有的原因,以确定该事件为识别后果的有效初始事件。任何不正确或不适当的原因都应当被舍弃,或者发展成有效的其他初始事件。不合适的初始事件例子包括:

(1)操作人员培训/取证不完善:在确定失效概率时,需要假设工厂或公司具体的培训水平和取证情况;

(2)测试和检查不完善:在确定失效概率时,需要假设工厂或公司正常的测试水平和检查频率;

(3)保护装置,如安全阀或超速跳车装置不可用。

分析人员还应该确认通过对工艺的系统性审查已辨识出所有的潜在初始事件,并确保没有遗漏该工艺或类似工艺的任何一个原因。此外,分析人员应将每个原因细分为离散的失效事件。此外,分析人员应确保已经识别和审查所有操作模式和设备状态下的初始事件。所有这些初始事件都可能导致失效,从而产生严重后果。

安全仪表功能(safety instrumented function,SIF)为事故场景的独立保护层,它的误跳车通常不作为有效的初始事件,而只在瞬时操作状态(例如紧急停车)引起的场景中考虑作为初始事件。

【例3-1】 锅炉火焰保护系统的误跳车会导致锅炉需要重新开车。这会增加锅炉系统开车(重新开车)的频率,从而增加了可能导致炉膛爆炸及附带危害的事件发生的频率。

(五)触发事件和触发条件

在比较复杂的场景中,可能存在一些既不是失效因素也不是保护层的因素,这些因素称作触发事件或触发条件。触发事件或触发条件由不直接导致场景的操作或条件构成,但是对于场景的继续发展,这些事件或条件必须存在或活动。触发事件可用概率来表示,在这种情况下,初始事件可能是触发事件(概率)和随后的失效或不恰当的行动(频率)的综合。这种情况见例3-2和例3-3。

【例3-2】 间歇反应开始时,操作人员的失误可能会导致催化剂用量增加至两倍。这个失误可能会导致反应器超压或破裂,除非爆破片能起到保护作用,或者装置具有防止超压的紧急停车功能和安全仪表功能。这里假设事故发生时没有其他防护系统能制止该事故。

解答:这个场景初始事件的频率为间歇反应的频率(触发事件)和2倍量的催化剂添加至该反应的机会(初始事件)的函数。对于LOPA小组,需理解初始事件是每年间歇反应运行次数和催化剂用量失误可能性的联合。必须注意:如果每年的间歇反应次数改变,那么反应器破裂的风险也将随之变化。

【例3-3】 当将气瓶搬到光气气瓶连接站时,操作人员掉下一只未加保护帽的气瓶,导致阀门破裂和光气泄漏。

解答:这个案例可使用两种方法。第一,初始事件是搬运时未加保护帽的气瓶掉落,请注意该初始事件由两部分组成:搬运未加保护帽的气瓶和掉落该气瓶。因此,初始事件频率基于光气气瓶每年被搬运的次数、气瓶未加保护帽的概率,以及搬运时这种气瓶掉落的概率。第二,初始事件频率只考虑光气气瓶每年被搬运的次数和气瓶掉落的概率。在搬运气瓶之前检查气瓶是否有保护帽将作为人员行动独立保护层,并在LOPA独立保护层评估步骤中进行分析。

搜寻初始事件需要识别危险事件,而危险事件发生的频率是场景分析的关键因素。

人员失误(错误)的频率依赖于每年操作或行动开展的次数。但是,作为一个经常被执行的操作任务,许多因素会影响操作失误频率。由于频繁执行任务,将改善操作技能,从而可能抵消失误次数。

因此,对于人的失误,一些LOPA分析人员使用离散值,而不是对触发事件频率进行调整。这避免了低估那些一年中只执行几次任务的人员失误频率。在LOPA分析时,必须制订人员失误概率评估的统一规则并执行。如果该规则并不适合具体场景的LOPA分析,那么对于该场景的人员失误概率,分析人员应该考虑进行定量风险分析。

二、频率估计

(一)失效率数据来源

为确定一致的初始事件频率,有许多可用的失效率数据来源,包括:

1. 行业数据

《化工过程定量风险分析指南》(CCPS,1989a)、《化工过程定量风险分析指南(第二版)》(CCPS,2000)、《工艺设备可靠性数据指南》(CCI,1989b)和其他公开数据,如IEEE(1984)、

EuReData 欧洲可靠性数据(1989)和 OREDA(1989,1992,1997)。

2. 公司的经验

对具体事件而言,操作人员的经验往往是更好的资料来源,但是对总体设备故障率而言,普通的工业失效率数据更适用。

3. 供应商的数据

这些数据通常较为乐观,因为这些数据是在清晰的、维护良好的背景下或基于返回给供应商的元件下开发的。

当一个原因引起多个元件失效时,合适的方法是使用简化的故障树或事件树获得联合的失效频率。一般来说,在 LOPA 分析中,应该选择性地使用这些技术,以防止分析过程过于复杂。

(二)失效率选择

选择失效率时应注意许多问题:

(1)失效率应与设施的基础设计和公司风险决策方法相一致;

(2)使用的所有失效率数据应该来自数据范围(例如上界、下界或中点)相同的位置,在整个过程中,保守程度应一致;

(3)选择的失效率数据应具有行业代表性或能代表操作条件。如果有历史数据,则只有该历史数据为足够长时期内的充足的数据,并具有统计意义时才能使用。如果使用普通的行业数据,通常考虑有限的工厂数据和专家意见,以反映具体的条件和情形。

选择的失效率数据中也包括了内在的假设。这些通常包括操作参数范围、处理的具体化学品、基本测试和检查频率、员工和维护培训程序以及设备设计质量等。因此,确保过程中使用的失效率数据与数据内在的基本假设相一致非常重要,应记录这些假设,以确保将来选择数据的一致性。

LOPA 方法也假定失效率是常数,对于 LOPA 分析,恒定的失效率是足够的。

(三)LOPA 失效率

通常情况下,对于 LOPA,公司应把离散初始事件频率整合为一系列代表性的初始事件等级,这提高了整个机构风险评估的一致性。

对于控制系统失效,整个回路的失效率来源通常包括几个构成元件(传送器、仪表供气、DCS、阀门、传感器等)中任何一个元件的失效,并可能包括其他因素,如不适当的设定值、判断误差、手动操作或串级控制。

1. 从失效数据中导出初始事件频率

失效数据有时用要求时失效概率(PFD)来表示。例如,在执行任务时,人的失误机会可以表示为 1×10^{-1}/次,或起重机载荷掉落机会可表示为 1×10^{-4}/起吊。在这种情况下,必须将这些数据转化为初始事件频率。这需要系统(或人员)执行任务的年次数(或次数/10^6h)。可简单地将系统每年执行的次数与失效概率相乘(假设这两个数值不相互依赖),或者也可以使用复杂的故障树技术评估每年系统面临的挑战次数。

2. 时间风险

如果系统或操作不连续(装载/卸载,间歇工艺等),必须对失效频率数据进行调整,以反映元件或操作的"时间风险"。由于大多数失效率数据表示为 a^{-1},因此有必要对失效率数据进行修正,以反映该元件或操作在整年中并不都失效,而仅仅在一年中运行时段或"处于风险"时才发生失效。通常可用元件一年中运行的时间百分比乘以基础失效率,进行频率修正。

【例 3-4】 考虑经常使用的卸载软管。软管在使用时的基础失效率为 $1\times10^{-2}/a$,但是它只在卸载过程中才会失效并导致危险物质或能量的泄漏。装载过程需要 2h,每年 40 次,因此失效率 F 为:

$$F = (1\times10^{-2}/a) \times (40/a \times 2h)/(8000h/a) = 1\times10^{-4}/a$$

假设软管在每次卸载前均进行了物理完整性测试(如充空气或氮气至运行压力),检测是否失效,并且假设数值之间没有共因依赖性。如果基础失效率是为间歇使用开发的,那么测试作为基本假设将被内置于失效率中。

【例 3-5】 考虑一个带流量测量回路的间歇操作。回路失效作为装料过程中危险物质泄漏的初始事件。如果基础基失效率是为 $1\times10^{-1}/a$,装料操作为 1h,并且每年装料 8 次,那么失效率为:

$$F = (1\times10^{-2}/a) \times (8h/8760h) = 1\times10^{-5}/a$$

式中,8h/8760h 为一年中操作处于风险的时间。

通常风险时间的调整是在 LOPA 确定初始事件频率时进行。

(四)频率调整

一些 LOPA 方法调整减缓前的后果频率,以反映人员暴露于危险中的概率、点火概率、发生爆炸后人员伤害或死亡概率等因素。这种修正可以在确定初始事件频率时进行,也可在计算最终的场景频率时进行。

三、失效率的表示方法

在 LOPA 中,表示失效率的方法有几种。所采用的方法应符合 LOPA 方法基本标准和设计。这些方法包括:十进制系统、以科学记数法或指数为基础的系统、整数系统。

第三节 识别独立保护层

一、独立保护层的定义和用途

独立保护层是能够阻止场景向不良后果继续发展的一种设备、系统或行动,并且独立于初始事件或场景中其他保护层的行动。独立保护层的有效性和独立性必须具有可审查性。

如图 3-6 所示,在事件链中,A 点安装的独立保护层 IPL 有机会采取行动。如果 A 点的独立保护层按照期望运行,则可以阻止不良后果发生。如果场景中所有的独立保护层都无法执行其功能,那么不良后果将随着初始事件发生。

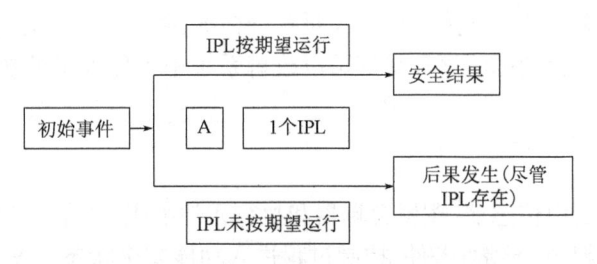

图 3-6　IPL 要求成功或失效的影响事件树

区分独立保护层和防护措施非常重要。防护措施可以是中断初始事件发生后的事件链的任何设备、系统或行动。但是，由于一些防护措施的有效性、独立性或因其他因素缺乏数据，具有不确定性，因此这些防护措施的有效性难以得到确定。

独立保护层的有效性根据要求时失效概率（PFD）进行确定，PFD 定义为系统要求时 IPL 失效，不能完成一个具体功能的概率。PFD 为 0 和 1 之间的无因次数字。PFD 值越小，该保护层对某一初始事件的后果频率削减得越多。

(一) 保护层分类

(1) 主动的或被动的；
(2) 阻止性的（释放前）或减缓性的（释放后）。

(二) 保护层的特性及前提条件

1. 工艺设计

在许多公司，假设因工艺设备本质安全设计，一些场景不可能发生。本质安全设计消除了一些场景。鼓励采取本质安全的工艺设计特征来消除可能的场景。

其他一些公司认为本质安全工艺设计功能有一个非零的 PFD，也就是说，在实际工业中，已经证实它们具有一定的失效模式。这些公司将这些本质更安全的工艺设计功能作为一种独立保护层 IPLs。这些独立保护层的设计是为了防止后果的发生。这种分析可以使类似的设备零件具有不同的失效率，而高失效率的设备就需要额外的独立保护层。

工艺设计是否作为独立保护层或作为消除场景的一种方法，取决于组织内部所采用的 LOPA 方法。这两种方法都可以使用，但必须保持一致性。

2. 基本过程控制系统

基本过程控制系统（BPCS）包括正常的手动控制，是过程正常运行期间的第一层保护。BPCS 的设计是为了使过程处在安全工作区域。如果 BPCS 控制回路的正常操作符合适当的标准，则可作为独立保护层。BPCS 失效可以被视为初始事件。当考虑使用 BPCS 作为独立保护层时，分析人员必须评估 BPCS 安全访问控制系统的有效性，因为人员失误会破坏 BPCS 的功能。

3. 关键报警和人员干预

关键报警和人员干预系统是过程正常运行期间的第二层保护，并且这些系统应该被 BPCS

激活。当报警或观测触发的操作人员行动满足各种标准,确保行动的有效性时,则操作人员行动可作为独立保护层。公司的程序和培训可以改善系统中工作人员的执行能力,但程序本身并不是独立保护层。

4. 安全仪表功能

一个安全仪表功能由传感器、逻辑解算器和执行元件组成,具有一定的安全完整水平。安全仪表功能通过检测超限(异常)条件,控制过程进入功能安全状态。安全仪表功能 SIF 在功能上独立于 BPCS,通常考虑作为一种独立保护层。安全仪表功能系统的设计、冗余水平、测试频率和类型将决定 LOPA 中 SIF 的 PFD。

5. 物理保护

物理保护包括安全阀、爆破片等。如果这类设备设计、维护和尺寸合适,则可以作为独立保护层,它们能够提供较高程度的超压保护。但是,如果切断阀安装在泄压阀下面或者检查和维护工作质量较差,则这类设备的有效性可能受到服役时污垢或腐蚀的影响。

6. 释放后保护

释放后的保护设备包括防火堤、防爆墙等。这些独立保护层是被动的保护设备,如果设计和维护正确,这些独立保护层可提供较高等级的保护。虽然它们的失效率低,但是在场景中也应包括 PFD。另外,如果自动喷水系统、泡沫系统或气体检测系统等满足独立保护层的要求,那么在一些具体场景中,也可以将它们作为独立保护层。

7. 工厂应急响应

工厂应急响应措施(消防队、人工喷水系统、工厂撤离等)通常不视为独立保护层,因为它们是在初始释放之后被激活,并且有太多因素(如时间延迟)影响了它们在减缓场景方面的整体有效性。

8. 社区应急响应

社区应急响应措施,如社区撤离和避难所,通常不被视为独立保护层,因为它们是在初始释放之后被激活,并且有太多因素影响了它们在减缓场景方面的整体有效性。它们对工厂的工人没有提供任何保护。

通常不被作为独立保护层的防护措施见表 3-1。

表 3-1 通常不被作为独立保护层的防护措施

防护措施(通常不考虑作为 IPLs)	说明
培训和取证	在确定操作员工行动 PFD 时,可能需要考虑这些因素,但是它们本身不是独立保护层
程序	在确定操作员工行动 PFD 时,可能需要考虑这些因素,但是它们本身不是独立保护层
正常的测试和检测	对于所有的危险评估,假设这些活动是合适的,它是确定 PFD 的判断基础。正常的测试和检测将影响某些 IPLs 的 PFD。延长测试和检测周期可增加 IPL 的 PFD
维护	对于所有的危险评估,假设这些活动是合适的,它是确定 PFD 的判断基础。维护活动将影响某些 IPLs 的 PFD
通信	作为一种基础假设,假设工厂内具有良好的通信。差的通信将影响某些 IPLs 的 PFD

续表

防护措施(通常不考虑作为 IPLs)	说明
标识	标识自身不是 IPLs。标识可能不清晰、模糊、容易被忽略等。标识可能影响某些 IPLs 的 PFD
火灾保护	积极的火灾保护通常不考虑作为一种 IPL,因为对于大多数场景,它是一种事故发生以后的事件,它的可用性和有效性可能受到相关的火灾/爆炸的影响。然而,如果在特定的场景中,公司能够说明它满足独立保护层 IPL 的要求,则它可以作为火灾保护 IPL(一种积极的系统,例如使用塑料管道和易碎开关等)。 注意:火灾保护是一种减缓 IPL,因为它试图在事件已经发生后,阻止更大的后果;对一些场景,如果耐火涂层满足 API 要求和公司标准,它可作为一种 IPL
要求信息可用且易理解	这是一种基础要求

二、独立保护层的规则

(一)成为独立保护层的条件

(1)按照设计的功能发挥作用,必须能有效地防止后果发生;

(2)独立于初始事件和任何其他已经被认为是同一场景的独立保护层的构成元件;

(3)可审查性:对于阻止后果的有效性和 PFD 必须能够以某种方式(通过记录、审查、测试等)进行验证。

(二)独立保护层的特性

1. 有效性

如果某个设备、系统或行动确信为独立保护层,那么它必须有效地防止了该场景不期望的后果。为了确定防护措施是否是独立保护层,可应用下列问题来指导小组或分析人员做出恰当的判断。

防护措施能否检测到需要它采取行动的条件,这可能是一个过程变量或报警提示等。如果防护措施不能检测到条件,并且不能产生具体的行动,那么它不是独立保护层。

独立保护层所需的时间必须包括:

(1)检测到条件的时间;

(2)处理信息和做出决策的时间;

(3)采取必要行动的时间;

(4)行动生效的时间。

在可用的时间内,独立保护层是否有足够的能力采取所要求的行动,即独立保护层的强度,其包括:

(1)物理强度(例如防爆墙或防火堤);

(2)某特定场景条件下阀门的关闭能力(例如阀门弹簧、驱动器或部件的强度);

(3)人员强度(例如所要求的任务是否在操作人员的能力范围内)。

如果防护措施不能满足这些要求,则它不是独立保护层。

在 LOPA 中,独立保护层减小后果频率的有效性使用 PFD 进行量化。确定独立保护层合适的 PFD 数值是 LOPA 过程一个重要的组成部分。独立保护层 PFD 越低,其正确运行和中断事件链的可能性就越大。PFD 通常使用最接近的数量级。PFD 值范围从最弱的独立保护层(1×10^{-1})到最强的独立保护层($1\times10^{-4} \sim 1\times10^{-5}$)。LOPA 小组或分析人员必须确定防护措施是否是独立保护层,然后为独立保护层确定合适的 PFD 值。但是,当确定初始事件频率较高场景的独立保护层 PFD 值时,例如场景初始事件频率大于或接近独立保护层功能有效测试频率时,必须谨慎。

2. 独立性

LOPA 方法采用独立性,来确保初始事件或其他 IPLs 不会对特定的独立保护层产生影响,而降低保护层完成功能的能力。独立性要求 IPLs 的有效性应独立于:

(1)初始事件的发生及其后果;

(2)同一场景中其他已确信的独立保护层的任何构成元件失效。

"三个 D"帮助确定备选防护措施是否是独立保护层:

(1)检测(Detect):大部分独立保护层可以检测或感应场景中的一个条件。

(2)决定(Decide):许多独立保护层可以作出决定是否采取行动。

(3)改变(Deflect):所有独立保护层都可以阻止事件,改变不良事件。

"三个足够"帮助评估独立保护层的有效性:

(1)是否足够大?

(2)是否足够快?

(3)强度是否足够?

【例 3-6】 BPCS 保护回路可能并不独立于初始事件,储罐 BPCS 液位控制回路使用进料阀以使液位保持在期望的设定点(图 3-7)。场景初始事件为由于 BPCS 液位控制回路失效导致储罐溢流。防护措施是采取 BPCS 高液位跟踪,一个功能是阻止电力泵向储罐供料,第二个功能是当检测到高液位时,关闭供给线上的进料阀,停止向储罐的注入。但是,这两种功能使用相同的液位传感器,共同的失效将会阻止执行元件采取行动以及高液位 BPCS 联锁失效。因此这种防护措施安排并不是独立保护层。

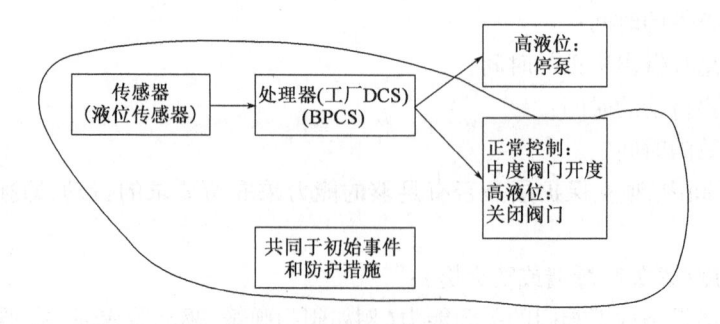

图 3-7 具有共同传感器和逻辑解算的 BPCS 回路(使用方法 A)

同样,图 3-8 显示了两种安排。第一种有两个不同的执行元件,但 BPCS 和传感器是共同的。同样地,第二种有两个传感器,但 BPCS 和执行元件是共同的。这种安排仅能作为 LO-PA 中一个独立保护层。双执行元件或双传感器所提供的冗余保护将降低 BPCS 回路这部分的 PFD,并可能降低独立保护层整体 PFD。

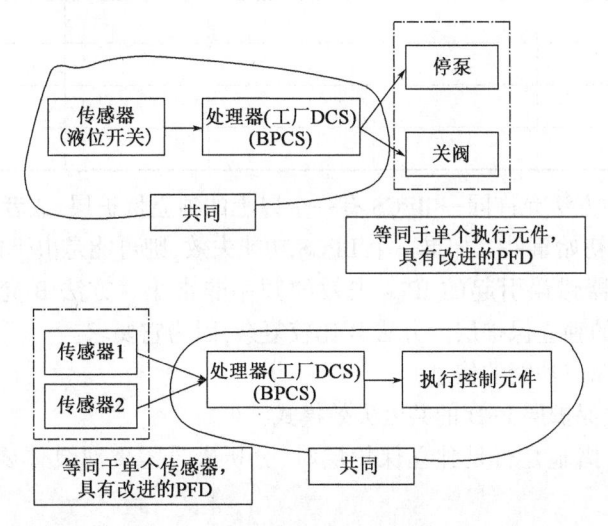

图 3-8 具有共同逻辑解算器的 BPCS 回路(使用方法 A)

有两种方法可用于评估涉及 BPCS 回路或功能的 IPLs 的独立性,以确定某特定场景中存在多少独立保护层。通常建议方法 A,因为它的规则明确,并且保守(见例 3-6)。如果分析人员经验丰富,并且关于 BPCS 逻辑解算器设计及实际性能的数据充足可用,可使用方法 B。

(1)方法 A:一个设备或行动作为独立保护层,它必须独立于:

①初始事件或任何触发事件;

②任何其他已被作为同一场景独立保护层的设备、系统或行动。

方法 A 比较保守,因为对单一的 BPCS,它只允许有一个独立保护层,并且要求独立于初始事件。方法 A 消除了影响独立保护层 PFD 的共因失效(表 3-2)。方法 A 使用起来更简单,规则明确,只需分析小组或人员进行很少的判断。

表 3-2 系统共因失效

工程					运行	
设计		建造		程序		环境
功能缺陷	通道相关性	不充足的质量控制	不充足的质量控制	不完善的维修	操作错误	温度	火灾
没有识别出危险	共同的运行和保护元件	不充足的标准	不充足的标准	不完善的测试	不完善的程序	压力	洪水
不充足的仪表	操作上的缺陷	不充足的检测	不充足的检测	不完善的校正	不完善的监察	湿度	天气
不充足的控制	不充足的元件	不充足的测试	不充足的测试和试车	不完善的程序	通信错误	振动	地震
	设计错误			不完善的监察		加速度	爆炸
	设计的限制					应力	抛射物

续表

工程		运行	
设计	建造	程序	环境
			腐蚀 / 电能
			污染 / 辐射
			干扰 / 化学能
			辐射
			静电

(2)方法B:这种方法允许同一BPCS有一个以上的独立保护层,或者允许一个BPCS独立保护层有一个BPCS初始事件。如果一个BPCS功能失效,则可能是由于检测设备或执行元件失效,由于逻辑解算器错误引起的IPLs失效的频率非常小。方法B允许有限数量的其他BPCS元件作为场景的独立保护层。方法B比较复杂,因为它要求:

①BPCS设计和完成功能的信息;

②充分理解独立保护层PFD的共因失效模式;

③对于确定防护措施是否是独立保护层时,分析人员需要对具体要求和应用有丰富的经验。

【例3-7】 假设一个特定的BPCS回路失效为初始事件。操作人员可以依靠同一失效BPCS的另一回路获得信息,并做出响应来减缓事件。使用方法A时,LOPA将假设如果BPCS回路失效,那么BPCS逻辑解算器提供的任何进一步的信息或行动都必须被视为不可用或无效。因此,操作人员针对BPCS报警所采取的行动不能被视为独立保护层,因为所需的信息需要通过失效的BPCS逻辑解算器获得。在方法B中,如果逻辑解算器的设计和功能支持这一假设,BPCS逻辑解算器通过另一回路提供信息给操作人员的能力将不会受到影响。如果报警回路没有使用场景初始事件涉及的任何公共元件(除中心处理单元外),方法B允许将操作人员行动作为独立保护层。

3.可审查性

元件、系统或行动必须经审查,表明其符合LOPA独立保护层减缓风险的要求。审查程序必须确认如果独立保护层按照设计发生作用,它将有效地阻止后果;审查还应确认独立保护层的设计、安装、功能测试和维护系统的合适性,以取得IPL特定的PFD。功能测试必须确认独立保护层所有的构成元件(传感器、逻辑解算器、执行元件等)运行良好,满足LOPA的使用要求。审查过程应记录发现的独立保护层条件、上次审查以来的任何修改以及跟踪所要求的任何改进措施的执行情况。

三、LOPA独立保护层评估

(一)防护措施/独立保护层评估

有多种方法可以确定独立保护层的有效性、独立性和可审查性。最简单的方法是使用书面设计基础信息或独立保护层信息汇总表,这些内容必须可以由LOPA小组或分析人员审查。

信息应包括假设的初始事件、系统或设备的行动,以及行动的影响。支持分析的任何假设、澄清资料或计算都必须作为参考资料或附录。如果这些信息不可用或者信息的有效性值得怀疑,那么必须为每个被审查的场景和防护措施编制这些信息,这将需要系统工艺设计专家、仪表控制的设计和安装专家以及过程运行专家共同编制。应记录分析的信息如下。

1. 安全仪表功能 SIF 作为独立保护层

记录的文件应包括:
(1)安全仪表功能的目的说明;
(2)每一个构成元件的详细规格和安装细节,包括逻辑解算器;
(3)为取得要求的或假设的 PFD,安全仪表功能 SIF 或构成元件的功能测试和有效性记录(见 ISA S84.01—1995、IEC 61508—2000、IEC 61511—2003)。

2. 压力释放阀作为独立保护层

记录文件应包括:
(1)设计(规格)基础;
(2)设计场景(所有要求释放阀开启的场景);
(3)阀门规格;
(4)场景条件下所要求的流量;
(5)安装细节(例如管道布置);
(6)测试和维护程序,包括在设定压力下阀门开启的功能测试。

3. 人员行动作为独立保护层

应确定以下的因素并记录:
(1)如何检测条件;
(2)如何作出采取行动的决策;
(3)采取什么措施来防止后果。

(二)独立保护层要求时的失效概率值 PFD

独立保护层的 PFD 为系统要求独立保护层起作用时该独立保护层不能完成所要求的任务的概率。任务失败可能由下列情况引起:
(1)当初始事件发生时,独立保护层构成元件失效或存在不安全的状态;
(2)在执行其任务期间,独立保护层构成元件失效;
(3)人员干预无效等等。

PFD 的目的是解释危险模式中所有潜在的失效(危险失效是指独立保护层失效以至于要求时它不能完成所要求的任务)。

分析人员应该按照场景条件评估备选独立保护层的设计,估计独立保护层合适的 PFD。应编制文件来证实 IPLs 所取的 PFD 值。PFD 值应参照企业的标准或工业标准,或者包括适当的计算。对于安全阀独立保护层,特别是对服役于聚合物、易污染或易腐蚀性环境中的安全阀,证明所选择的 PFD 值尤其重要。

四、独立保护层示例

(一)被动的独立保护层

被动的独立保护层是指在实现消减风险的功能时,不需要主动采取行动的保护层。表3-3中包含了使用被动方式降低高后果事件频率、实现风险降低的独立保护层例子,也给出了各种IPL的PFD值典型范围,同时也给出了本章采用的PFD值。如果独立保护层的执行过程或机械设计、建造、安装和维护正确,则可以实现其功能。

表3-3 被动IPLs例子

IPLs	说明(假设具有完善的设计基础,充足的检测和维护程序)	PFD(来自文献和工业数据)	本章采用PFD
防火堤	降低储罐溢流、破裂、泄漏等严重后果(大面积扩散)的频率	$1\times10^{-2}\sim1\times10^{-3}$	1×10^{-2}
地下排污系统	降低储罐溢流、破裂、泄漏等严重后果(大面积扩散)的频率	$1\times10^{-2}\sim1\times10^{-3}$	1×10^{-2}
开式通风口	防止超压	$1\times10^{-2}\sim1\times10^{-3}$	1×10^{-2}
耐火材料	减少热输入率,为降压/消防等提供额外的响应时间	$1\times10^{-2}\sim1\times10^{-3}$	1×10^{-2}
防爆墙/舱	通过限制冲击波,保护设备/建筑物等,降低爆炸重大后果的频率	$1\times10^{-2}\sim1\times10^{-3}$	1×10^{-2}
"本质更安全"设计	如果正确地执行,将大大降低相关场景后果的频率。一些公司的LOPA规定中,允许本质更安全设计功能消除某些场景(如容器设计压力超过所有可能的高压要求)	$1\times10^{-1}\sim1\times10^{-6}$	1×10^{-2}
阻火器或防爆器	如果设计、安装和维护合适,这些设备能够消除通过管道系统或进入容器或储罐内的潜在回火	$1\times10^{-1}\sim1\times10^{-3}$	1×10^{-2}

在一些公司,如果工艺设计功能(如特殊材料和检查)能够防止后果发生,也可视为独立保护层。这种做法可以让组织评估使用不同标准设计的设备之间的风险差异。对于这种方法,本质安全工艺设计功能要求采取适当的检查和维护(审计)并确定PFD值,以确保工艺变更不会改变PFD。

【例3-8】 考虑一个通过泵给容器供料的系统,容器的设计压力大于泵的切断压力。一些公司可能会把泵空转超压导致的容器破裂作为一种可能场景。他们把容器设计压力超过泵空转压力的本质更安全设计功能作为独立保护层。一些LOPA分析人员确定这种独立保护层的PFD为$1\times10^{-2}\sim1\times10^{-4}$,该PFD反映了由于制造缺陷、维护失误及腐蚀可能降低容器的破裂压力。此外,还可能存在电力泵安装不同叶轮、输送不同液体等的可能性。

其他LOPA分析人员认为,容器压力低于设计压力导致的灾难性失效不是合理的后果,除非有证据表明该系统发生了严重腐蚀。此类故障仅可能由于制造失误或腐蚀引起,它与泵空转引起的超压破裂是不同的场景(假定对容器执行了适当的检查和维护,初始事件频率低到可以忽略不计)。系统在安装之前,将进行水压测试,测试压力为机械规范要求的系统设计压力。此外,泵空转造成的故障仅可能为垫圈接头或仪表接头等的局部渗漏,而不是灾难性的故障。这种方法将消除因泵空转导致的容器灾难性破裂失效的场景。

(二) 主动的独立保护层

主动的独立保护层是指当测量的过程参数(如温度或压力)或来自其他来源的信号(如按钮或开关)发生改变时,保护层能响应这种改变并从一种状态变到另一种状态的独立保护层。主动的独立保护层的基本元件如图3-9所示。

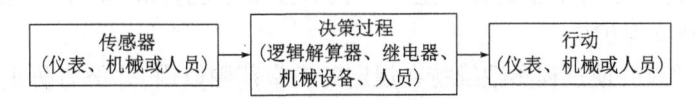

```
传感器            决策过程              行动
(仪表、机械或人员) → (逻辑解算器、继电器、 → (仪表、机械或人员)
                   机械设备、人员)
```

图3-9 主动保护层的基本元件

表3-4提供了主动保护层的例子。

表3-4 主动保护层的例子

IPLs	说明(假设具有完善的设计基础,充足的检测和维护程序)	PFD(来自文献和工业数据)	本章采用PFD
安全阀	防止系统超压,其有效性对服役条件比较敏感	$1\times10^{-1} \sim 1\times10^{-5}$	1×10^{-2}
爆破片	防止系统超压,其有效性对服役条件比较敏感	$1\times10^{-2} \sim 1\times10^{-5}$	1×10^{-2}
基本控制系统	如果与初始事件无关,BPCS可确认为一种IPL	$1\times10^{-1} \sim 1\times10^{-5}$	1×10^{-2}
安全仪表功能(联锁)	见IEC 61508—2001和IEC 61511—2003		
SIL1	典型组成: 单个传感器(容错冗余) 单个逻辑控制器(容错冗余) 单个执行元件(容错冗余)	$1\times10^{-2} \sim 1\times10^{-1}$	
SIL2	典型组成: "多个"传感器(容错) "多个"逻辑控制器(容错) "多个"执行元件(容错)	$1\times10^{-3} \sim 1\times10^{-2}$	—
SIL3	典型组成: "多个"传感器 "多个"逻辑控制器 "多个"执行元件	$1\times10^{-4} \sim 1\times10^{-3}$	

注:多个包括2选1(1oo2)和3选2(2oo3)表决方案;
"多个"表示可能要求或不要求有多个元件,这取决于系统结构、选择的元件和达到总体PFD水平以及最小化个体元件失效引起误跳车概率所要求的容错等级(见IEC 61511—2003指南和要求)。

1. 仪表系统

仪表系统由传感器、逻辑解算器、过程控制器和执行元件组成,这些元件共同工作,自动调节装置运行或防止化工产品生产过程中特定事件的发生。在基本LOPA分析方法中考虑了两种类型的仪表系统。

第一种为连续控制器(按照操作人员提供的设定值调节流量、温度或压力的过程控制器),它通常给操作人员提供持续性的反馈,从而表明其工作正常。第二种为状态控制器(对报警指示器或过程阀门采取工艺措施,执行开关动作的逻辑解算器),状态控制器监测工厂条件,只有当工厂条件达到预设定值时才采取控制行动。状态控制器(逻辑解算器和相关的现场设备)的失效不易检测,需要到下一次安全功能失效的人工功能性测试时才能发现。BPCS 和安全仪表系统都有连续控制器和状态控制器,但是两者在实现风险削减层次上存在很大差异。

2. 基本过程控制系统(BPCS)

BPCS 是执行持续监测和控制日常生产过程的控制系统。BPCS 可以提供三种不同类型的安全功能作为独立保护层:

(1)连续控制行动,使过程参数维持在规定的正常范围以内,并努力防止导致初始事件发生的异常场景的发展;

(2)状态控制器(逻辑解算器或报警跟踪单元),识别超出正常范围的过程偏差,并向操作人员提供信息(通常为报警信息),促使操作人员采取具体的纠正行动(控制过程或停车);

(3)状态控制器(逻辑解算器或控制继电器),采取自动行动来跟踪过程,而不是试图使过程返回到正常操作范围内。这种行动将导致停车,使过程处于安全状态。

BPCS 是一个相对较弱的独立保护层,因为 BPCS 通常几乎没有元件冗余,且内在测试能力及防止未授权变更内部程序逻辑的安全性有限;

当考虑 BPCS 作为独立保护层的有效性时,BPCS 安全访问控制方案尤其重要。如果安全系统不够完善,人员失误(逻辑修改、报警旁路和联锁旁路等)会严重降低 BPCS 系统的预期性能。

【例 3-9】 BPCS 正常控制回路行动作为一个独立保护层。

假设初始事件是由于加热炉燃料气的异常高压引起。上游单元引起高压,导致加热炉高温。如果燃料气流量控制回路为压力补偿,随着压力的上升,回路的正常操作将减少燃料气的体积流量。如果该回路能够防止由于高压扰动导致的炉内高温后果,那么这种回路可以视为独立保护层。

【例 3-10】 BPCS 报警行动作为独立保护层。

与例 3-9 类似的加热炉,假设燃料气流量控制回路不是压力补偿,由于 BPCS 离散逻辑控制可以产生燃料气体高压报警,促使操作人员采取行动控制气体压力或停炉。这种 BPCS 回路和操作人员行动作为一个整体,可以作为一种独立保护层。

【例 3-11】 BPCS 逻辑行动作为独立保护层。

与例 3-10 类似的加热炉,再次考虑燃料气流量控制回路不是压力补偿,不过 BPCS 离散逻辑控制可以在燃料气高压时停车,以防止加热炉高温后果。这种 BPCS 回路可作为独立保护层。

3. 安全仪表系统

安全仪表系统是由传感器、逻辑解算器和执行元件组成的,能够行使一项或多项安全仪表功能(SIF)的仪表系统。SIF 为状态控制功能,有时也称为安全联锁和安全关键报警。一系列安全仪表功能组成了安全仪表系统(也称为紧急停车系统)。PFD 的全生命周期要求重要的设计细节包括以下内容:

(1)安全仪表功能在功能上独立于 BPCS。用于安全仪表功能的测量装置、逻辑控制器和执行元件独立于 BPCS 中的类似装置。

(2)安全仪表系统的逻辑解算器(通常包括多个冗余处理器、冗余电源供给和一个人机界面)可处理几个(或多个)安全仪表功能。

(3)广泛使用冗余的元件和信号路径。多样化的技术将减少冗余元件的共因失效。例3-12和例3-13提供了为系统添加冗余的方法,而不仅仅是重复系统的元件。

(4)使用表决方案和容错逻辑,能够容忍一些元件的失效,而不会影响安全仪表系统的有效性,不会引起过程的误跳车。

(5)自我诊断功能,检测和通知传感器、逻辑解算器以及执行元件的故障。这种诊断作用可以使安全仪表功能失效的平均修复时间减少到只有几个小时。多个逻辑解算器的内部测试在一秒内可进行多次。

(6)跳车切断功能要求较低的PFD。

每个安全仪表功能拥有各自的要求失效概率PFD,基于:

①传感器、逻辑解算器和执行元件的数量和类型;

②系统元件定期功能测试的时间间隔。

【例3-12】 通过测量气体流量,压缩机、电动机电流和气体压降等,提供检测气体压缩机故障的冗余性,这一点是可能的。所有这些都可以检测到相同的事件,但是使用了不同的方式(即它们提供了多样性和冗余),而且这些检测也可作为独立监视过程的手段。但是必须要确保这些仪表信号是真正独立的。

【例3-13】 对于关阀的冗余,可以不需要在主要工艺管线上增加额外的阀门来实现。阀门的冗余可能要求为每个阀门及相关的切断阀安装并行管道,以满足进行在线测试的要求。对已建成的工厂进行这类管道系统更新的成本极其昂贵。例如,如图3-10所示,通过关闭蒸汽流量控制阀(XV-411)或开启排气阀(XV-101)都可以阻止蒸汽再沸器的热输入,以减少蒸汽压力使其低于液体沸腾的压力要求。排气阀可通过关闭上游切断阀进行在线测试。如果满足以下条件,这种阀门设计可作为一种冗余系统。

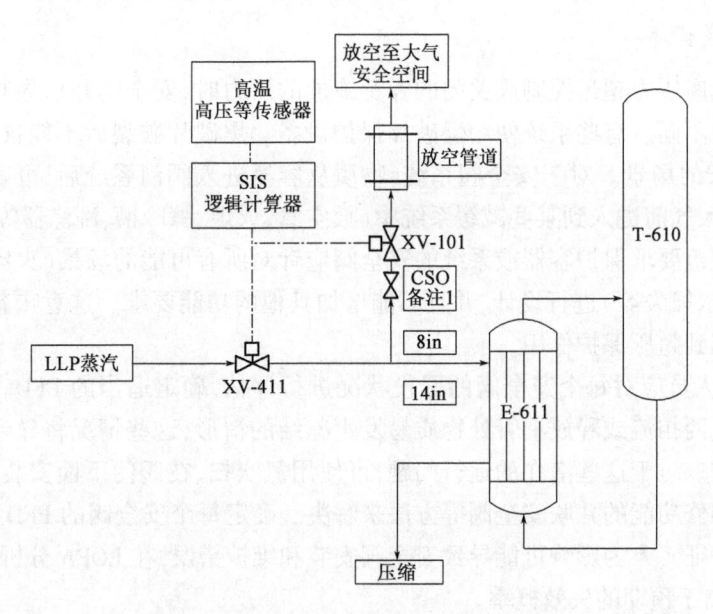

图3-10 多个执行元件阻止蒸汽再沸的热量输入蒸馏塔的方案示例

备注1—切断阀CSO在正常运行时常开,在在线测试XV-101时切断

这种独立保护层的 PFD 取决于：

(1)排气阀的测试频率；

(2)要求减少蒸汽流量时,流量控制阀的操作历史；

(3)该系统包含的其他元件的 PFD。

另一种可选设计是在蒸汽供应线上增加一个额外的安全仪表功能 SIF 阀门。在线测试可能要求增加隔离 SIF 阀和 SIF 附近旁路阀的额外切断阀。可以看出,例 3-13 设计所需阀门总数大大减少,并且只需要对管道系统进行简单的修改。

4. 供应商安装的防护措施

许多设备本身具有供应商设计的各种防护措施和联锁系统。例如：在压缩机故障导致物料严重流失的场景中,如果供应商提供的联锁具有完善的设计、安装和维护,则这些防护措施可作为独立保护层。

对于 LOPA 分析,如果这些设备满足 LOPA 的规定,则将它们作为独立保护层是合适的。影响这种决策及确定 PFD 值的因素包括：

(1)安全仪表功能设计(联锁)；

(2)历史数据(可从供应商那里获得,但应仔细审查)；

(3)安全仪表功能如何集成到 BPCS 和(或)安全仪表系统。

5. 喷水、喷雾、泡沫系统及其他消防减缓系统

如果喷水、喷雾、泡沫系统的自动化系统精心设计、维护、安装并满足规定的要求,则它们可作为独立保护层,来阻止最终的释放。这类系统的工业经验表明,如果火灾或爆炸可能导致其失效,则它们对火灾、释放等的正常响应过程应被视作防护措施而不是独立保护层。

6. 压力释放设备

当安全阀底座压力超过控制阀关闭的弹簧施加的压力时,安全阀开启导阀控制的安全阀的运行方式略有不同。有些系统使用爆破片保护设备。爆破片破裂后不能自行关闭,这可能会导致更加复杂的场景。对于安全阀系统,物质从容器进入阀门系统后,可直接排放到大气中,也可在排入大气前进入到某些减缓系统中(放空管、火炬、骤冷槽、洗涤器等)。

压力容器规范要求保护容器或系统的安全阀应针对所有可能的场景(火灾、冷却失效、控制阀失效、冷却水损失等)进行设计,并且不能增加其他的功能要求。这意味着安全阀作为独立保护层仅能起到超压保护作用。

LOPA 分析人员应对每个安全阀的服役状况进行评估,确定适当的 PFD。特别是安全阀处于污染、腐蚀、两相流或释放汇管处物质易发生冻结的情形,这些情况将导致安全阀系统无法实现安全泄放。对于这些潜在的运行问题,可使用氮吹扫、在阀门下面安装爆破片、安装实现在线检测和维修功能的并联安全阀等方法来解决。确定每个安全阀的 PFD 时,必须认真考虑每个系统的特征。人为影响可能导致安全阀安装和维护错误,在 LOPA 分析中,这些设备的有效 PFD 通常高于预期的失效概率。

泄放系统的目的是提供超压保护,但泄放物质最终将排放到大气中。这可能导致其他场景(例如有毒气云、易燃气云、环境污染)的发生,这取决于化学物质的类型、控制系统类型和环境保护系统(如火炬、洗涤器等)。LOPA分析人员必须确定释放设备IPL在期望的运行情况下导致新场景后果的频率,并确定是否需要其他相应的独立保护层以满足风险容忍标准。超压风险也许可以容忍,但是来自安全阀的环境释放频率可能高于所预期的。

有关安全阀的其他场景包括安全阀泄漏或安全阀动作后无法关闭。

7. 人员IPL

人员IPL是指操作人员或其他工作人员对报警响应或在系统常规检查后,采取的防止不良后果的行动。与过程控制相比,通常认为人员响应的可靠性较低,必须慎重考虑人员行动作为独立保护层的有效性。

人员行动应具有以下特点:

(1)要求操作人员采取行动的指示必须是可检测到的,这些指示必须在任何情况下始终对操作人员可用,并且简单明了、易于理解。

(2)必须有充分的时间以便采取行动。这包括"确定要采取行动"的时间以及"采取行动"所花费的时间。采取行动可用的时间越长,人员行动独立保护层的PFD越低。操作人员决策时应要求:不需要计算或复杂的诊断;无须考虑中断生产的成本与安全之间的平衡。

(3)不应期望操作人员在执行IPL要求的行动时同时执行其他任务,并且操作人员正常的工作量必须允许操作人员可以作为一个独立保护层有效采取行动。

(4)定期进行培训并记录,根据书面操作程序进行训练并定期审查。

(5)指示和行动通常应独立于其他任何已经作为独立保护层或初始事件序列中的报警、仪表、安全仪表功能或其他系统。

(6)管理实践、程序和培训本身不应被视为独立保护层。

五、阻止性独立保护层及减缓性独立保护层

一些IPL的目的是阻止场景的发生,可称为阻止性的独立保护层。另外有些独立保护层称作减缓性的独立保护层,其目的是减轻初始事件后果的严重程度,但是允许较轻后果事故的发生。

阻止性独立保护层的例子是阻止失控反应和避免超压的安全仪表功能(例如关闭蒸汽阀、增大紧急冷却水流量、添加抑制剂)。如果这些功能发生作用,那么将阻止失控反应,从而不会产生容器破裂或物质排放到大气中的后果。

减缓性独立保护层的例子是压力释放设备,这类设备的目的是防止容器的灾难性破裂,但是这类设备的预期运行将引起其他的后果(另一种场景)。例如,易燃或有毒物质通过安全阀排放到大气中将使分析人员考虑第二个场景相关的风险是否可以接受。如果风险被认为不可接受,那么分析人员可能要检查是否需要额外的独立保护层来减少安全阀开启的频率。另一个例子是防火堤(防火堤内的物质释放可能引起物质蒸发、火灾、爆炸等)。

六、案例分析

图3-11给出了正己烷缓冲罐的工艺流程图。

场景1a:正己烷缓冲罐溢流,溢流物未被防火堤包容。试分析该场景。

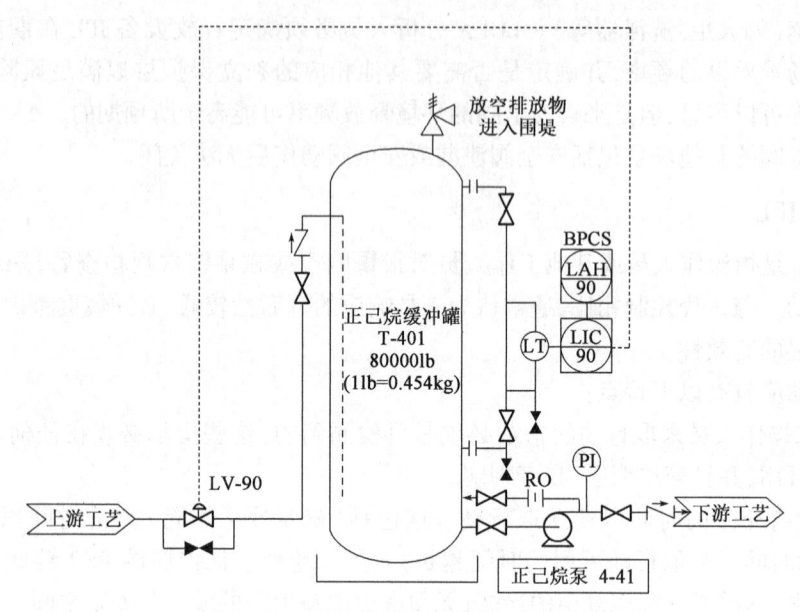

图 3-11 正己烷缓冲罐溢流工艺流程图

(一) 初始事件

初始事件是 BPCS 液位控制回路失效。这意味着,不能将 BPCS 逻辑解算器作为任何其他独立保护层的一部分。另外,共因失效(如停电、电缆破坏等)可能是引起 BPCS 液位控制回路失效和所有的或许多其他的与这个系统相关的回路失效的原因,从而使得潜在 BPCS 独立保护层无效。

(二) 合适的独立保护层

一旦发生罐体溢流,合适的防火堤可以包容这些溢流物。如果防火堤失效,将发生大面积扩散,从而发生潜在的火灾、损害和死亡。防火堤满足独立保护层所有的要求,包括:

(1) 如果按照设计运行,防火堤可有效地包容储罐的溢流;

(2) 防火堤独立于任何其他独立保护层和初始事件;

(3) 可以审查防火堤的设计、建造和目前的状况。

对于这个案例,防火堤的 PFD 取 1×10^{-2},也就是说,当它面临 100 次的挑战时,防火堤会发生 1 次溢出物包容失效。每个组织都应该考虑如何为某一特定独立保护层的 PFD 确定合适的值。

(三) 不是 LOPA 独立保护层的防护措施

危害评估小组可能已考虑把 BPCS 报警和人员响应行动作为防护措施。在这个案例中,人员行动不作为独立保护层,原因如下:

(1) 操作人员不总是在现场,在防火堤失效导致重大释放前,不能假设独立于任何报警的操作人员行动能有效地检测和阻止释放。

(2) 必须假设 BPCS 液位控制回路失效(初始事件)导致系统不能产生报警,从而不能提醒操作人员采取行动以阻止缓冲罐进料。因此,BPCS产生的任何报警不能完全独立于BPCS系统(使用方法A),不能作为独立保护层。方法B允许使用BPCS产生的报警和相应的人员干预作为一个独立保护层。缓冲罐上的安全阀无法防止缓冲罐发生溢流,因此,对于这种场景,安全阀不是独立保护层。

(四)建议的独立保护层

对于开发消减风险的保护层,使用方法A时,已有装置不能提供机会去对已存在的BPCS或人员开发一个独立保护层,因为对已有的仪表系统,BPCS和人员行动与初始事件或其他已经存在的独立保护层有关。因此,需要增加额外的设备来降低风险。一种方法是安装一个PFD为1×10^{-2}的安全仪表功能SIF,以降低后果的频率。为了满足具有这种PFD的独立保护层要求,SIF要求:

(1)独立的液位测量设备,与缓冲罐其他现有的液位测量装置分开;

(2)一个处理液位开关信号的逻辑解算器,如果检测到高液位,逻辑解算器发出行动指令。这种逻辑解算器必须独立于现有BPCS系统,并且具有自诊断能力以及带多个处理器,这样的安全仪表逻辑解算器比较合适。如果不选择使用这种逻辑解算器,则逻辑解算器必须能够取得所需的PFD,以使安全仪表功能满足假设的PFD值至少为1×10^{-2};

(3)切断进入储罐流动的一个额外执行元件,它由接收新的液位测量装置信息的逻辑解算器触发。这种执行元件必须独立于系统中已有的独立保护层,以停止进入储罐的流动;

(4)安全仪表功能系统具体测试规定能够实现要求的整体PFD值;

(5)SIF、测试要求和测试结果的记录文件。

注意:如果使用方法B,可能只需添加一个具有单独的传感器和要求操作人员对高液位报警采取响应行动的独立保护层。这种独立保护层PFD取决于响应报警的可用时间,以防止防火堤包容失效导致严重泄漏。

第四节 场景频率计算

一、定量计算风险和频率

(一)常用计算

特定后果终点释放场景频率计算的常用程序,如下式:

$$f_i^C = f_i^I \times \prod_{j=1}^{J} \text{PFD}_{ij} = f_i^I \times \text{PFD}_{i1} \times \text{PFD}_{i2} \times \cdots \times \text{PFD}_{ij} \qquad (3-1)$$

式中 f_i^C——初始事件i造成后果C的频率;

f_i^I——初始事件i的初始事件频率;

PFD_{ij}——初始事件i中第j个阻止后果C的独立保护层要求时的失效概率。

式(3-1)适用于低要求模式——IPL测试频率的两倍,高要求模式计算将在后面讨论。式(3-1)至式(3-5)假设所有的IPL都是真正独立的,这是LOPA的一个基本前提。

式(3-1)得出的场景计算风险可与风险容忍标准进行对比以便做出决策,包括风险矩阵、数值风险方法以及 IPL 信用数。

(二)计算其他结果的频率

一些公司仅仅计算释放的频率。物质释放后可能造成其他一些结果,一些公司针对这些结果有风险容忍标准。因此,一些公司可能选择计算物质释放后造成的后果频率:

(1)可燃物影响,如火灾或爆炸;
(2)毒性影响的范围;
(3)暴露于可燃物或毒性物质中的影响;
(4)受伤或死亡。

为计算这些后果的频率,可将释放场景的频率乘以关注结果的概率,对式(3-1)进行修正,添加了以下参数:

点火概率(P^{ig})——对于可燃物释放;

人员出现在影响区内的概率(P^{ex})——计算暴露和伤害的先决条件;

伤害发生的概率(P^s)——受伤或死亡。

式(3-2)确定了单个系统单个场景火灾发生的频率:

$$f_i^{\text{fire}} = f_i^l \times \left(\prod_{j=1}^{J} \text{PFD}_{ij}\right) \times P^{ig} \tag{3-2}$$

式(3-3)确定了人员暴露于火灾中的频率:

$$f_i^{\text{fire-exp}} = f_i^l \times \left(\prod_{j=1}^{J} \text{PFD}_{ij}\right) \times P^{ig} \times P^{ex} \tag{3-3}$$

火灾引起人员受伤的频率为:

$$f_i^{\text{fire-injury}} = f_i^l \times \left(\prod_{j=1}^{J} \text{PFD}_{ij}\right) \times P^{ig} \times P^{ex} \times P^s \tag{3-4}$$

对于毒性影响,人员伤害的频率方程与火灾伤害方程相似,毒性影响不需要点火概率,并且人员出现的概率和受伤的概率与可燃物不同。式(3-4)变为:

$$f_i^{\text{toxic}} = f_i^l \times \left(\prod_{j=1}^{J} \text{PFD}_{ij}\right) \times P^{ex} \times P^s \tag{3-5}$$

注意:点火概率和人员出现的概率与初始事件密切相关——人的行为可能是点火源。初始事件在本质上可能增加这两个概率中的一个或两个(见例3-14)。LOPA 分析人员应仔细识别这种关联。

【例3-14】 如果在一个工艺区域释放事件是由于操作员打开了该区域内的排出阀,则P^{ex}为1,因为人员出现在场景发生的现场。

如果可燃物释放初始事件为起重机吊起的换热器坠落到储罐上,其点火概率将高于防爆区域的受控设备;换热器对储罐的撞击将导致物质释放,撞击过程为一点火源。起重机本身也可能是一个点火源。在这个案例中,P^{ig}为1。

对于液池火灾,P^s具有较低的概率比较合适。然而,对于闪火,如果人员在闪火范围内,则受伤的概率将很高。对于毒性气云,P^s取决于蒸气的浓度、暴露的时间以及人员逃离气云的能力。对于大部分情况,P^s 取 0.5,对于难以察觉到气云或气云非常迅速能使人丧失能力或逃离路线难以使用的情况,P^s 取 1.0。

点火概率 P^{ig} 取决于释放扩散过程和点火源的位置。对于不同的可燃物,影响可能不同;对于不同的情形,事件树的每一个分支的概率可能不同。在 LOPA 分析中,对于典型的情况,可使用一个保守的点火概率值。

(1) 对于撞击引起的释放,P^{ig} 取 1.0;
(2) 对于靠近明火设备的较大释放,P^{ig} 取 1.0;
(3) 普通工艺区的释放,P^{ig} 取 0.5;
(4) 远处工艺区,如罐区的释放,P^{ig} 取 0.1。

(三) 计算风险

如果需要风险指标值,则风险指标值为关心结果的频率 f_k 乘以后果的大小 C_k,即

$$R_k^C = f_k^C \times C_k \tag{3-6}$$

式中 R_k^C——事故第 k 个结果的风险,单位为后果大小/时间;

f_k^C——事件中第 k 个结果发生的频率,单位为时间的倒数,如 1/a、1/h;

C_k——事故中第 k 个结果的后果大小,后果大小可以为单个人的死亡概率、死亡人数、经济损失的钱数、污染物质释放的量、暴露于具体空气污染浓度下的人数等,C_k 也可以表示为一种等级。

注意:为了使用式(3-6),期望结果 k 的后果必须表示为一个单一的度量数值。如果有各种潜在的后果或结果,风险计算将更加复杂。式(3-2)至式(3-6)可用来计算任何一种单一数值风险指标,例如过程安全、环境、商业影响、质量等。

(四) 多个场景频率求和

一些公司有地域风险或个体风险标准,为了使用这样的风险标准进行风险决策,则必须汇总所有影响该区域或人员的场景频率:

(1) 同一区域面积内;
(2) 同一工艺单元(如几个反应堆列);
(3) 影响到同一感兴趣的位置;
(4) 同一后果严重性等级(如同样的物质危害)。

每一个场景应单独使用式(3-1)进行评估,因为每个场景具有不同的独立保护层 IPLs,即使两个场景导致了同样的后果。如果 f_i 较小,则后果的频率可近似使用式(3-7)求得。

$$f^C = \sum_{i=1}^{l} f_i^C \tag{3-7}$$

式中,l 为初始事件的个数。

二、案例分析

场景 1a:正已烷缓冲罐溢流——防火堤未能防止泄漏。

由于 LIC 失效,导致防火堤外溢流,各后果频率计算如下:

(1) 释放频率 f^R,使用式(3-1):
$$f_{la}^{R} = f_{la}^{LIC} \times \text{PFD}_{dike} = 1 \times 10^{-3}/a$$
(2) 火灾频率,使用式(3-2):
$$f_{la}^{fire} = f_{la}^{LIC} \times \text{PFD}_{dike} \times P^{ig} = 1 \times 10^{-3}/a$$
(3) 火灾导致死亡的频率,使用式(3-3):
$$f_{la}^{fire-injury} = f_{la}^{LUC} \times \text{PFD}_{dike} \times P^{ig} \times P^{s} = 2 \times 10^{-4}/a(取整)$$

思考题

1. LOPA 分析的步骤是什么?
2. LOPA 分析的优点和局限性是什么?
3. 初始事件应该如何选择?
4. 独立保护层的特点是什么?
5. 减缓性的独立保护层是否100%减轻了后果严重性?
6. BPCS 的定义是什么?
7. BPCS 和 SIS 的区别是什么?
8. 独立保护层的规则是什么?
9. 共因失效的定义是什么?
10. 安全仪表功能的特点是什么?

第四章 系统性风险分析模型

系统安全普遍被视为系统的一个特性,在减少人员伤亡、财产损失和环境破坏方面发挥作用。随着系统中技术的高度复合,系统的复杂程度使其表现出潜在的灾难性失效模式,如石化加工工业、航空、海上交通、核电站、空中交通系统等系统,这类系统中微小的人为操作失误或设备故障往往是导致事故发生的根源。事故分析模型的应用为找出事故特点、分析事故因果关系、评估系统风险提供了理论和技术指导。

第一节 国际系统性事故分析模型发展概况

一、系统性风险分析模型分类

国际上广泛使用的事故分析模型可以分为三类:定性分析、定量分析和混合性分析。Qureshi 在 2007 年提出了一个相当全面的分类,将模型分为两大类,即传统模型和现代模型。传统模型进一步分为顺序模型和流行病学模型,现代模型则分为系统性模型和正式模型。

二、系统性风险分析模型的发展

最早的事故因果模型是 Heinrich 在《工业事故预防》一书中提出的多米诺骨牌理论,又称海因里希模型。该理论把事故的发生描述为一系列相继发生的事件,阐述事故发生的各种原因和伤害之间的关系,如图 4-1 所示。

图 4-1 海因里希事故因果模型

故障模式和影响分析(failure mode and effect analysis,FMEA)由美国古拉曼飞机公司在 20 世纪 50 年代首先开发。1959 年,美国国防部在 FMEA 基础上运用故障模式、影响及危害度分析(failure mode and effects criticality analysis,FMECA)方法对飞行器发动机进行分析。

1961 年,美国贝尔电话公司在对美国空军导弹发射系统长期运用布尔逻辑方法进行各种试验的基础上,创造了事故树分析法(fault tree analysis,FTA)。

危险与可操作性分析(hazard and operability study, HAZOP),是英国帝国化学工业公司(ICI)蒙德分部于20世纪60年代发展起来的以引导词为核心的系统危险分析方法。

领结分析模型也称蝴蝶结模型,如图4-2所示。它是一种集事故树、事件树分析于一体的综合风险评价技术,它将基本事件、中间事件、关键事件、预防控制措施、减缓控制措施和事故后果之间的关联以领结的形状绘制出来。

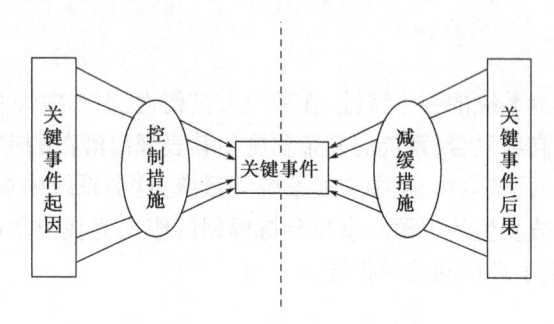

图4-2 领结分析模型图

在20世纪90年代,Reason提出了瑞士奶酪模型(Swiss cheese model, SCM),Hollnagel等人将其归类为流行病学模型,如图4-3所示。SCM表明,长期存在的系统缺陷为事故的发生创造了最初的潜在条件,强调潜在的事故致因与直接事故致因的关系。在此模型基础上,衍生出了人因分析与分类系统(human factors analysis and classification system, HFACS)和ATSB(Australian transport safety bureau)调查分析模型。

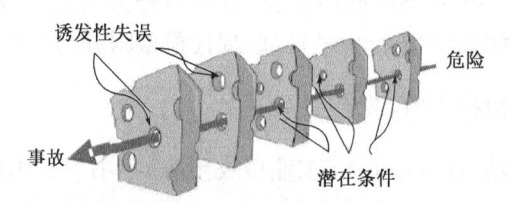

图4-3 瑞士奶酪模型(SCM)

Hollnagel于1998年提出了认知可靠性和失误分析方法(cognitive reliability and error analysis method, CREAM),是典型的第二代人因可靠性分析方法,其核心概念强调情景环境对人的行为输出的影响,通过将环境因素总结为九种共同绩效条件(CPCs)来阐述情景环境对人的影响,并根据不同的情景环境定义了四种控制模式,实现对人因失误事故的原因追溯和人因失误的概率预测。

自2002年起,澳大利亚运输安全局开始运用ATSB调查分析模型来调查运输事故。ATSB增强了技术问题与整体分析的相结合的能力,模型的可用性和潜在安全问题的识别能力有了较大的提高。图4-4为ATSB调查分析模型。

人因分析与分类系统(HFACS),是Wiegmann和Shappell在2003年基于对航空事故报告的分析开发的。HFACS的推动力来自瑞士奶酪模型中对潜在失效和不安全行为的分类,并为分析人员提供四个层面的失效模式分类:不安全行为、不安全行为的先决条件、不安全的监督,以及组织的影响。

Leveson于2004年提出的STAMP模型(系统理论事故模型和过程)同样基于系统和控制理论,STAMP模型强调复杂系统是动态的系统,并且事故的发生不是突然事件,而是在物理、社会和经济压力等因素作用下发生的一个过程事件。随后 Leveson 以 STAMP 模型为基础,提出了系统理论过程分析方法(STPA),用于解决复杂社会技术系统中的安全问题。

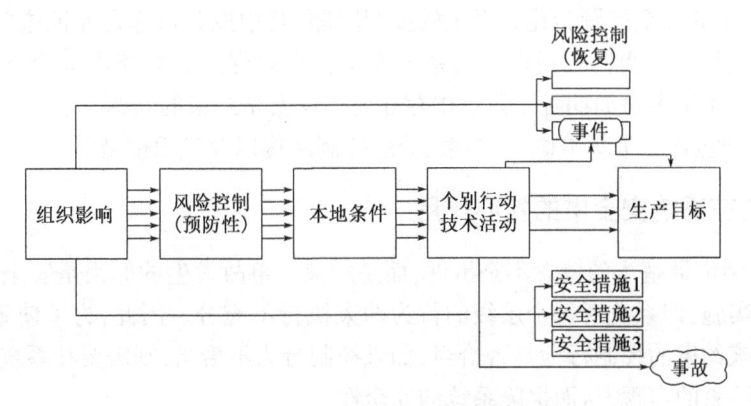

图 4-4　ATSB 调查分析模型

与 STAP 同一时期开发的功能共振分析方法(FRAM),最初是 Hollnagel 于 2004 年提出的。FRAM 可以通过完成某项工作的详细信息来标识功能、描述功能的可变性、解释可变性的可能耦合以及为管理意外可变性提供建议。

2013 年,Filippini 和 Silva 在研究关键基础设施的风险问题时提出了基础设施韧性建模语言(IRML),一种系统之间(SoS)的韧性分析方法。该方法提供了分析具有相互依赖性的现代基础设施的建模框架,具有系统漏洞识别和动态分析系统韧性的功能,如图 4-5 所示。

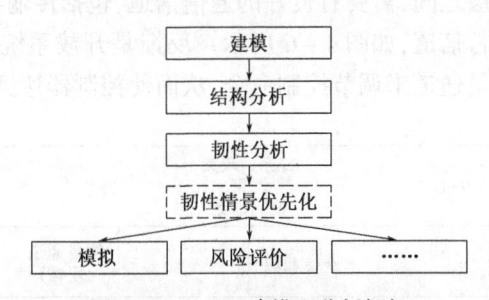

图 4-5　IRML 建模和分析框架

第二节　系统性事故分析模型及其应用

一、系统理论事故模型和过程

系统理论事故模型和过程(system-theoretic accident model and processes),简称为 STAMP 模型,是一种系统性事故分析方法。

(一)基本原理

STAMP 基于系统理论,将系统视为一个有机的整体,系统各部分之间通过相互作用共同决定系统的安全。因此,单独使用单个系统组件并评估系统安全性是不可能的。这种因组件间的相互作用而最终呈现出的系统整体特性,称为涌现性,即将系统的安全性视为一种系统涌现特性。

由此,将系统的安全问题转化为系统的控制问题,其中控制目标是保证这些约束(安全约束)均得以满足,从而使得作为涌现性的系统安全性得以保障。即使用理论对系统事故进行分析就是找出在系统生命周期各个阶段中存在的违反安全约束的问题。

STAMP 模型包含三个基本概念:约束、分层控制结构以及过程模型。

(二)约束在系统安全中的核心作用

STAMP 模型中最基本的概念不是事件,而是约束。事故发生的原因是安全约束没有得到充分的控制或实施,即系统对每个层级的行为约束执行不充分。因此,为了使系统安全,需要分析用于确保该约束的控制行为是否恰当,如果控制行为不恰当,则需要在系统设计中进行改进以确保安全约束的实现,从而保障系统的安全性。

(三)分层控制结构

复杂系统可以用分层控制结构进行描述,可将系统分为不同层次的控制过程,即上一层的组织或结构通过控制过程来向下一层的组织或结构施加约束,同时下一层通过反馈向上一层反映安全约束的执行情况。当其中出现不恰当的控制行为,并且低层组织或结构的行为违反安全约束的时候,系统事故就会出现。

在分层控制结构的每层之间,需要有良好的通信信道,包括传输实施安全约束信息的下行信道和提供反馈信息的上行信道,如图 4-6 所示。反馈是开放系统的关键,以便提供自适应控制。控制器利用反馈测量通道来调节控制命令,从而使控制器达到理想的控制目标。

图 4-6 控制层之间的通信通道

(四)过程模型

过程模型是控制理论的一个重要组成部分,是对被控过程的真实反映。控制过程需四个前提条件:

(1)控制器必须有一个或多个目标,在 STAMP 模型中指必须由分层安全控制结构中的每个控制器实施安全约束;

(2)控制器必须能够影响系统的状态;

(3)控制器必须是(或包含)系统的模型,任何控制器都需要一个能够提供有效控制的过程模型;

(4)控制器必须能够确定系统的状态。

(五)实施应用流程

STAMP 模型提出了对系统开发组件和系统操作控制回路在设计、开发、制造和操作过程中的一般缺陷的分类,该分类可用于事故分析或事故预防活动,以帮助识别事故(或潜在事故)中涉及的因素并显示其关系,如图 4-7 所示。

```
1.控制行为没有充分遵守约束
    1.1 存在未辨识的危险
    1.2 对于已辨识的危险:控制行为不恰当、无效或者缺失
        1.2.1 控制器中的算法没有遵守约束
            ——算法的创建过程存在缺陷
            ——被控过程发生改变,而算法没有相应变化
            ——对算法进行错误的修改
        1.2.2 过程模型不一致、不完整或者不正确
            ——过程模型的创建过程存在缺陷
            ——过程模型的更新过程存在缺陷
            ——没有将时间延迟或者测量误差计算在内
        1.2.3 不同控制器之间不够协调
2.控制行为的实施不恰当
    2.1 通信缺陷
    2.2 不恰当的执行器操作
    2.3 时间滞后
3.反馈过程不恰当或者缺失
    3.1 没有设计反馈
    3.2 通信缺陷
    3.3 时间滞后
    3.4 不恰当的传感器操作(反馈不正确或者没有反馈)
```

图 4-7 控制缺陷的一般分类

在分层控制结构的每一层控制回路中,对下一层级过程的约束不足或缺失以及约束强度不充分都会造成不安全行为。由于控制回路的每个部件都有可能导致控制不充分,因此在对设计、开发、制造和操作过程中的一般缺陷进行分类时可以通过检查每个常规控制回路的部件并评估其潜在贡献来实现。

对于每个因素,只要涉及人或组织的控制循环,就有必要评估决策背景和行为塑造机制(影响)以理解不安全决定形成的原因及过程。

二、系统理论过程分析

(一)定义与实现方法

系统理论过程分析(system-theoretic process analysis,STPA)可应用于系统寿命周期的任何阶段。根据使用时机不同,它提供必要的信息和文件以确保在系统设计、开发、制造和运营中实施安全约束,其中还包括这些过程中随着时间推移发生的自然变化。以下为 STPA 的具体实现过程:

1.定义系统危害和相关的安全约束

系统级危害的发生意味着系统级的安全性约束条件被违反。因此,除了确定系统级危害外,还需要确定系统级安全约束,并在以后的工作中对系统进行设计保证安全约束得到有效

执行。

2. 建立系统的分层控制结构

构建系统的分层控制结构可以清楚地表现表面系统不同层次的交互过程,以及各个层级之间的关系,为进一步辨识导致系统危害的原因奠定分析基础。控制结构并不仅仅包含分层控制框图所体现的信息,还包含对各个控制过程所进行的描述,如过程模型、控制算法等。

3. 识别不安全的控制行为

根据控制行为可能引起的危害,给出了四种不适当控制的辨识方式:
(1)无法提供或执行确保安全所需的控制行为;
(2)提供了诱发危险的不安全控制行为;
(3)提供了过早、过迟或无序的潜在安全控制行为;
(4)终止过快的安全控制行为。

4. 查找控制缺陷

这个阶段辨别控制结构中的控制缺陷(control flaws),即导致危害发生的原因。STPA分析不仅要找到上述的不安全控制行为,还需要进一步分析产生这些不安全控制行为的原因,这些控制缺陷被视为导致危害产生的最根本的原因,设计人员依据这些缺陷对系统设计进行改进,以提升系统安全性。

(二)案例分析

【例4-1】 某型制氧制氮设备是航空地面制取氧气的主要装备之一,设备的运行系统包括冷却系统、压缩机、制冷剂、液氧泵、启动箱、空分器等组件,只以氧气制取压力达到阈值进行停机操作为例进行安全性分析。

1. 系统安全风险

通过危险分析,标示出系统潜在造成人员伤亡、装(设)备损坏的危险事件,对系统发生的危险事件及危险状态进行说明。

对于该型制氧制氮设备停机操作,系统存在风险是氧气瓶压力超过额定值而没有采取停机操作,或停机操作发生延迟。

2. 定义安全控制结构

为操作控制平台构造安全控制结构。通过安全控制结构对各组件间的联系及职责进行说明。根据控制结构说明进行构造,结构复杂程度由刻画细节多少决定。各组件在层次结构中分担不同职责功能,通过相互作用共同决定系统的安全程度。

根据设计需求,该型制氧制氮设备停机操作安全控制结构如图4-8所示,包括控制平台、执行器、停车系统、传感器和氧气瓶等组件。

3. 识别不安全的控制行为

对4类不恰当控制行为进行辨析,结果见表4-1。

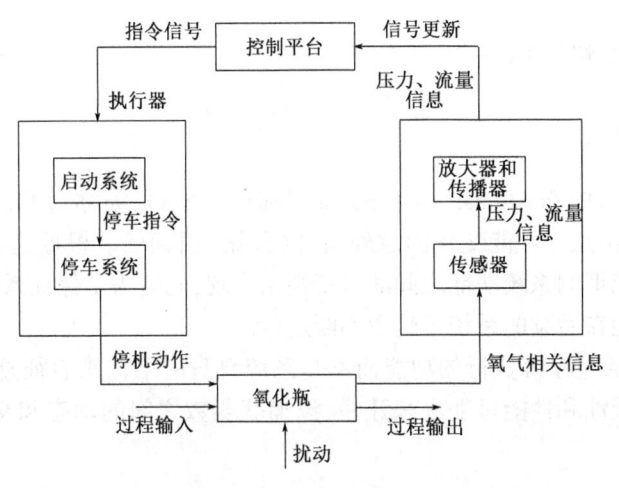

图 4-8 某型制氧制氮设备停机操作安全控制结构

表 4-1 不安全的控制行为

错误类型	可能导致的风险
为提供安全所要求的控制	未进行启动前的检查；制取氧气高于额定压力时，未关闭阀门或停机操作
提供的控制不安全	制取氧气过程中违规操作，充装中误关气瓶阀门
提供的安全控制太晚	当气瓶压力小于或等于阈值时进行停机操作
控制结束太快	气瓶阀门未关好就卸取管路

4. 风险分析

危险事故的发生可归咎于控制的缺陷，但反过来并不成立，需依据具体情况进行分析。从状态转换过程进行分析，采用主观分析法找出异常控制发生的原因。停车指令失效分析见表 4-2，表中列举原因基于各组件的交互作用；"不确定"失效原因需进一步构建控制结构获取信息。

表 4-2 停车系统各组件失效原因分析

部件名称	失效原因
控制平台	控制算法错误；控制平台故障
控制平台	硬件组分故障，装备损坏，制取氧气失败
控制平台	逻辑模型失效；信息传输、反馈模块故障
控制指令信道	控制信号丢失；传送信道失效
执行器	启动系统不正确；组件故障或失效
停机动作	操作延迟；传输信道失效
氧气瓶	制取超时；组件失效
氧气信息传出信道	测量偏差；敏感度降低
传感器	传感器敏感度降低；组件失效；信号放大器故障
压力信息反馈信道	反馈信息丢失或不正确、反馈延迟；传感器信道受阻

三、功能共振分析方法

(一) 模型原理

功能共振分析方法(functional resonance analysis method),简称为 FRAM 模型。在 FRAM 模型中,假设事故是由正常性能变化的意外组合(共振)引起的。根据这种观点,预防事故的发生可以通过监视和抑制系统功能之间的可变性来实现,同时为了保证系统的安全性,要求这种监视和抑制活动能在后续的系统运转中不断进行。

另外,FRAM 是通过系统执行的功能而不是系统自身的结构来表征复杂系统。通过对系统函数的非线性依赖性和性能可变性来建模,以捕获函数之间的动态和交互。FRAM 模型的四条原则:

1. 成功和失败的等同原理

成功和失败都来源于适应性,组织和个人通过适应性来处理系统的复杂性。成功的关键在于他们预测、识别和管理风险的能力;而失败是由于缺少那样的能力,并不是因为功能正常的系统组分(人或技术)没有那样的能力。

FRAM 模型认为运行成功和失败以相同的方式发生,即两种结果的潜在原因是一样的,相同的机理导致预期的结果或事故,这就是成功与失败的等同原理。

2. 近似调整原理

近似调整原理认为人员不断地调整他们的行为来与实际的情况相适应。由于系统的实际情况不能被完全描述,同时系统中的资源也通常是有限的,为了满足系统的需求,必须根据系统实际情况来适当做出调整,而这样的调整只是近似的,并非非常严格准确的。即两种结果(成功与失败)的潜在原因(近似调整)是一样的。

3. 涌现原理

涌现原理认为事故是系统微小变化涌现的结果,而不是合力的结果。在实际的情况中,由于日常的行为变化并没有产生不利的影响,这种变化并不会受到关注,一旦这些变化以不期望的方式相互作用(耦合作用)便会导致意外发生,即产生非线性影响。非线性影响有两个特点:"因"与"果"之间没有比例关系;影响不能用因果思想(线性思想)来解释。

4. 功能共振原理

功能共振原理认为一些功能的变化可能会同时发生并相互作用,这种情况下可能导致一个或多个功能产生大的变化,而这种功能之间传播的方式与共振现象类似。功能共振认为非因果(涌现)和非线性(不成比例)是可预测、可控的。

(二) 模型的使用方法

1. 确定分析的目的(事故调查或风险评估)

虽然事故分析依赖于从事件中直接收集的数据,但通常很难区别本就应该发生的事件和已经发生的事件。因此,不得不先考虑那些以不同方式响应外部事件的社会技术系统,然后再分析系统行为与整个功能变化的关系。

2. 识别和描述功能

确定基本系统功能,并通过六个基本参数表征每个功能。函数被定义为系统组件的动作。功能的本质可以是技术、人、组织或人、技术和/或组织之间的耦合。功能可以通过以下六个不同方面或特征来表述,如图 4-9 所示。

输入 I(input,函数使用或转换的函数),用来启动功能的事物或功能要处理或转化的事物,与上一个功能产生联系。输入是功能的必要性能,为前一个功能提供联系。输入可能转移或被功能使用产生输出。

输出 O(output,函数产生的函数),功能运行的结果,可以是实体,也可以是状态的变化,与下一个功能产生联系。输出为后来的功能提供联系。

前提条件 P(precondition,执行函数必须满足的条件)为执行功能前必须存在的强制条件。前提条件不一定意味着函数执行。

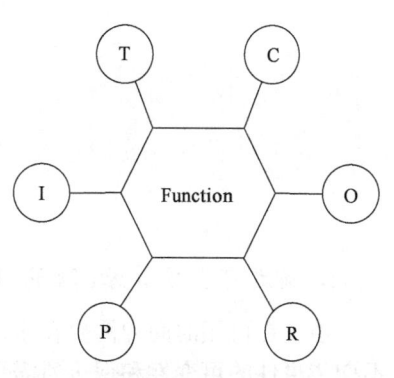

图 4-9 FRAM 函数的图形表示

资源 R(resource),功能执行过程中需要或消耗掉以产生输出的事物,如程序、能量、人力等。资源对于功能处理输入、产生输出非常必要。

时间 T(time,影响时间可用性的时间),影响功能的时效,是资源或限制条件、约束条件的一种特殊类型。Hollnagel 认为所有的事件发生被时间监控,而功能在执行过程中受到时间的约束(与起始时间、结束时间或持续时间有关)。

控制 C(control,监督或调整),具有控制和监控功能,调节其性能以匹配所需的输出。

3. 确定函数之间的交互

假设系统的操作是经过设计的,那么就可以确定功能与功能之间的交互并创建前后功能的耦合关系。上游功能的输出通常与下游功能的输入、前提条件、时间、控制或资源连接。例如,功能 A 和功能 B 都是功能 C 的上游,因为功能 C 的输入和前提条件分别与功能 A 和功能 B 的输出相关联,如图 4-10 所示。

4. 刻画功能的变化

主要对功能的潜在变化进行刻画,确定功能性能变化状态。性能变化的刻画必须要理解功能之间如何进行耦合,以及上游功能的变化如何影响下游功能。这意味着功能共振分析真正关注的是功能输出的变化。

5. 性能变化的聚合

该步骤旨在识别传播可变性的潜在依赖性,以及基于特定情景的描述导致意外(正面或负面)结果的可变性的聚合。这种聚合也称为"功能共振"。对于指定的事件(或场景),任何被检测到的、可能的功能共振都被视为威胁的信号。根据功能之间可能的耦合、潜在的功能变化以及影响功能共振的因素来构建功能网络图和确定功能共振。

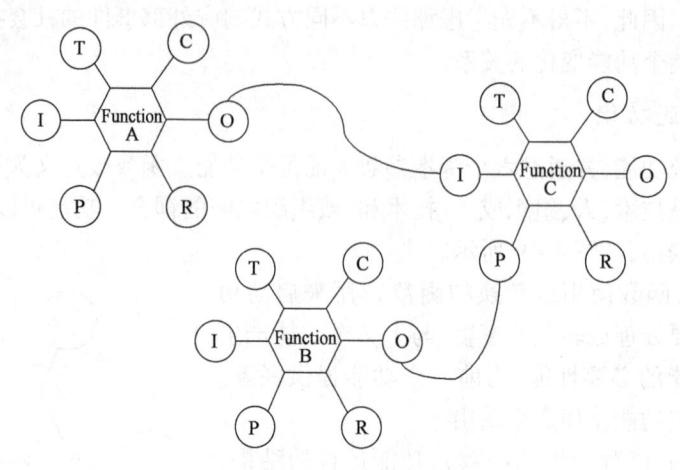

图4-10 功能依赖性的表示

6. 确定可变性屏障(阻尼因子)并指定所需的性能监测

由于在可用时间内需要在多个相互冲突的目标之间进行权衡,在这种情况下,必须有阻止不期望事件的可变性和促进所需可变性的屏障。因此,屏障可被视为障碍和促成因素。一方面,障碍能阻止意外事件发生,也能降低意外事件的影响。另一方面,它们可以增强系统继续其操作的能力。障碍可以用屏障系统和屏障功能来表述。

在FRAM中,确定了四类屏障系统(每种屏障系统具有潜在的屏障功能):

(1)物理屏障系统:阻止质量、能量或信息的移动或运输,例如栅栏、安全带和过滤器。

(2)功能屏障系统:建立了在采取行动(通过人和/或机器)之前需要满足的先决条件,例如锁、密码和烟雾探测器。

(3)象征屏障系统:对物理存在的行为约束的指示,例如标志、清单、警报和许可。潜在的功能包括预防、调节和授权行动。

(4)无形屏障系统:对物理上不存在的动作约束的指示,例如道德规范、群体压力、规则和法律。

(三)案例分析

【例4-2】 2002年,某架搭载206名乘客及19名机组员(包括正副驾驶及飞航工程师)的航班,在半途中高空处解体坠毁,造成机上人员全数罹难。调查报告显示,是金属疲劳及维修不当导致空中解体。

这起事故发生经过如下:当天15时7分,飞机从A机场滑行起飞;15时16分,飞航情报区的区管中心指示该班机爬升至350空层(FL350,海拔35000英尺),这是航管与该班机最后的通话;15时28分,飞机突然从雷达屏幕上消失,搜救行动展开;15时32分,飞机在某海岛北方约10海里处上空发生意外事故。

FRAM事故分析过程如下:

1. 识别与描述基本系统功能

本起航空事故在飞机起飞25分钟后发生,调查结果表明,由于金属疲劳以及维修疏失导致事故发生。从飞机准备飞行到飞机解体,具体包括以下过程。F1:飞机尾部擦地;F2:飞机完成维护修理;F3:机组例行起飞检查,包括机长绕机检查与驾驶舱内检查;F4:滑行道等待;F5:空管下达起飞指令;F6:飞机滑行指定跑道;F7:航班起飞;F8:到达巡航高度;F9:飞机解体。

利用六角功能模型描述,例如 F2 模块的功能描述如图 4-11 所示。

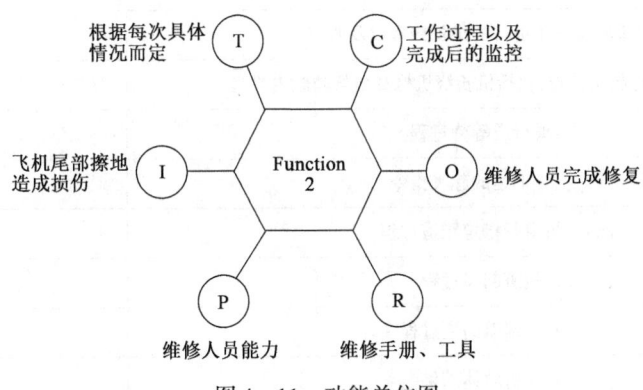

图 4-11 功能单位图

2. 评估系统功能的潜在变化

在与人相关的飞机维修中,人为因素影响较大。因此,功能输出容易受到外界条件的影响。输出的变化可能是受到功能本身变化、外部工作环境变化(即功能执行时的外部条件)、上下游功能耦合以及三种组合的影响。以 F2 功能为例,分析系统功能潜在变化,并给予评价,如表 4-3 所示。

表 4-3 F2 功能变化评估

功能性能条件	变化来源	评估结果
组织因素	维修部门管理漏洞	低频,大幅度
工作条件	飞机擦地	工低频,大幅度
适当的接口和运行支持	分配人员进行维护	低频,大幅度
有效的程序和计划	维修生产程序	低频,大幅度
多任务解决	维修计划方案	高频,大幅度
可用时间	公司生产运营	高频,大幅度
经验以及技能	维修人员上岗操作资格	低频,大幅度
人员生理状态	依据个人的负荷	低频,大幅度
团队协作质量	未合理分工	低频,大幅度
交流质量	维修记录不完整,难为后续工作提供帮助	低频,大幅度
资源提供	工具和手册	低频,大幅度

由表 4-3 可知,存在 8 个低频状态,2 个高频状态,因此得出 F2 功能的性能变化是随机的,表明 F2 的性能变化很大。

表4-4的功能性能变化评估结果显示功能F1与F2的性能变化为无法确定的随机状态,表明这两个功能可能发生共振,造成系统功能失效。

表4-4 功能性能变化评估结果

功能模块	功能状态
F1:飞机尾部擦地进行的维护修理	无法确定
F2:飞机服役数年进行的维护修理以及监控	无法确定
F3:机组的例行起飞检查,包括机长绕机检查与驾驶舱内检查	不充分
F4:滑行道等待过程	不充分
F5:空管下达的起飞指令	不充分
F6:飞机滑行指定跑道过程	不充分
F7:航班起飞过程	不充分
F8:到达巡航高度过程	不充分
F9:飞机解体结果	不充分

3. 功能共振可能性分析

如图4-12所示,利用9个功能单位之间的关系建立系统的功能网络图,根据功能单位之间的连接以及共振影响因素确定功能共振。功能F1与F2性能变化评估为随机状态,对F1与F2功能单位进行分析,识别出功能共振模块、影响因素和失效连接,见表4-5。

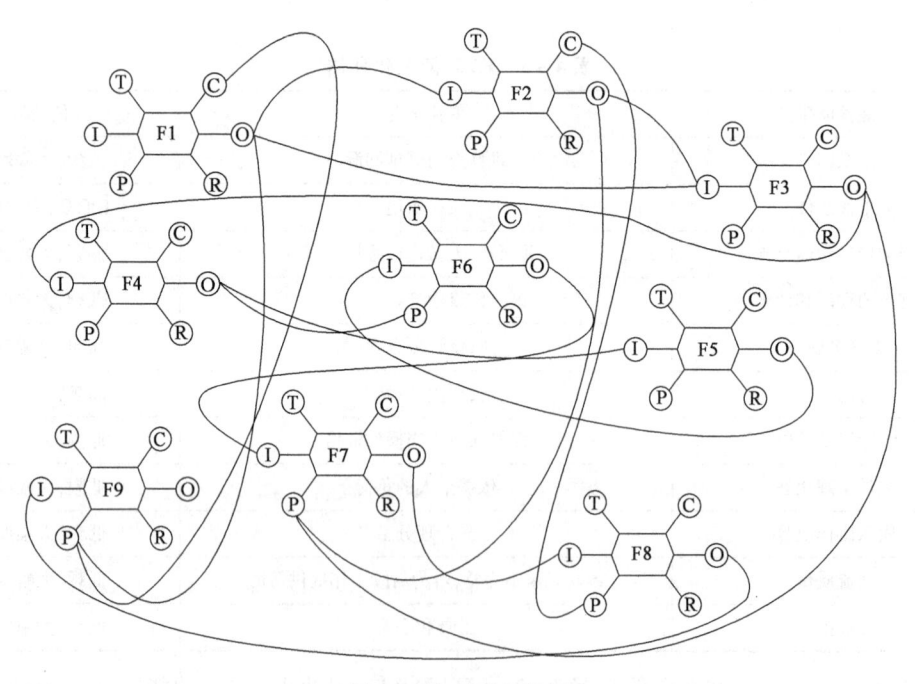

图4-12 功能网络图

表4-5　功能共振模块、影响因素和失效连接

功能共振模块	影响因素	失效连接
F1	F1(C)工作条件	F1(O)-F2(I) F1(C)-F9(P)
F2	F2(C)有效的程序和计划	F2(C)-F9(P)
F3	F2(I)多任务解决	F3(O)-F7(P)
F9	F2(R)组织因素	F2(C)-F8(I) F8(O)-F9(I)

4. 制订防护措施

上述分析结果说明事故的原因是功能单位F1、F2产生功能共振,最终造成了飞机腹板破裂,空中解体,人员伤亡。因此,需对功能F1、F2性能变化波动制订防护措施,以防止类似事件再次发生,见表4-6、表4-7。

表4-6　F1性能变化防控

屏障类型	影响因素	防护措施
物理屏障	违规操作	依照维修手册维修
象征屏障	公司管理	完善维修生产程序

表4-7　F2性能变化防控

屏障类型	影响因素	防护措施
无形屏障	机尾裂缝被铝板覆盖	在正常维护检查工作中,对于之前修补过的零部件要进行仔细查看,以防止金属疲劳
功能屏障	监控	飞机健康管理
象征屏障	技术问题	在日常工作中,肉眼不足以勘测裂缝

注:物理屏障——在工作过程中的实际操作具体措施产生的屏障;
　　象征屏障——技术管理等屏障;
　　无形屏障——在任务计划之外已经存在的屏障;
　　功能屏障——功能任务完成后的屏障。

四、事故图

(一)模型原理

事故图(accident map),又称为AcciMap方法,是由Rasmussen根据事故因果关系模型开发的一种基于系统的事故分析技术,用于通过创建AcciMap图来分析事故,以及从AcciMap图生成安全建议。

AcciMap方法改进了事故因果关系的系统观点,因为AcciMap图不仅展示事件的最直接原因,还揭示导致结果的全部高级因素(或未能阻止其发生的因素),将复杂社会技术系统的结构划分为6个层次,结合了经典的因果图表和风险管理框架,描述了社会技术系统在六个组

织层面的控制,如图4-13所示。

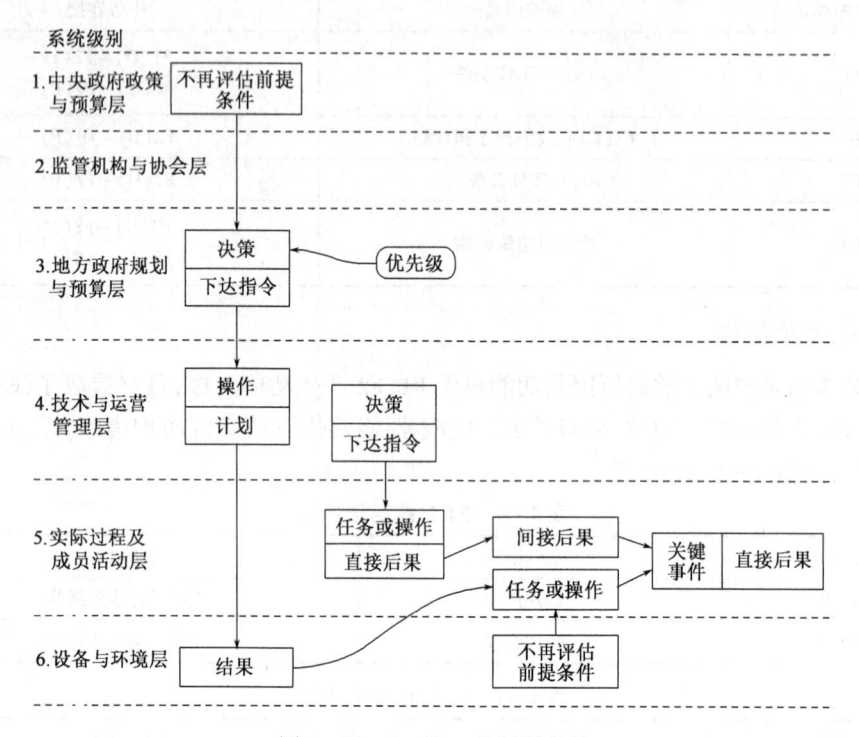

图4-13 AcciMap的图形表示

AcciMap对事故的图形表示是一个树形图,事故位于底部,事件原因向上分支,图中下部为最直接的原因,如图4-14所示。从图中可以看出,组织事故是多种系统性原因的结果,事故的直接原因是这些更高级别问题的后果,而不是唯一原因。此外,AcciMap通过显示图中因果因素与这些因素组合导致事故的方式之间的关系,清楚地说明了多种原因如何组合在一起,从而引发事故。

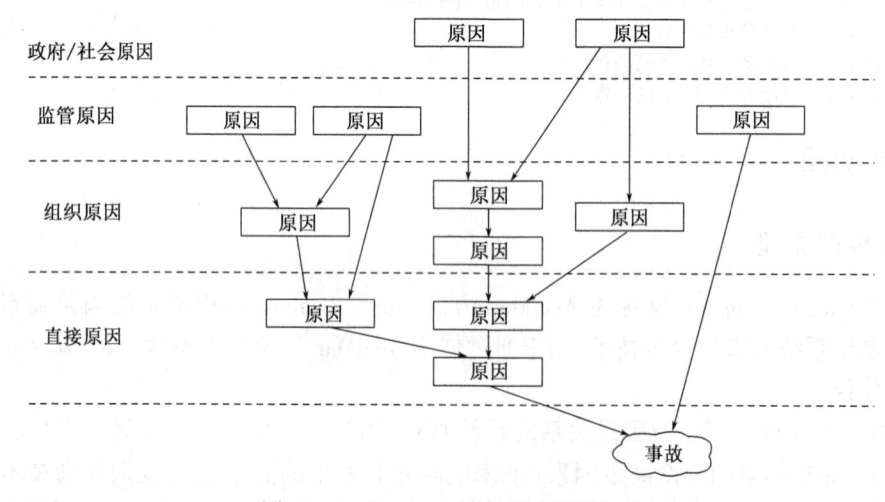

图4-14 AcciMap对事故的图形表示

(二)方法

构建 AcciMap 图有两种比较典型的方法：

1. Rasmussen 的 AcciMap 方法

在 Rasmussen 编制的 AcciMap 图中，包括引起事故的事件序列与促进事故情景发生的组织机构。它揭示了直接导致事故的事件序列，其中"关键事件"（事故本身）位于第五级的右侧。AcciMap 的前四个级别展示了与事故有关的社会技术系统的所有部分，从较低的管理层到较高的政府层面，都与造成事故发生的原因有关。

2. Hopkins 的 AcciMap 方法

Hopkins 的 AcciMap 方法大部分基于 Rasmussen 的格式，用 AcciMap 图将事故原因汇总成一个图表，显示它们之间的关系以及它们如何促成最终结果。Hopkins 说明了社会技术系统各个层面的因素，包括政府和社会层面，如何结合起来导致图底部的负面结果。

构建这些图表的目的是揭示事故的原因并强调促成因素之间的相互关系，从而确定"最有效的预防策略"。

(三)实施应用流程

AcciMap 的通用步骤如下：

(1)构建如图 4-15 所示的空白 AcciMap 分层图；

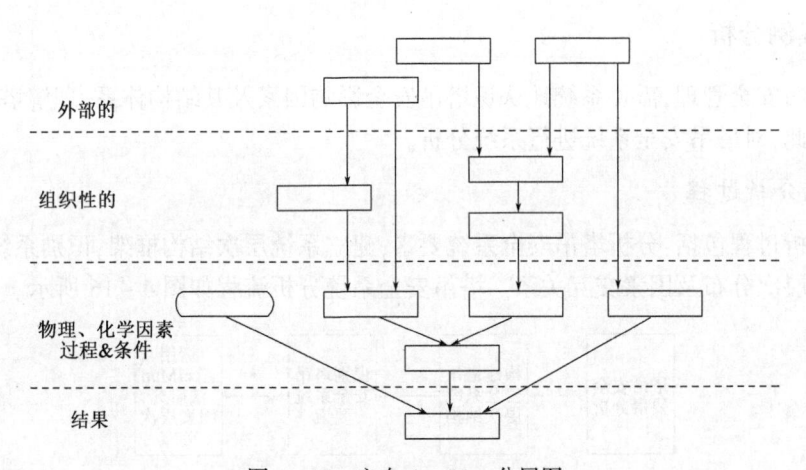

图 4-15　空白 AcciMap 分层图

(2)从事故报告中识别要分析的负面结果，并记录在分层图中；
(3)利用致因—结果图进行逐一回溯，查找致因，形成指引列表；
(4)按照表 4-8 为每个原因确定适当的 AcciMap 级别；

表4-8 定义因素的级别

层级	因素种类		
内部因素层级：包括超出组织控制的因素	政府层面等：预算、政府开支削减；不完善的执法；服务不完善；民营化、服务外包	监管机构层面：安全标准不完善；认证、许可不足；法律措施贯彻不到位	社会层面：市场压力；社会价值；历史事件；全球政策
组织因素层级	财政问题		组织文化的欠缺
	设备和工艺存在问题		风险管理不完善
	防护设施不完善或缺失		存在问题的指南、规程
	信息交互不畅通		人的行为，如管理、监管、人员安排的不足
	审计、法规的实施不力		培训不足
实际/成员活动	实际活动、过程及条件		成员活动或状态，如人因失误、人员疲劳、注意力不集中等

(5) 将有因果关系的因素进行连接，形成因果链，最终形成分层的致因网；

(6) 根据系统知识，对致因链薄弱处进行补充；

(7) 整体审查致因网络逻辑。浏览图中的每个因素，并确保如果该因素没有发生，它与之相关的因素(以及事故本身)可能不会发生；所有箭头都朝下并朝向结果；没有重复的原因，如果有两个或两个以上相似的原因，看看它们是否可以合理地组合成一个更普遍的原因；

(8) 制订安全建议。确定每个致因都有一个或多个建议对应。

(四)案例分析

优化塔吊安全管理，需要系统地认识塔吊安全影响因素及其结构体系，理解塔吊安全运作的机理。为此，对塔吊安全系统进行系统分析。

1. 系统分析过程

系统分析过程包括：分析塔吊安全系统要素；建立系统层次结构框架；识别系统所含因素；研究因素的层次分布及因素交互关系。塔吊安全系统分析流程如图4-16所示。

图4-16 系统分析过程

2. 系统要素分析

塔吊安全系统涉及参与单位(塔吊生产单位、租赁单位、施工单位)、人员(管理人员、司机、司索工、信号工和安装拆卸工)、设备、环境和工作过程(安装、爬升、使用与拆卸)等互相关联的要素。具体分析内容见表4-9。

表4-9 系统要素分析表

系统要素	特征分析
塔吊参与单位	塔吊各参与单位有不同的任务分工和安全管理职责
	生产单位需要依据规范设计和生产塔吊,提供产品说明等
	租赁单位负责提供合格的塔吊特种作业工人,完成塔吊的安装拆卸与操作,按时对塔吊进行检查与维护
	施工单位须提供适宜的塔吊工作环境,参与制订相关安全与技术专项方案,监督塔吊的安全工作
塔吊相关人员	塔吊安全离不开施工单位与租赁单位管理人员的共同监督指导,以及各类作业工人的安全操作
	管理人员应当编制相关安全管理制度,进行安全风险评估,指导培训作业工人,并监督塔吊现场作业
	特种作业人员(塔吊司机、信号工、司索工及安装拆卸工人)应技能熟练,经验丰富,配合密切,支持并主动参与安全工作
塔吊设备	塔吊设备包含多类组件,如金属结构、电气系统、附属装置和安全装置等
	任一组件失效都可能导致塔吊结构体系失稳,进而导致安全事故
	塔吊全程露天作业;恶劣的自然环境将威胁塔吊结构及作业负荷的稳定性,并影响工人安全操作
	现场作业环境可能存在的交叉作业及周边障碍物等情况,是碰撞和物体打击的致险因子
塔吊工作过程	安装拆卸与爬升过程,塔吊处于不稳定的临时结构状态,遵循作业流程尤为重要
	使用阶段一般为吊运作业,主要受工人安全操作及沟通配合的影响

3. 系统层次界定

基于 AcciMap 建模技术提供的参考性系统层次划分方案,将塔吊安全系统分为 5 个层次。对于塔吊安全系统,最高层政策法律相关因素的变化很慢,故视其为系统外部环境。

(1)监管机构层:塔吊安全监管机构的活动、决策、行为等相关因素层。主要呈现了政府安全监管机构对辖区内塔吊设备的安全监管情况。

(2)塔吊参与单位层:塔吊制造厂商、租赁单位和施工单位的活动、决策、行为等相关因素层。主要描述塔吊参与单位的内部安全管理制度与安全管理组织协调。

(3)施工现场管理层:塔吊参与单位在施工现场开展安全管理所进行的活动、决策、行为等相关因素层。主要描述塔吊参与单位在施工现场的不同任务分工与安全管理职责。

(4)现场人员层:现场塔吊安全管理人员与特种工人的活动、决策、行为等相关因素层。包括安全管理人员对工人和现场塔吊作业的指导与监督情况,及塔吊作业全过程中各类工人的任务和行为情况。

(5)环境与设备层:塔吊设备和现场作业环境的相关因素层。该层属于影响塔吊安全的最前端因素,具有强动态性。

4. AcciMap 建模分析

AcciMap 建模分析的核心问题是确定系统各层次所含因素及因素之间的关系。本例中建立以下模型:

(1)监管机构层包含4个因素。塔吊属于特种设备,政府安全监管部门对其生产、经营和使用制定了一系列管理规定。如明确各参与单位的安全生产责任;对塔吊的生产和进场工作进行审核备案;对塔吊特种作业工人开展职业技能考核与核发资格证书。政府安监部门还会对辖区内的现场塔吊安全管理状况实施监督抽查,行政处罚不合规单位。

(2)塔吊参与单位层包含5个因素。施工单位的安全重视程度影响着租赁合同中安全专项经费的比例,进而影响租赁单位的安全生产投入,影响安装拆卸工人的安全防护配备和塔吊维修保养等,最终影响塔吊人机系统安全。

(3)施工现场管理层包含14个因素。因素间的紧密交互,反映了施工单位和租赁单位在现场安全管理活动上的密切协同关系与监管关系。同时,本层内的现场安全管理活动因素影响着人员层中特种作业人员的安全操作和管理人员的安全责任履行。另外,本层因素也会影响塔吊作业环境条件与设备可靠性。

(4)现场人员层包含17个因素。管理人员的安全活动受到上层管理因素影响,同时又影响着本层特种作业工人的安全操作。整体上,所有作业人员的安全操作受工作负荷、安全价值观、工作能力、安全装备和管理人员安全指导的影响。

(5)环境与设备层包含15个因素,且层内因素联系较少。该层环境因素如作业时风速、多塔作业情况、吊运盲区等,以及塔吊智能系统配备和驾驶室人机工程学设计水平,直接影响司机的安全操作;塔吊设备、结构的可靠性则受到上层管理、人员因素的影响。

五、基础设施韧性建模语言

(一)模型原理

基础设施韧性建模语言,又称为IRML,是一种图形语言的建模和分析,是代表了参与复杂的网络基础设施的异构系统,它简化了复杂的非线性系统,供使用者更好地理解系统。

IRML模型有两种类型的组件:服务和域。"域"一词指的是在问题分析中被有效地对待并表示为一个内聚单位的现象。"域"可以是活动的(代理域)或被动的(资源)。"域"通过控制与被控制的关系构成一个提供服务的系统。

IRML组件排列关系如下:

提供者—用户:系统为其他系统提供服务;

生产者—消费者:资源生产和处理系统;

控制器—控制:"域"可以控制另一个域或资源;

服务间关系:服务可能依赖于其他服务。

从系统—系统的IRML表示到依赖网络的转换见图4-17。

图4-17(a)是一个电网的(简化)IRML表示。该模型侧重于电力生产、输电、配电的依赖关系,还包括控制和通信系统。每个系统都用其"组成域"来描述。在系统的接口上交换服务,例如通信提供系统控制的数据链接。将IRML模型转化为图4-17(b)的依赖网络。通过识别组件之间的功能关系(即图的节点)和它们的相关目标(即执行所需的函数)来完成转换。结果是一个有向图,其中层次结构(描述的更高级别或较低级别)不再相关。六个节点分别代表(1)燃气网络、(2)电厂、(3)控制监督、(4)传输、(5)分布和(6)通信。7个输入弧线表示节

点之间的功能依赖关系。输入弧表示节点对其祖先节点的依赖性,而输出弧则表示祖先节点对后代节点的依赖性。交叉、节点和循环是拓扑的重要元素。一个交叉意味着多个节点依赖于祖先节点,如节点3(控制监督)和节点4(传输)对节点2(电厂)。连接结意味着节点依赖于更多的祖先节点,如节点3和节点4。循环是一种特殊的拓扑结构,其中依赖关系的链是封闭的。

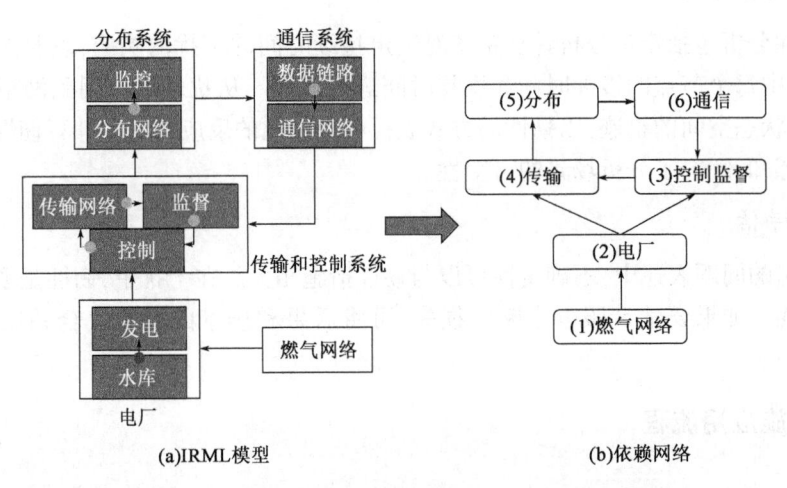

图4-17 从系统—系统的 IRML 表示到依赖网络的转换

(二)方法

从建立系统的概念模型到将其转化为一种服从分析形式,建模和分析方法包括以下多个步骤。它们共同构成一个独立的建模和分析框架,如图4-18所示。

1. 系统表示

系统表示分为两个步骤。首先,系统采用合适的图形语言——基础结构韧性建模语言 IRML 来对系统的组件进行建模。IRML 促进了组件间功能关系的识别,其中组件有三种类型:提供者—用户;生产者—消费者;控制器—控制。

IRML 模型被转换成一个依赖关系网络,在这个网络中,每一种功能关系的具体性都得到了解决,取而代之的是一种更简单、中立的表达方式。依赖关系网络是一个有向图,其中节点和链接分别负责系统组件和功能依赖项。依赖网络是下一个阶段(结构分析)的输入。

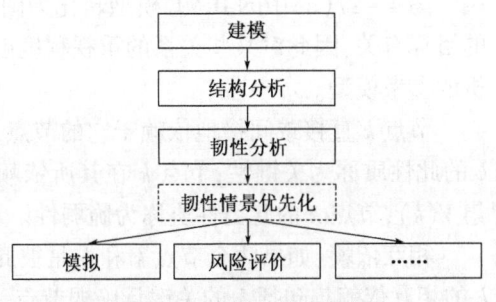

图4-18 建模和分析框架

2. 结构分析

结构分析的目的是表征返回依赖网络中每个节点的关键性、脆弱性和相互依赖性。计算耦合和交互系数,以表示节点之间的相互依赖强度。

3. 定性韧性分析

定性韧性分析类似于模型检查:对应用于给定节点的、扰动的、所有可能的系统响应进行分析。为了进行分析,对依赖关系网络的每个节点都进行了两个恢复措施,缓冲和恢复。缓冲被定义为延迟一个扰动传播的能力,而恢复是在失效后恢复节点功能的能力。定性分析根据可能发生的情况对所有事故场景进行预筛选。在这些场景中,导致网络无法恢复到初始条件的状态被识别出来。

4. 定量韧性分析

定量韧性分析包括定量分析计算系统对给定持续时间的干扰的响应,以及网络参数的设置,即对网络中每个节点的缓冲时间和恢复时间进行设置。从扰动的应用到网络初始条件的恢复,分析了状态空间的轨迹,以韧性的方式表征各种失效的反应能力。计算韧性边缘以返回网络的态势感知,解释了分析场景的可变性。

5. 风险评估

在更普遍的问题表述中,不确定性可以与韧性措施相关。在干扰中,韧性是系统恢复或不恢复的可能性。如果要估计服务中断的损失,可将后果和场景的可能性合并成风险的总体数据。

(三)实施应用流程

1. 结构分析

功能依赖关系:功能依赖关系是两个节点之间的关系,其中包括一个节点到另一个节点之间的数量、数据或服务的交换。函数依赖表示依赖节点执行和函数的必要条件。

依赖关系网络:依赖关系网络是所有相关功能依赖关系的总体表示。它是中性的,其组件不必共享相同的物理域。结果是一个有向图 $G(N,a)$,其中 N 是节点集,a 是弧集。

图 4-17(a)中的 IRML 模型转化为图 4-17(b)的依赖网络并不一定是同构的,它与分析的目标有关,因此对某些关系的重视程度越高,对其他关系的分析就越少。依赖网络是结构分析的参考模型。

节点 k 直接或间接地依赖于它的节点,称为关键节点,即属于节点 k 的关键集 $C(k)$,节点 k 的此性质称为关键性;节点 k 在其所依赖的节点上被定义为脆弱节点,即属于节点 k 的脆弱集 $V(k)$,节点 k 的此类性质称为脆弱性。

相互依赖:如果两个节点 k 和 h 是彼此的关键集和脆弱集,那么它们是相互依赖的。节点 k 的相互依赖集包括 k 的关键且脆弱节点,即 $I(k) = C(k) \cap V(k)$。

图 4-19 为节点 2(电厂)的关键集和脆弱集。这个节点的关键性大于脆弱性,它的关键集 $C(2) = \{3,4,5,6\}$ 大于设定的脆弱集 $V(2)$(节点 1 燃气网络)。在这个例子中,电厂失效在直接和间接上都影响了所有传输、分配、控制和消耗电力的节点。

大多数的相互依赖关系都是间接的,并由其他节点作为中介。相互依赖的结果是,节点的关键集和脆弱集是不分离的。在节点 2 的情况下,两个集合的交集是一个空集,这表明该节点与其他节点不是相互依赖的。与此相反,节点 3 的关键集和脆弱集并不是不相交的,如图 4-20 所示。

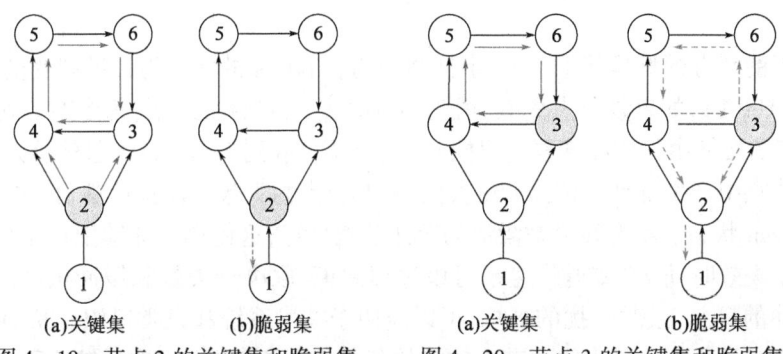

(a)关键集　　　(b)脆弱集　　　　　(a)关键集　　　(b)脆弱集

图4-19　节点2的关键集和脆弱集　　图4-20　节点3的关键集和脆弱集

结构分析用另外两个指标来完成,即交互系数和耦合系数。交互系数与包含给定节点的循环次数成比例:循环次数越多,交互系数越高。最大交互系数对应于一个完全连通的图,即所有节点都是直接相互依赖的。对于树状结构,没有循环。在这个示例中,只有一个循环包含4个节点,以及2个没有交互的节点。耦合系数计算在关键集和脆弱集的基础上进行。星形结构的耦合系数是最大的,所有节点都直接依赖于祖先节点。线性布局耦合系数最低。一般来说,给定数量为 n 的一组节点,对于线性布局,耦合系数在 $2/(n+1)$ 左右;对于星型布局,耦合系数为1。图4-21为计算6个节点的关键性和脆弱性的耦合系数。节点2是最关键的节点,节点3和节点4是最脆弱的节点。

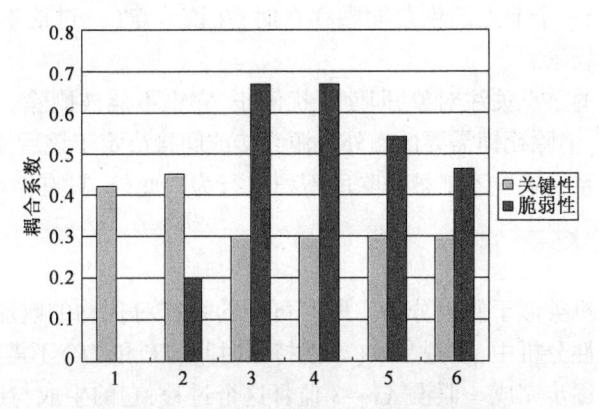

图4-21　关键性和脆弱性的耦合依赖关系

2. 定性韧性分析

(1)动态模型。

关键集 $C(k)$ 通过对节点 k 扰动的传播,在函数关系的静态表示法的基础上,给出了节点 k 中扰动可能达到的节点数。实际上,每个节点都有一定抵御干扰的能力(即缓冲),或者在失效时恢复到初始状态的能力。这些特性使依赖关系网络变成一个动态模型。下列假设给出了控制干扰/失效传播的机制以及整个依赖关系网络恢复的定义。

①扰动影响的一个特定节点,扰动从该节点传播到关键集中最接近的子节点。

②可能发生失效的节点(在失效时间 TF 后),如果它受到来自至少一个祖先节点的持续扰动的影响。

③一个可能会恢复的失效节点(在恢复时间 TR 后),如果所有的祖先节点都已恢复,输入

干扰停止。

韧性分析的动态模型是基于状态、事件驱动的。节点 k 的状态为二进制变量 x_k,当节点正常运行,值为 Up(1),如果该节点失效,值为 Down(0)。初始状态下,每个节点对应状态均为 Up(1)。状态的转换由失效和恢复过程控制。节点从 Up 到 Down 的状态转换为失效过程,是由一个输入节点中产生扰动的传播所触发的,在其节点内失效。此扰动挑动一个节点,使其由 Up 状态到 Down 状态。状态转换被激活的缓冲措施延迟,这使得它能够抵抗尽可能长的时间间隔。可以用失效时间 TF 或退化速率对该过程建模,取决于失效和缓冲机制。这两种模型都概括了缓冲的概念,或对干扰的抵抗,可以应用于技术系统和人类组织。从 Down 到 Up 的状态转换是恢复过程。它是由输入节点的初始条件恢复而触发的,这种转变不是瞬时的。节点激活其恢复措施,使其恢复初始条件。此过程可以建模为恢复时间 TR 或恢复速率。这两种模型都包含了恢复的概念。

(2)系统响应的干扰。

系统响应是依赖网络状态空间中的轨迹。从初始扰动到最终状态的事件序列定义了事故场景。它们有三种类型:可恢复、死锁和有时限。

可恢复场景:一个场景是可恢复的,如果干扰的持续时间有限,当该停止时,总是可以恢复到初始条件。

死锁场景:当一个循环中的所有节点都处于失效状态时,就会出现死锁情况。

有时限的场景:当一个节点的恢复期限存在时,在该节点(s)过期不能再恢复时,就会出现一个有时间限制的场景。

死锁是系统响应的重点关注对象,即使干扰停止,它也不能被删除。系统发生死锁后,会造成一定程度的后果,消除死锁需要的额外资源直接或间接决定于该后果的程度。

这些场景揭示了系统响应不能被排除的不稳定行为。此外,只有循环外协调的干预可以防止这些情况的发生。

(3)假设分析。

对韧性的定性分析类似于假设分析。所有可能的系统对扰动的响应(即事故场景)都是生成和分类的。在定性分析中,模型参数(干扰持续时间、TF 和 TR)不需要计算。

事故场景的生成逐步完成。假设 A1-3 监督这个过程,它的生成与风险分析中的事件序列图(ESD)的构建类似。主要区别在于事件是并发的,而不是相互排斥的,正如 ESD 中的成功和失效事件。因此,离开决策块的分支与活动并发事件的数量一样多,这个图称为并发 ESD。为了说明事件并发性,每个决策块都被标记为两组事件 F 和 R,它们分别表示活动失效事件的集合和活动恢复事件的集合。如果事件发生在 F 或 R 中,则意味着各自的节点处于失效或恢复的过程中。发生的失效和/或恢复事件与连接到下一个决策块的弧相关联。并发 ESD 是为应用于节点 k(即初始事件)的扰动而构建的。只要扰动持续存在,网络中就只有失效事件是活跃的。当干扰停止时,恢复事件也被启用(假设 A3)。

从活动并发事件列表中选择下一个事件的规则如下:

若下一个事件是一个失效事件:事件从 F 中删除,生成一个新的决策块,F 被扰动传播所影响的新节点更新。

若下一个事件是一个恢复事件:事件从 R 中删除,生成一个新的决策块,R 被更新到可以恢复的新节点。

如果 R 和 F 是空的,则序列终止或者死锁。

如图 4-22 所示,并发 ESD 的布局遵循如下图形约定:如果出现失效图表则向下发展,如果出现恢复则向右转到新的列。图开始于节点 2(电厂)的失效,即初始事件,在节点 3(控制)和节点 4(传输)中同时触发扰动,$F = (3,4)$ 和 $R =$ empty。失效在节点 2 的扰动停止前传播到节点 5(分布)。在此事件之后,节点 3 恢复并使节点 4 恢复。事件的顺序随着节点 6(通信)和节点 3(控制)的失效而继续,接着是节点 5(分布)的恢复,直到节点 4(传输)失效和节点 6(通信)的恢复并发。从这一点开始,这张图有两个不同的方向。通信网络的早期恢复将导致可恢复的场景,而传输的早期失效将导致死锁。这个结果不一定是实际的网络行为,只是可能产生的众多场景中的一个。实际上,图 4-22 中的每个决策块都有多个活动事件(不同 F 和 R 中),其他序列可能不同。对于给定扰动存在不同情形的系统多变性的结果。只有定量分析才有可能解决不确定的问题,并以一种韧性的方式检查网络是否会死锁结束或恢复。

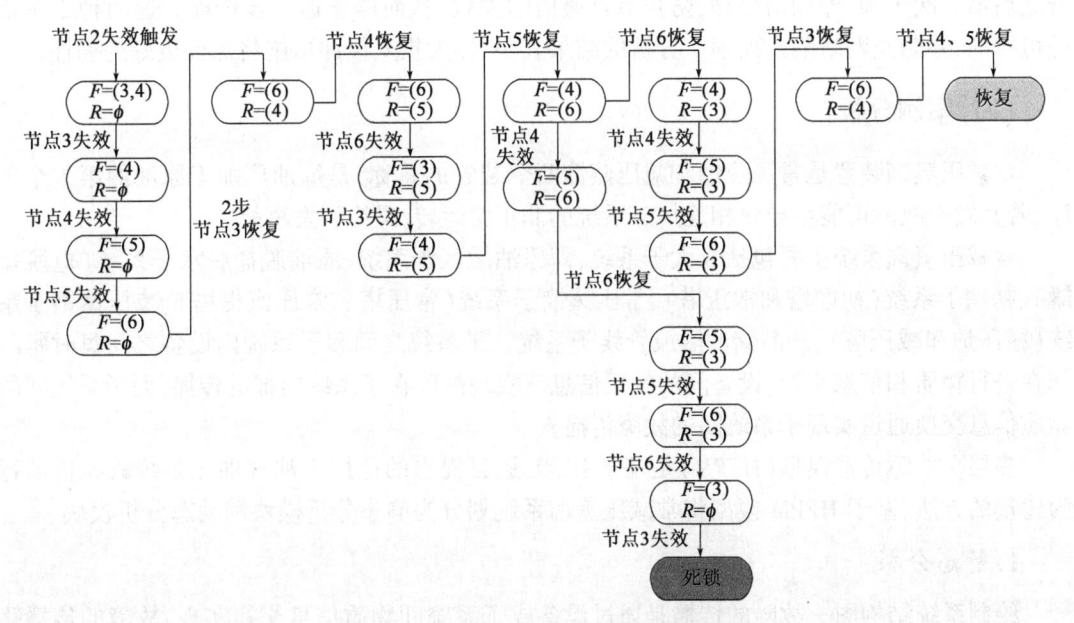

图 4-22 死锁或恢复的两种可能场景

定性韧性分析的结果是死锁事件序列。如果按实际网络大小对依赖关系网络中的所有节点进行重复分析,那么这个工作会变得不可行。通过定义一组终止规则,在不需要进一步分析的情况下减少分支和/或终止一个序列非常必要。可能启发式涉及的节点数目和传播的深度都与发生序列的可能性有关。

3. 定量韧性分析

定量韧性分析包括模拟依赖网络对扰动的响应。分析要求将数值的赋值分配给每个系统节点的失效和恢复。在给定时间 TD 内,该模型由扰动传播完成,该扰动可能影响单个节点或多个节点。

从活动并发事件列表中选择下一个事件的规则韧性是网络抵御干扰并恢复到初始状态的

能力。因此,网络是有韧性的,不依赖于所处的韧性措施和它必须面对的干扰。网络韧性的一个简单度量是节点状态 $r(x) = x_1 + x_2 + \cdots + x_n$ 的和。分析 $r(x)$ 从网络扰动开始,到恢复到初始状态或结构死锁的时刻。以下是系统响应特征的属性列表:

(1)扰动阻力:网络可以抵抗干扰的时间,从干扰开始到节点的第一次失效,即当 $TD < T_{\min}$,有 $r(x) = N$。

(2)韧性裕度:扰动的最大持续时间,在此之后,网络无法恢复到初始条件,即当 $TD > T_{\max}$,有 $r(x) < N$。

(3)瞬态时间:网络在初始条件下保持的总时间,截止时间 T_{off}。

(4)失效传播深度:在瞬态响应过程中的最大失效块数,即 $\max[r(x)]$。

也可以进行局部韧性分析,例如在网络中隔离系统响应。

恢复的场景可以通过两种方式获得:(1)将时间减半以恢复节点6通信;(2)使同一节点的缓冲时间加倍。循环的韧性函数恢复到初始值($r=4$)后,在大约2.4个时间单元的短暂断开之后第二次干预,即加倍缓冲,防止节点通信的失效,从而停止进一步传播。这两种干预都是可行的,并防止网络陷入死锁。分析的结果表明,加大投入缓冲措施将保证更好的韧性。

(四)案例分析

常减压蒸馏装置是常压蒸馏和减压蒸馏两个装置的总称,是炼油厂加工原油的第1个工序,若其发生故障可能会导致相连加工系统的非正常运转,最终引发事故。

常减压蒸馏系统主要包括6大子系统,即原油罐区子系统、原油脱盐脱水子系统(电脱盐罐)、初馏子系统(初馏塔和常压塔)、常压蒸馏子系统(常压塔和常压汽提塔)、减压蒸馏子系统(减压炉和减压塔)、产品储油罐或管线子系统。子系统之间和子系统内设备之间每时每刻都在进行物质和信息交换,设备间的物质信息流实现故障在子系统内部的传播,而子系统间的物质信息交换通道实现子系统间的故障传播。

多层次故障传播模型(HFPM)是基于IRML语言提出的适用于油气加工系统故障传播行为建模的方法,基于HFPM模型将常减压蒸馏系统划分为静态分析模块和动态分析模块。

1. 静态分析

绘制系统结构图。故障的传播是通过设备或子系统间物质信息交换实现,故障的传播路径与工艺流程相关,故石油加工生产流程图可在一定程度上反映故障行为特征。在工艺流程图的基础上,根据工艺单元划分出子系统节点,子系统内的设备为次节点,设备间或子系统间的物质和信息的流动路线简化为支路,绘制系统结构图。简化结构图,得到图4-23。

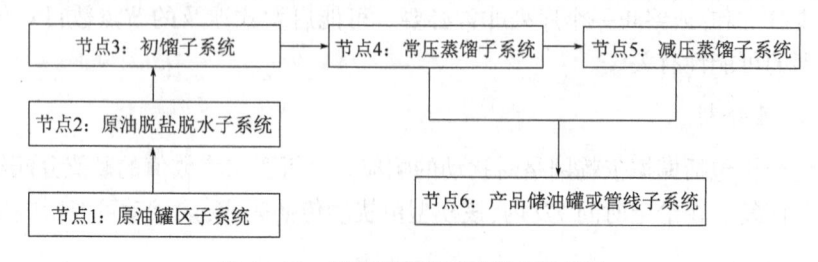

图4-23 常减压蒸馏系统简化结构图

对油气加工系统结构抽象化,将子系统作为分析节点,得到每个节点的关键集、脆弱集和相关性集合,判断子系统节点的关键性和脆弱性强弱。结果列于表4-10。从表中可看出,节点1受到扰动,故障传播最广,关键性最大;节点6最易受到扰动的影响,脆弱性最大。节点1表示原油罐区,节点6表示产品油罐区,两个子系统节点均仅含1个设备节点。得出结论,原油罐区和产品油罐区分别是关键性最大的节点和脆弱性最大的节点。

表4-10 常减压蒸馏系统关键集、脆弱集、相关性集合

	关键集	脆弱集	相关性集合
节点1	$C(1) = \{2,3,4,5,6\}$	$V(1) = \{\}$	$I(1) = \{\}$
节点2	$C(2) = \{3,4,5,6\}$	$V(2) = \{1\}$	$I(2) = \{\}$
节点3	$C(3) = \{4,5,6\}$	$V(3) = \{1,2\}$	$I(3) = \{\}$
节点4	$C(4) = \{5,6\}$	$V(4) = \{1,2,3\}$	$I(4) = \{\}$
节点5	$C(5) = \{6\}$	$V(5) = \{1,2,3,4\}$	$I(5) = \{\}$
节点6	$C(6) = \{\}$	$V(6) = \{1,2,3,4,5\}$	$I(6) = \{\}$

2. 动态分析

(1)设备扰动。

以单设备——初馏塔扰动为例(图4-24),研究单设备扰动下常减压系统中的故障演化行为,即系统抵抗扰动的柔性分析。对于受到多设备扰动的系统,其状态函数值是多个设备扰动下的叠加。若n个设备受到扰动,n个扰动传播至i设备的时间点不同,扰动到达i设备的时间点取n个时间点中的最小值,恢复时间取n个恢复时间的最大值。

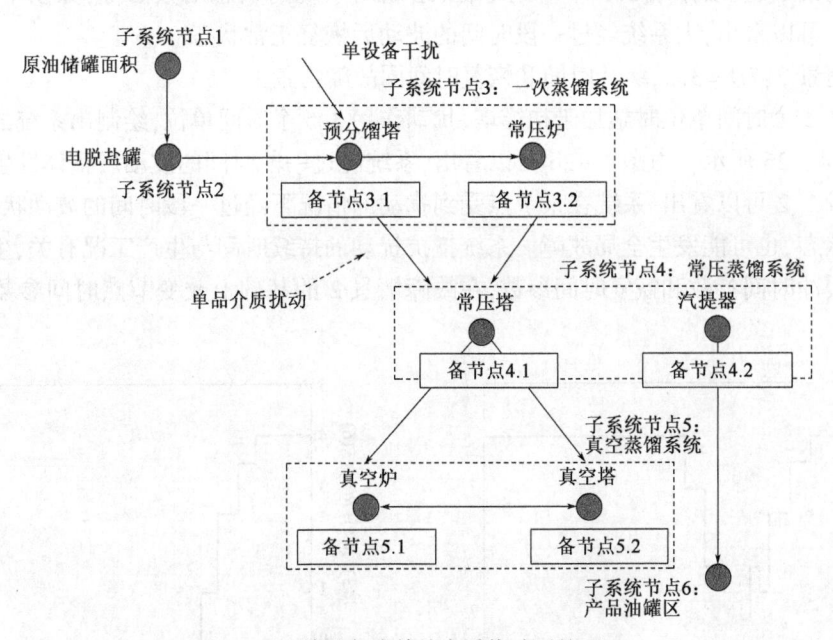

图4-24 单设备或单处介质扰动下的HFPM

扰动波及节点有节点3、4、5、6,在不同工况和扰动条件下,即不同的建模参数条件下,进行故障传播情景分析、确定建模参数、定义状态函数和绘制系统状态函数图这4个步骤得到系

统的状态函数图像,对图像进行特征分析得到系统内故障传播的行为特征。

①故障传播情景分析。多层次故障传播模型与"如果……怎么样……"法结合,对故障在系统内的传播趋势进行分析,得到每个子系统或设备的事件时间序列。

②确定建模参数。表征故障情景的建模参数有扰动施加时间 TD、节点恢复时间 TR、节点缓冲时间 TF。

扰动施加时间是指从扰动施加于初始节点到扰动从初始节点撤离的时间间隔。节点缓冲时间是指节点受到扰动直接作用到节点失效的时间间隔,在实际工况中是指设备某参数受到扰动直到超出正常工况阈值的时间。节点恢复时间是指节点开始恢复到节点恢复的时间间隔,在实际工况中是指设备某参数受控制系统调控从超出正常工况阈值到恢复正常值的时间。多层次故障传播模型应用于实际生产中时,建模参数由当前的生产工况和故障模式决定,通过实验或历史监控数据得到不同生产工况和故障模式下的各参数值。

③定义状态函数。当次节点处于正常状态时,状态函数 $r=1$;反之,处于故障状态时,状态函数 $r=0$。若某子系统节点 i 包含 n 个次节点,则该子系统节点状态函数定义为 $R(i) = [r(1)+r(2)+r(3)+\cdots+r(n)]/n$,它表示故障在子系统内的传播状态。子系统节点状态函数 $R=1$ 表示故障未传播至子系统,或子系统已恢复正常状态;$R=0$ 表示子系统完全故障,子系统内全部部件处于故障状态;$0<R<1$ 表示故障正在子系统内传播,子系统内部分部件故障,R 大小表示子系统内故障部件的比例,R 越小,故障部件比例越大,子系统整体越接近故障。

故障情景 1:$TD=2.5$,各次节点缓冲时间和恢复时间参数均设为 1。扰动在 2 个时间单位时施加于初馏塔,扰动作用 2.5 个时间单位,绘制出系统的状态函数图像,如图 4-25 所示。由图 4-25 可以看出,大系统经过一段时间的波动后恢复正常状态。

故障情景 2:$TD=3.5$,缓冲时间和恢复时间同故障情景 1。

扰动在 2 个时间单位时施加于初馏塔,扰动作用 3.5 个时间单位,绘制出系统的状态函数图像,如图 4-26 所示。由图 4-26 可以看出,系统经过一段时间的波动后整体发生故障。对比故障情景 1、2 可以看出,系统在某节点受到扰动的情况下经过一段时间的波动状态后,可能恢复正常状态,也可能发生全局故障。系统抵抗扰动的持续时间与生产工况有关,生产工况决定节点的缓冲时间参数和恢复时间参数,在故障情景 2 的基础上改变节点时间参数得到故障情景 3、4。

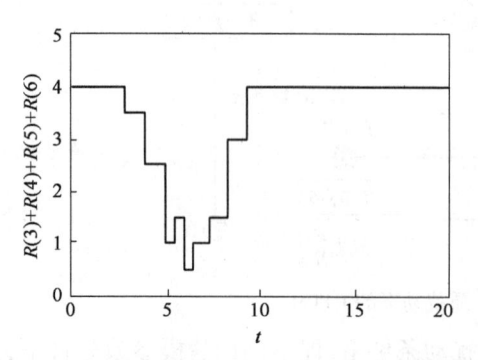

图 4-25　故障情景 1:单设备扰动状态函数图像 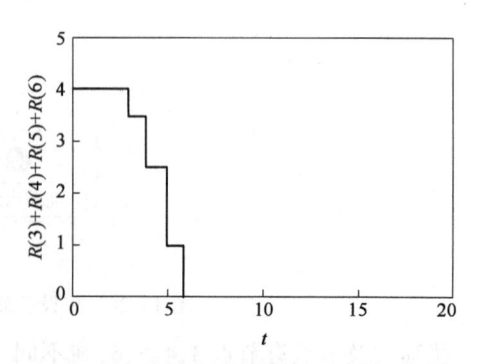　　图 4-26　故障情景 2:单设备扰动状态函数图像

故障情景 3：$TD=3.5$，增大缓冲时间，恢复时间不变，各次节点缓冲时间设为 1.5，恢复时间设为 1。故障情景 4：$TD=3.5$，缓冲时间不变，减小恢复时间，各次节点缓冲时间设为 1，恢复时间设为 0.5。故障情景 3、4 的系统的状态函数图像示于图 4-27。由图 4-27 可知，在单设备（初馏塔）扰动下，适当增大缓冲时间或减少恢复时间可改变系统对扰动的响应，促进系统从故障状态恢复至正常状态；在此设定的参数下，两者相比，减少恢复时间比增大缓冲时间能更加快速有效地促进系统的恢复。

（2）介质扰动。

以单处介质——初馏塔与常压塔间的介质扰动为例（如图 4-27 虚线所示），建立多层次故障传播模型。扰动施加于介质时，相邻的上、下游设备同时受到干扰，类似于多设备扰动的故障情景。多介质扰动的情况同理于多设备扰动。

故障情景 1：$TD=2$，各次节点缓冲时间和恢复时间均设为 1。扰动在 2 个时间单位时施加于初馏塔至常压塔的介质中，扰动作用 2 个时间单位，绘制出系统的状态函数图像，如图 4-28 所示。由图 4-28 可以看出，大系统经过一段时间的波动后恢复正常状态。

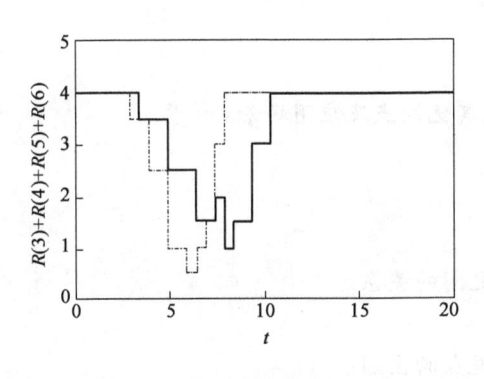

图 4-27　故障情景 3、4：单设备扰动状态函数图像

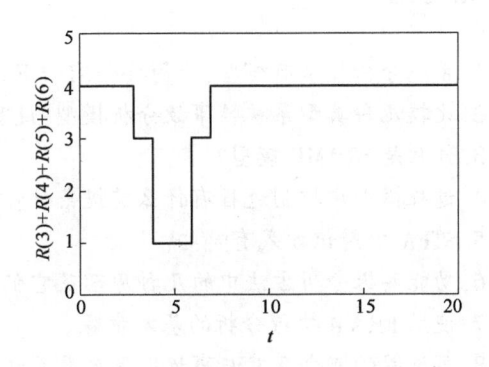

图 4-28　故障情景 1：介质扰动系统状态函数图像

故障情景 2：$TD=2.5$，缓冲时间和恢复时间同故障情景 1。扰动在 2 个时间单位时施加于初馏塔至常压塔的介质中，扰动作用 2.5 个时间单位。由图 4-29 可以看出，系统经过一段时间的波动后整体发生故障。对比故障情景 1、2 可以看出，大系统某节点受到扰动经过一段时间的状态波动后，可能恢复正常状态，也可能发生全局故障。系统抵抗扰动的持续时间与生产工况有关，生产工况决定节点的缓冲时间参数和恢复时间参数，在故障情景 2 的基础上改变节点时间参数得到故障情景 3、4。

故障情景 3：$TD=2.5$，增大缓冲时间，恢复时间不变，各次节点缓冲时间设为 1.5，恢复时间设为 1。故障情景 4：$TD=2.5$，缓冲时间不变，减小恢复时间，各次节点缓冲时间设为 1，恢复时间设为 0.5。绘制得到两情景系统的状态函数图像如图 4-30 所示。由图 4-30 可见，在单介质（初馏塔至常压塔介质）扰动下，适当增大缓冲时间或减少恢复时间可改变系统对扰动的响应，促进系统从故障状态恢复至正常状态；在此设定的参数下，两者相比，减少恢复时间比增大缓冲时间能更加快速有效地促进系统的恢复。

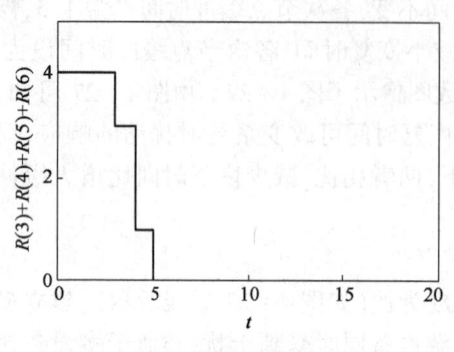

图 4-29　故障情景 2:介质扰动
系统状态函数图像

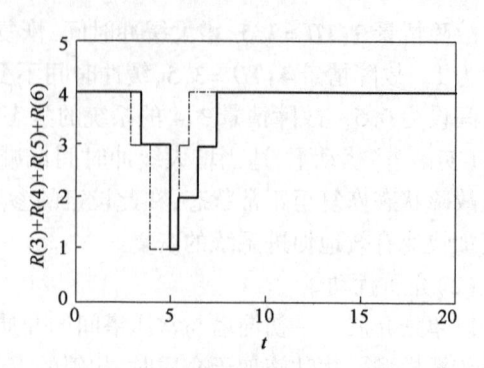

图 4-30　故障情景 3、4:介质扰动
系统状态函数图像

思考题

1. 系统分析模型有哪些,请简要介绍一下。
2. 比较几种典型系统性事故分析模型,说明其优缺点及应用场景。
3. 什么是 STAMP 模型?
4. 过程模型中控制过程有什么前提条件?
5. STPA 中辨识方式有哪些?
6. 功能共振分析方法中的几种原理及它们之间的关系。
7. 使用 FRAM 执行分析的基本步骤。
8. 事故图的概念及其与事故因果关系系统观点的区别。
9. 基础设施韧性建模语言的具体应用流程。
10. FRAM 中功能的本质是什么?可通过哪些方面和特征来表述?
11. 缓冲、恢复、节点缓冲时间、节点恢复时间的定义。
12. 可恢复场景、死锁场景、有时限的场景的定义与区别。
13. 从活动并发事件列表中选择下一个事件的规则是什么?

第五章　复杂系统功能建模方法与风险推演

第一节　复杂系统

一、复杂系统概述

复杂系统(complex system)通常被理解为由大量异构、相互作用的组件构成的系统。复杂性的根本原因是多方面的，从定量上讲，复杂系统具有多回路、多输入、多输出、高阶次、高维数和层次性等特点；从定性上讲，复杂系统具有非线性、不确定性、自相似性、开放性、多时空、内外部扰动、混沌现象及病态结构等特点；这些特点可综合为涌现性、非线性、自适应性和开放性。其中，涌现性和非线性是复杂系统最本质的特点。

涌现性指构成复杂系统的组分之间存在相互作用而形成复杂结构，在表现组成部分特性的同时，还传递着作为整体而新产生的特性。即诸多部分一旦按照某些方式(或规律)形成系统，就会产生系统整体具有而部分加部分总和不具有的属性、特征、行为及功能等，而一旦把整体还原为不相干的各部分，则这些属性、特征、行为和功能等便不会存在。简而言之，把这些高层次具有但还原到低层次不会存在的特点称为复杂系统的涌现性。涌现性是复杂系统在演化过程中呈现出的一种整体特性。

非线性指不能用线性数学模型描述的系统特性。构成复杂系统的重要部分、绝大部分乃至所有部分都存在非线性，且组分间存在非线性相互作用，而这种相互作用是产生复杂性的根源。不满足叠加原理、整体作用大于部分作用之和是非线性的基本特点。这种特点导致了复杂系统动态过程的多样化和多尺度性，并且使复杂系统的演化变得丰富多彩。所以，许多学者认为，非线性是复杂系统的主要特征，非线性相互作用是简单系统区别于复杂系统的根本标志。

自适应性指系统是由彼此联系的主体构成，这些主体具有自适应与自组织等能力，通过与外界以及其他主体的交互通信，主体能够不断学习，根据具体情况改变自身的状态与行为。自适应性的存在，使系统具有了高度的复杂性。

开放性指复杂系统与外部环境相互关联、相互作用，与外部环境相统一，是开放的系统。任何一种复杂系统都是在开放的条件下形成的，也只有在开放的条件下才能维持和生存。例如，化工过程系统中操作人员和设备单元(泵、机组、罐、塔、管道等)永远在跟环境交换物质、能量和信息。因此，只要跟环境处于相互作用的状态，环境的复杂性就会呈现到化工过程系统自身，转化为过程的复杂性。

现代复杂工程系统、宇宙系统、社会系统和人体系统是最能够体现上述特点的典型的复杂系统。

(1)复杂工程系统(如载人宇宙飞船)通常具有非线性、内外部随机扰动、结构和参数不确定性和时变性的特点,在数学模型上体现为高阶、多层次、多维、多输入和多输出等。

(2)宇宙系统是一个充满奇异色彩、神奇的复杂系统,多样性、非线性、多层次性、混沌现象、自相似性、不可逆性、自适应性、演化性、开放性、自治性和涌现性等所有的复杂系统特点都能在该系统上表现出来。

(3)社会系统(如经济系统)是由简到繁、从低级到高级不断演化和进化的、开放的复杂巨系统,内部充满着层次性、自治性、非线性、开放性、不确定性、时空多变性及涌现性等特点。

(4)人体系统是一个非常复杂的生命体系统,具有多形态网络结构、多层次的适应性器官,自组织调节的非线性动力学系统,是一种不断完善和进化的生命信息系统,存在生老病死的不确定性及混沌现象等。

二、复杂系统的研究方法和路线

对于复杂系统的研究存在着两条路线:第1条是利用计算机仿真的方法通过模拟复杂系统中个体的行为,让一群个体在计算机所营造的虚拟环境下进行相互作用并演化,从而让整体系统的复杂性行为自下而上地"涌现(emergence)"出来。这就是圣塔菲研究所(Santa Fe Institute,SFI)研究复杂系统的主要方法,常被称为自下而上的"涌现"方法。当人脑面对复杂系统时,可以通过有限的理性和一些不确定信息做出合理的决策,从而得到满意的结果。因此,研究人脑面对复杂系统是如何解决问题的则成了第2条可走的路线,被称为自上而下的"控制"方法。

在实践中,从事复杂性科学研究的学者们在传统科学研究方法的基础上,总结出了许多具有开创意义的新方法,大致包含隐喻、模型、数值、计算、虚拟和综合集成等6种具体的研究方法。

(一)隐喻方法

在传统学科中,隐喻和类比有着同等重要的作用;但在传统的科学方法论中,往往只论述类比,而忽略掉了隐喻。在对复杂系统的研究中,隐喻的作用和意义则被突显出来。著名的复杂适应系统(complex adaptive system,CAS)理论以及涌现理论都是美国圣塔菲研究所的霍兰(Holland John)教授使用隐喻方法构建出来的。霍兰教授认为隐喻是创造活动的核心,运用隐喻所产生的结果是创新,它让我们看到了新的联系。

(二)模型方法

构建模型是人类在认识世界和改造世界的实践过程中的一大创造,也是科学研究的最常用方法之一。由于它综合了还原与整体两种特性,再结合现代的计算机技术,模型方法在对复杂系统的研究中有着特别重要的作用。复杂性科学研究一般都是在隐喻类比的基础上,建立复杂系统的模型。为了探索复杂性,科学家们从不同的角度、不同的途径建立了大量的复杂系统模型,如细胞自动机(cellular automata)、复杂网络(complexity network)、多智能体系统(multi-agent system,MAS)、CAS的回声模型、人工生命研究中的人工生命模型等等。

关于如何对复杂系统建模主要有两类实现方法:基于规则与基于联结的方法。采用第1

种方法的,主要有人工智能研究人员、遵循乔姆斯基(Chomsky)传统的计算语言学家和认知科学家;而处于交叉学科边缘的神经科学家、心理学家等则常使用第2种方法。相对而言,基于联结的模型对于复杂系统的理解,要比基于规则的模型更为有效。

(三)数值方法

所谓数值方法,就是对系统模型进行计算求解,从而把握系统的组成和运行规律。旧有的观念认为计算并不能发现什么新东西,因而只把数值方法当作一种辅助性的方法。但在对复杂性的研究中,许多新现象和规律都是通过数值计算发现的,因此数值方法得到人们更多的关注。比如,"蝴蝶效应"的发现,就要归功于洛仑兹对数值的兴趣以及成功地应用了数值方法。应用数值方法进行复杂性研究所形成的理论主要有混沌(chaos)理论与分形理论。

(四)计算方法

所谓计算方法,就是从可计算理论出发,对问题是否可以计算以及怎样计算进行分析,并对计算的方法进行算法描述,以找到问题的解决方案或途径。如今,复杂性理论的许多分支都跟计算或算法问题有关。像关于遗传算法、适应性学习和复杂适应系统等这些概念的创立,都是运用计算方法的典型案例。

(五)虚拟方法

这里所说的虚拟方法,也称作计算机模拟或系统仿真,指的是在计算机上对实际系统(包括设计中的系统)的数学模型进行模拟实验,从而达到研究该系统的目的。对复杂系统的研究如果沿用传统的方法难以奏效,很多情况下根本无法对它进行受控实验。而使用虚拟方法可以弥补直接实验或受控实验的不足,使复杂系统的实验检验成为可能。比如,为了检验CAS回声模型的可行性,圣塔菲研究所就开发了一个计算机软件平台——SWARM。

(六)综合集成方法

在复杂系统的研究中,单独使用前面5种方法中的任何一种,都是有缺陷的。所谓综合集成法,从广义上来说,就是把研究复杂性科学的各种方法综合起来,发挥各自的优势,克服弱点而形成某种真正的综合方法;从狭义上来说,指的是由钱学森先生及其讨论班里的中国学者针对开放的复杂巨系统而提出的一种方法论。此套方法考虑的是从整体上研究和解决问题,采用"人—机"结合以人为主的思维方法和研究方式,对不同层次、不同领域的信息和知识进行综合集成,达到对整体的定量认识。

上述6种方法既相互联系又相互区别,作为形象思维的隐喻是对复杂系统探索的起点和基础。通过隐喻类比,建立起复杂系统的科学模型。在模型的基础上,对复杂系统做数值计算、算法描述,并通过计算机在虚拟现实的世界里进行实验验证。最后把得到的对复杂系统的认识综合集成起来,形成一个比较完整的认识。

三、复杂系统的功能建模方法

目前大多数系统建模都是针对复杂系统中的一个侧面描述系统的,这些模型都不足以处理复杂动态系统的设计和操作问题,因此人们对前沿性的功能建模方法需求较大。在19世纪90年代初,很多学者提出了多种功能建模方法,其中有代表性的有目标树—成功树(goal tree - success tree,GTST)方法、功能块图(functional block diagram,FBD)方法和多级流建模(multilevel flow modeling,MFM)方法。

(一)目标树—成功树方法

Modarres等人提出的目标树—成功树方法,又称GTST方法,尝试以还原论的原则(reductionism principle)来构建系统的层次顺序。系统顶层目标作为基础,逐层向下分解,分解到实现顶层目标所必需的功能层(GT),以及实现功能的部件结构层,即成功路径(ST)。对于简单系统,系统目标和功能相对有限,运用GTST方法可以从系统物理结构到功能以及目标每一个层次进行充分分析,而且以图形展示,清晰直观。

但对于复杂系统,与MFM方法相比,该方法存在局限性,分析过程庞杂,没有支撑该分析过程的方法,影响对系统全面的把握。目前,GTST在工程系统建模、过程控制设计以及可靠性分析等方面有应用。

(二)功能块图方法

功能块图方法,又称FBD方法,广泛应用于系统工程和软件工程中,描述系统的功能和内在关系。FBD方法能够图形化描述系统获取以下四个方面内容:
(1)以块图的形式描述系统的功能知识;
(2)在每一个块图的输入和输出元素中用线连接表达输入和输出变量间的关系;
(3)功能之间的关系;
(4)事件和/或信号的功能结果和路径。

近年来,许多形式具体的FBD方法得到了发展,其中最有发展潜力的就是功能流模块图(functional flow block diagram,FFBD)方法,它是功能块图方法和流程图方法的结合。FFBD起源于19世纪50年代,是一种多层次、以时间为顺序、一步一步地描述系统功能的流程图。该方法较为适用于描述系统事件随时间变化的发展趋势。每一个功能模块之间用逻辑"或门"或者"与门"来连接表达功能之间的关系,即需要辨识实现一个功能需要哪些子功能及其条件和关系。因此,需要基于专家的知识对系统功能进行分解,以及判断各子功能的关系,但是容易出现系统实现功能路径判断不全的情况。

与MFM方法相比,FBD方法中功能概念不同,它把功能作为一个表达输入和输出关系的黑匣子,以每个不同功能的黑匣子连接起来表达系统,从而表达系统的连接复杂性,而没有表达系统的语义复杂性。

(三)多级流建模方法

多级流建模方法,又称MFM方法,是基于过程目标的层次结构建模方法。该方法从物质流、能量流和信息流的角度对真实的物理系统建模,能建立起复杂系统的物质、能量、信息的相互关系。通过应用某些特定的图形化符号,描述系统目标、功能和组成部件,对工厂生产过程建模。该定性建模框架由丹麦教授Lind最初于19世纪80年代提出,该教授和他的学生以及日本、瑞典、挪威、荷兰、美国、中国的研究团队一直在推动和发展该理论。MFM 方法针对复杂系统建模,具有以下 4 个特点:

(1)MFM 方法在不同抽象层次上表达系统;
(2)MFM 方法支持原因—后果推理;
(3)MFM 方法可以形式化表示操作情景;
(4)MFM 的概念与人类认知世界的思维属性一致。

这些重要的方法特点,表明该建模方法能够在不同研究领域中处理真正的工程问题。

第二节　MFM 模型的基础理论

一、抽象层次技术

1986 年 Rasmussen 提出了抽象层次技术(level of abstraction),该技术提倡需要从手段—目的(means-ends)关系和部分—整体(part-whole)关系两个角度从不同层次上抽象系统,如图 5-1 所示。Rasmussen 是首位提出需要结合这两个角度来表达系统不同层次结构知识,解决人机系统设计问题的科学家。其中,手段是指为完成一定的目标或任务的途径,例如物体、工具或者行为等。目的是指行为主体想要达到的状态或者是行为的表现。同时,不仅可以把系统看作一个整体,还可以看作一个组合体,它包含了许多相互关联的部分,每部分又都可以描述为目的—手段层次的形式,这就是部分—整体关系。

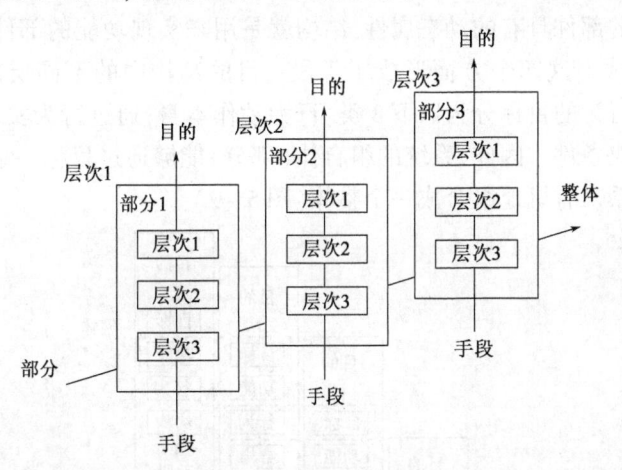

图 5-1　系统的两种分解策略:手段—目的策略和部分—整体策略

二、AH 方法中抽象层次技术的实现形式

在抽象层次技术的基础上,Rasmussen 提出了抽象层次技术的实现形式 Abstract Hierarchy,以下简称为 AH 方法,如表 5-1 所示。该表中手段—目的关系抽象为 5 个层次,Rasmussen 认为在每一级别层次中的目的都是由下一级别层次的手段所达到的。AH 方法支持原因和目的意图两个方面的推理,该特点可以用于诊断和计划等问题。然而,该 5 个抽象层次的形

成只是基于核工厂的监督管理和电子车间的故障诊断的案例抽象出来的,划分的每个手段—目的抽象层次缺乏系统的分析,无法在不同工程领域中普遍适用。Lind 指出 AH 方法在方法和概念问题上都存在问题,认为手段—目的层次语义和每个层次之间的关系定义不明,需要进一步准确区分。而且,在建模过程中需要摒弃固定的手段—目的层次,重视层次的辨识。因此,提出了 MFM 方法来解决上述问题。

表 5-1 AH 方法

目的—手段 \ 整体—部分	总体系统	子系统	功能单元	组合件	元件
功能目的 生产流模型:系统目标,约束等					
抽象功能 因果结构:物质、能量和信息流拓扑					
广义功能 标准功能和过程:反馈回路,热传递等					
物理功能 元件和设备的电子的、机械的、化工的过程					
物理形式 物理性质和剖析:材料和形式、位置等					

三、MFM 方法中抽象层次技术的实现形式

与 AH 方法不同,首先 MFM 方法认为手段和目的两者形成了一种手段—目的双向关系,其次某个系统充当手段还是目的取决于一定的环境情景。手段—目的关系中包含目标、功能、行为和结构四个方面,目标就是所希望实现的成果,功能就是用来达成目标的活动作用,行为就是用来实现功能的部件具有的动态属性,结构就是用来实现功能的部件具有的静态属性以及部件间的连接方式。这四个方面形成了手段—目的结构中的不同层次的知识流。Heckhausen 提出对某种行为的目标分为以下 3 类:行为动作本身;通过行为实现某种状态;为了实现另一种行为的先决条件。因此,系统的组合体(部分)能够通过目标—结构、目标—行为、目标—功能的 3 种关系来有机地组合成一个整体(图 5-2)。

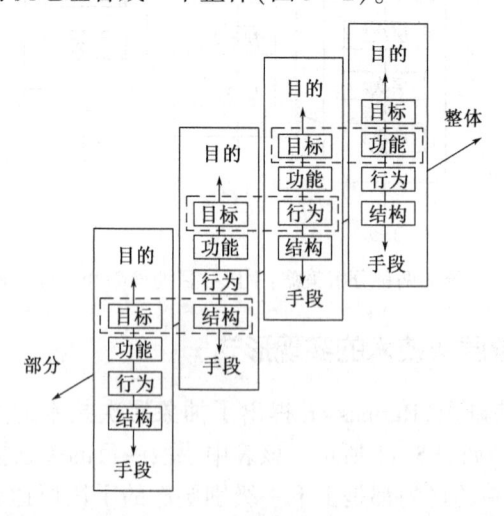

图 5-2 MFM 模型中系统的两种分解策略:手段—目的策略和部分—整体策略

第三节　MFM 模型建模方法

一、MFM 模型的建模语言

MFM 方法通过应用规范的图形化符号对工厂生产过程进行建模，从物质流、能量流和信息流的角度来抽象出真实的物理系统。图 5-3 展示了用来描述目标、功能、关系和控制的图形符号。

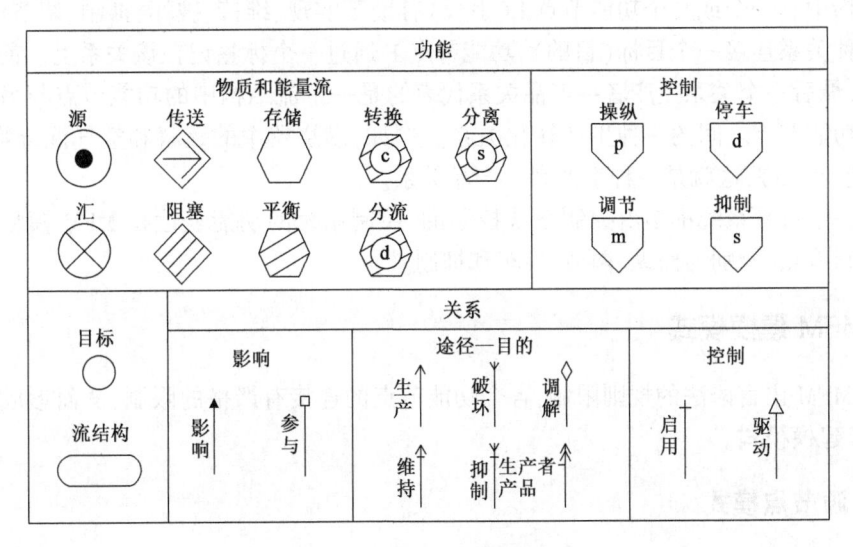

图 5-3　MFM 基本图形符号

交互的基本流和控制功能形成功能结构，来表达具有目标的系统的功能。目标与流结构通过"手段—目的(也称作途径—目的)"关系相连接，而流结构又是由功能节点以影响关系相连接在一起的功能集，包括物质流、能量流和控制流 3 个部分。因此，流结构又分为物质流结构、能量流结构和控制流结构。MFM 中一般化的功能节点是基于行为基础理论中的行为类别提出的。这意味着，有且仅有这些功能节点就可以充分表达任意一种行为。

其中 6 个基本流功能节点，分别是：源节点(source)、汇节点(sink)、传送节点(transport)、阻塞节点(barrier)、存储节点(storage)和平衡节点(balance)。转换节点、分流节点和分离节点是从平衡节点上衍生出来的。每个功能节点具体表达的含义解释如下：

(1) 源节点是能量或者物质的来源，或者说是研究对象系统的起始边界；
(2) 汇节点是能量或者物质的汇集，或者说是研究对象系统的终结边界；
(3) 传送节点是能量或者物质的流通；
(4) 阻塞节点表示系统阻止物质或能量在两个系统或位置之间传送的功能；
(5) 存储节点是在一段时间内积累一定的能量或者物质；
(6) 平衡节点是为了实现输入流和输出流之间的平衡；
(7) 转换节点表示系统在两种物质或能量形式之间转换的功能；
(8) 分流节点表示系统划分多条流路径中某一物质流或能量流的功能；

(9)分离节点表示系统分离不同物质流或能量流的功能。

基本流功能节点之间需要因果依赖关系来连接,该关系分为影响关系和参与关系两类。如果流功能节点(包括源、汇、存储或平衡节点)可以影响由传输节点 T 传输的物质或能量数量,那么就通过影响关系由传输节点 T 连接上游或下游。如果流功能节点 F 被动提供或接受传输节点 T 传输的物质或者能量,那么流功能节点(包括源、汇、储存或平衡节点)通过参与关系由传输节点 T 连接上游或下游。

手段—目的关系的具体表现形式有 6 个,分别是:生产关系、维持关系、破坏关系、抑制关系、调节关系、生产者—产品关系。这几种关系都是代表流结构和目标之间的关系。例如,如果该流结构中有一个或几个功能节点 F(手段)有助于实现、维持、破坏、抑制、调节该目标,那么就用该种关系连接一个目标(目的),功能节点 F 通过一个标签记在该关系上。前 5 个关系较好理解,最后一个关系生产者—产品关系代表的是一个流结构中的功能节点与另外一个流结构中的功能节点之间的一种生产转化关系。例如,燃烧器中的燃料和空气混合物质(生产者)产热能(产品),这就是一种生产者—产品关系。

任何一个过程系统都是由控制系统控制的,控制系统的功能表达在 MFM 模型中就是四种功能控制节点,分别为操纵、调节、停车和抑制。

二、MFM 建模模式

由于 MFM 语言语法的规则限制,各个功能节点的连接有严格的限制,从而形成了以下固定的 MFM 建模模式。

(一)源节点模式

语法规则说明:源节点只能与传送节点相连,且只能有一个连接关系,连接关系方向只能从源节点指向传送节点(图 5-4)。

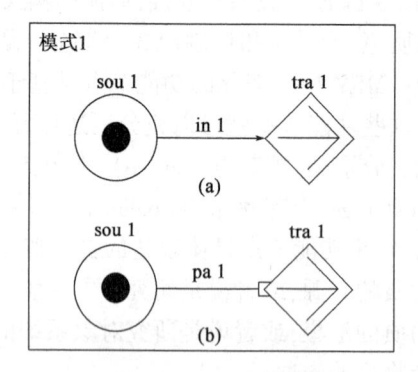

图 5-4 源节点模式

(二)汇节点模式

语法规则说明:汇节点只能与传送节点相连,且只能有一个连接关系,连接关系方向只能从汇节点指向传送节点(图 5-5)。

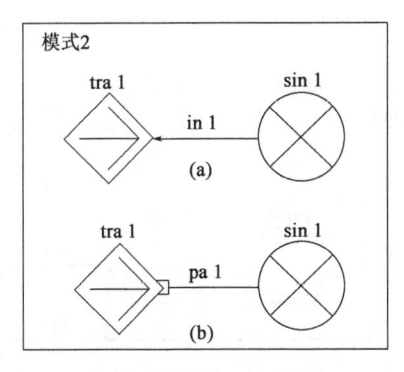

图 5-5　汇节点模式

(三) 平衡节点模式

语法规则说明:平衡节点只能与传送节点相连,且上下游的传送节点可以有多个,图 5-6 中列举的是基本模式。连接关系方向只能从平衡节点背离指向传送节点。

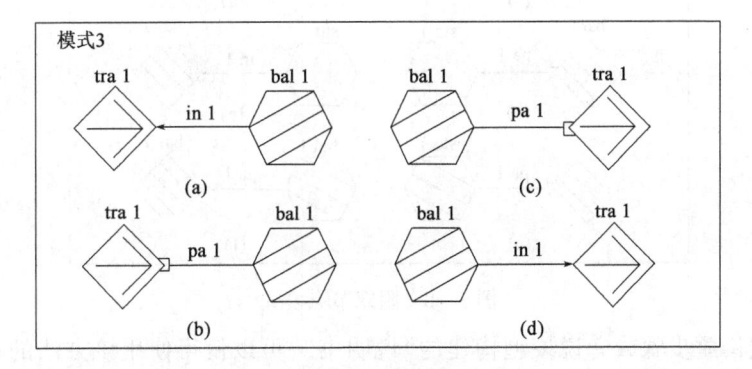

图 5-6　平衡节点模式

(四) 存储节点模式

语法规则说明:存储节点只能与传送节点相连,且上下游的传送节点可以有多个,图 5-7 中列举的是基本模式。连接关系方向只能从存储节点背离指向传送节点。

(五) 阻塞节点模式

语法规则说明:阻塞节点可以与存储节点和平衡节点相连。连接关系方向只能从存储节点或者平衡节点指向传送节点(图 5-8)。

三、MFM 模型的建模步骤

建立模型是一个复杂的任务,需要大量的经验来完成。学会建模的唯一方法就是对具体的研究对象进行建模,积累建模经验。系统建模主要的问题是如何选择合适的抽象程度来描述系统行为,并利用该模型来完成某些决策问题(例如诊断等)。建立 MFM 模型也面临该问题,可以通过建立一些原则作为经验性工具辅助模型的建立。

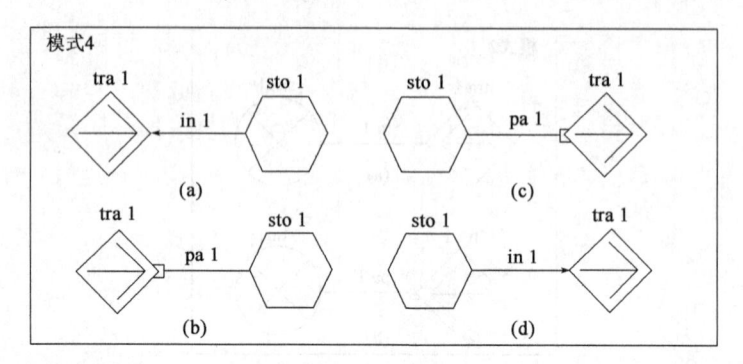

图 5-7　存储节点模式

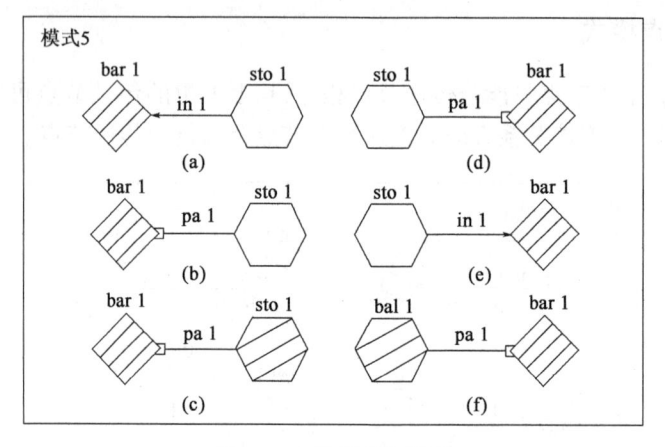

图 5-8　阻塞节点模式

MFM 模型构建步骤或者说模型构建的"说明书",可以使得使用该方法的初级建模者可以得到更好的指导,从而最大化利用其已获取的知识进行建模。如果意识不到"说明书"的重要性,那么就无法证明该模型设计的基础,也就无法进一步去论证为什么建立出来的模型更好或者更安全。例如,为什么该模型能够处理复杂性,为什么该模型能够捕获系统风险的知识从而预防操作人员做出不安全的行为。因此,该"说明书"主要功能有两点:(1)防止建模者发生不必要的建模错误;(2)提高利用先前经验的效率。

(一)MFM 建模的原则

为了使 MFM 模型符合系统实际情况,准确表达系统知识,构建 MFM 模型主要有两个总体原则。第一个原则就是分解建模或系统的目标定义。然后辨识达到这些目标的系统功能。这种自上而下的建模顺序的目的就是确保在系统目标的环境下定义所有的功能。该建模顺序尤其适用于系统物理结构不清楚的系统设计的早期阶段。第二个原则就是把系统元件和功能联系起来,然后综合这些功能使其和系统目标匹配。这种从下到上的建模顺序适用于系统目标模糊的情况。绝大多数情况下,可将这两种总体原则综合起来运用到 MFM 建模过程中。

(二)MFM 模型的建模步骤

基于上述两种 MFM 建模原则,提出了一种从上到下分析的 MFM 模型构建步骤,MFM 模型的流程如图 5-9 所示。

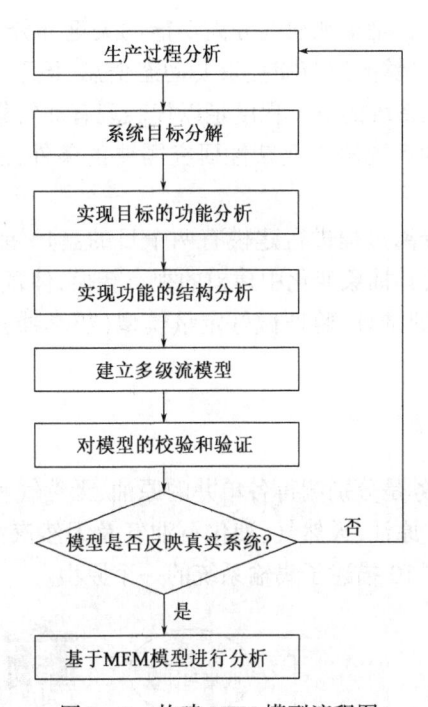

图 5-9 构建 MFM 模型流程图

其具体过程为:

(1)对生产过程进行分析,全面认识原型系统。

全面理解所选物理系统,并且如果需要,从设计工厂获取支持文件(如 PID 图、操作手册),或者组织 3~4 名专家开会议来理解工艺过程。

(2)把目标分解成一系列子目标。

建模系统范围(有或无控制系统)以及抽象层次(例如,某故障的根原因是泵失效,如果你关注更低层次的根原因,如泵的润滑系统,那么就继续,否则应该停止搜寻),并把目标分解成一系列子目标,该分解过程可以采用目标树方法完成。

(3)分析与研究实现目标的功能分析,列出所有功能实现的条件和限制。

抽象成物质流、能量流和控制流,从功能符号(图 5-3)中选取表达流功能。

(4)建立结构与对应功能的映射关系。

为了防止功能表达错误,并检查是否具有相应结构的支持来实现所需要的功能,在该步骤中进行结构分析以及建立结构与功能间的映射关系。

(5)通过目标、功能、结构之间的关系,建立多级流模型。

通过手段—目的关系(图 5-3)表达不同抽象层次物质流和能量流结构之间的关系,利用控制关系连接控制结构和功能结构,对相应的流功能名称附上标签,该流功能为控制变量。

(6)模型的检验与验证。

四、油气集输系统 MFM 建模

油气集输系统是复杂工业系统的典型代表,它不仅是一个重要的、用于收集和运输石油天然气的油田生产设施系统,而且是实现油气分离功能的关键部分。其中,混合的石油、天然气和水三相分离子系统提供了足够的细节捕捉重要动态信息,该系统是多变量、非线性,并且子系统间高度关联的。因此,该系统的复杂程度足以代表现有油气集输子系统的复杂程度,并且满足验证 MFM 建模方法处理系统语义复杂性研究需要的条件,从而证明该方法具有构建真实油气工程系统的潜在能力。

利用 MFM 方法对三相分离过程进行建模有两个目的:(1)展示 MFM 方法具有对系统不同抽象层次的描述能力,以及其抽象变化中建模的视点转换,体现 MFM 方法的鲁棒性;(2)为后面章节对此过程进行模型的推理、验证做好定量模型(仿真器)和定性模型(MFM 模型)的准备。

(一)油气集输系统

油气集输系统的工作任务是分别测得各单井的原油、天然气和采出水的产量值后,将分散的油井产物汇集、处理成出矿原油、天然气、液化石油气及天然汽油,再经储存、计量后输送给用户的油田生产过程。图 5-10 描述了集输系统的一个原型。

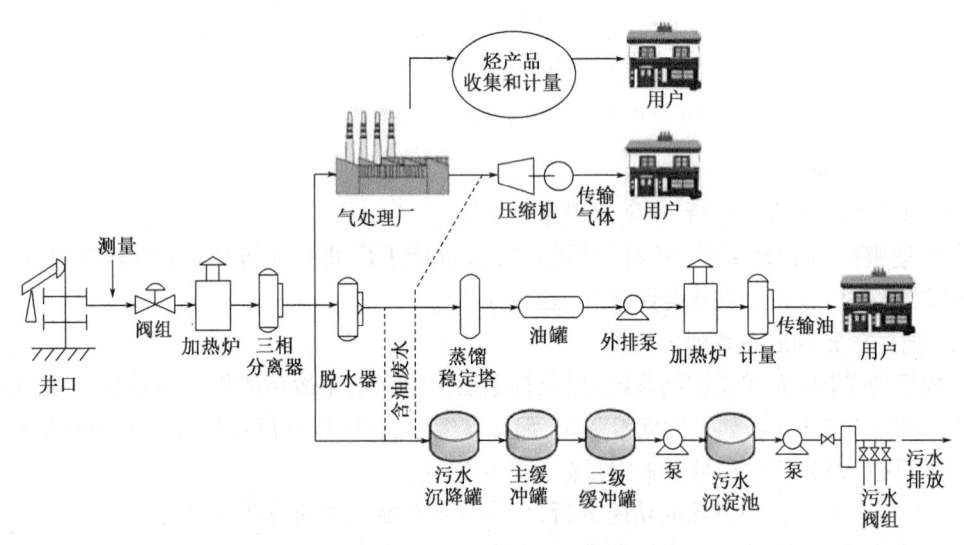

图 5-10 集输系统工艺流程

以下简述该系统工艺流程:油气混合液在被预脱水、加热后进入三相分离器。分离后的原油进入油气处理厂进行稳定处理。最终,油将被储存在油罐并且经过电脱水器处理后通过管道输送给用户;从三相分离器顶部分离出的气体将会被输送给气处理厂;从三相分离器底部分离出的一部分含油污水经过电脱水器和沉降罐沉降后输送给下游的主缓冲罐和二级缓冲罐,然后被反注回油田,另一部分含油污水经过生化处理站处理后被排放。

为了建立该系统的 MFM 模型,关键的一步就是回答"系统的目标是什么?"和"哪个子系统实现子目标?"该系统总体目标是处理石油和天然气并且输送给用户或者储存在储罐中。总体目标可以被分解为几个子目标并且定义了以下几个子系统来实现子目标:

(1)计量系统目标:计量产自油井的油、气、水,为油田生产提供动态原料。

(2)混合的石油、天然气和水三相分离系统目标:混合物被分离为液相和气相,液相被进一步分离为含水原油和含油废水,如果必要的话,清除固体杂质。

(3)原油脱水系统目标:使原油中的含水量符合标准。

(4)原油稳定系统目标:使原油饱和蒸气压符合标准。

(5)原油储存系统目标:保持原油供给平衡。

(6)天然气脱水系统目标:天然气脱水防止形成水合物。

(7)天然气轻烃回收系统目标:提取烃液防止沉淀。

(8)烃液储存系统目标:保持 LPG 和 NGL 的生产和销售平衡。

(9)传输系统目标:输送原油、天然气、LPG 和 NGL 给用户。

根据以上子目标的定义,油气集输系统被分为 9 个子系统。现以三相分离过程为例,对其进行 MFM 建模。按照 MFM 建模步骤方法,首先需要对生产过程进行分析,全面认识系统原型。因此,在后文中,对三相分离过程进行定量仿真,作为对该过程全面分析的过程。该仿真器也是后文对该过程的 MFM 模型进行推理、验证和安全分析的手段。

(二)三相分离过程分析及动态仿真

1. 三相分离过程分析

该三相分离过程系统原型是在海上石油和天然气工业中一种常用的单元操作,流程示意图如图 5-11 所示。

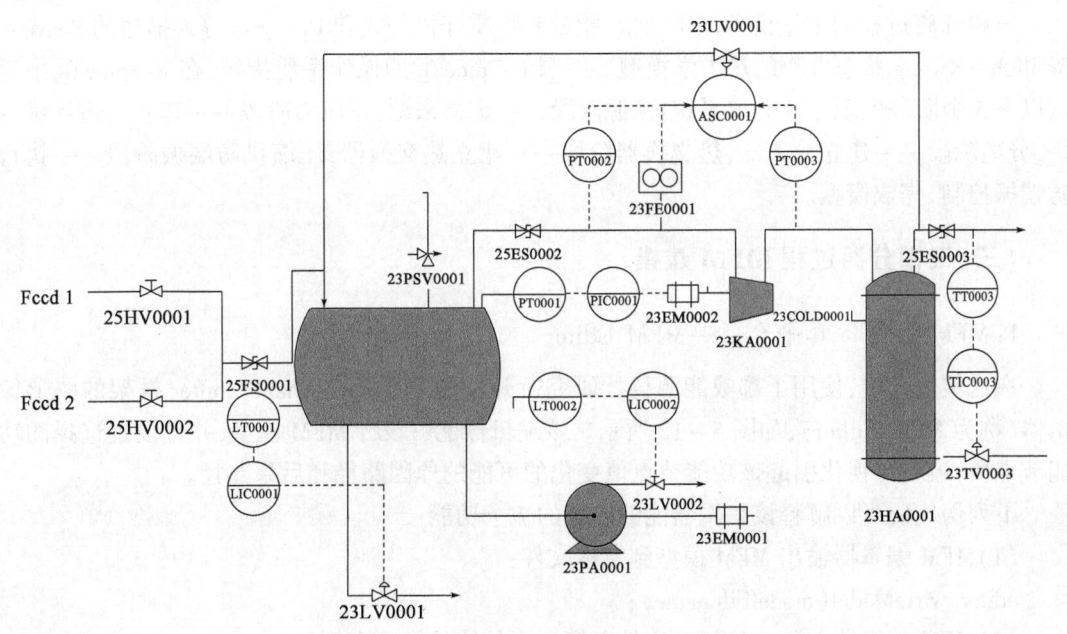

图 5-11 简化的三相分离过程 PID 图

原料液的名义流量是 1kg/s,压力是 5.6MPa,温度是 323.15K。原料液的组分是水、低碳氢化合物、甲醇、二氧化碳、氮、异丁烯、异戊烷、MEG 和代表更高量级碳氢化合物的 4 种伪组分。

油气水混合物进入三相分离器(23VA0001),压力安全阀对分离器提供保护作用。分离器内部的堰板分离油室和水室,液位控制器(LIC0001)控制水室液位。油越过堰板,液位控制器(LIC0002)通过操纵油阀(23LV0002)来控制油室液位。气体通过分离器的气体出口管道流出,紧急切断阀(25ES0002)启动,起到安全保护的作用。离心压缩机(23KA0001)提升出口气体压力,该离心压缩机由变速电动机(23EM002)驱动。热交换器(23HA0001)以水作为冷却介质(23COLD0001)的作用就是降低气体的温度,从而满足规定的工艺。防喘振控制回路(23UV0001)用来保护压缩机进入喘振工况。

2. 动态仿真软件——K-Spice®

为了仿真该过程,使用了 K-Spice®软件,该软件是由 KONGSBERG 工程师于 1989 年开发的。该软件总体上是针对化工过程的动态仿真工具,尤其适用于上游油气过程。该动态模拟器解决了在过程系统中的物质和能量平衡问题,并且获取严格描述系统时变行为特征。K-Spice®通过利用鲁棒性仿真方法——微分方程或者隐式积分,把过程严格划分为单元操作。

K-Spice®软件适用于从新手到专家的不同的人群,是用于过程设计和操作的很有价值的动态仿真工具,适用的目的领域包括:工程学习,设计响应评估,控制策略开发和测试,训练仿真器,HAZOP 研究,基于模型的预测控制开发和测试,实时管线监测和管理(泄漏检测),控制系统测试和验证。

3. 三相分离仿真器的建立

三相分离过程的定量模型基于动量、能量和物质守恒公式和 Cameron 等人描述的 Soave – Redlich – Kwong 状态方程的热力学模型。按照 K-Spice®的操作手册指导,在 K-Spice®中通过以下 5 个阶段实现三相分离系统:来源阶段——定义来源,流压力阶段——建立管道系统网络,分离阶段——建立分离器,热交换器阶段——建立热交换器,压缩机防喘振阶段——执行防喘振控制,完成模型。

(三)三相分离过程 MFM 建模

1. MFM 模型仿真平台——MFM Editor

在这项研究中,使用了挪威能源科技研究所开发的基于 Java Shape Shifter 框架的图形编辑器(称为 MFM Editor),如图 5 – 12 所示。该编辑器能够设计 MFM 模型,并且设置选择的功能节点值,最终可视化引起该功能节点值变化的可能的原因路径和后果路径。

下列伪代码可以解释该编辑器能够实现的 7 个功能:

(1)MFM 编辑器输出 MFM 模型到文本文件:

editor.wirteModel(modelFilename);

(2)MFM 编辑器在独立的属性文件存储每个具体的推理案例:

editor.writeCase(caseFilename);

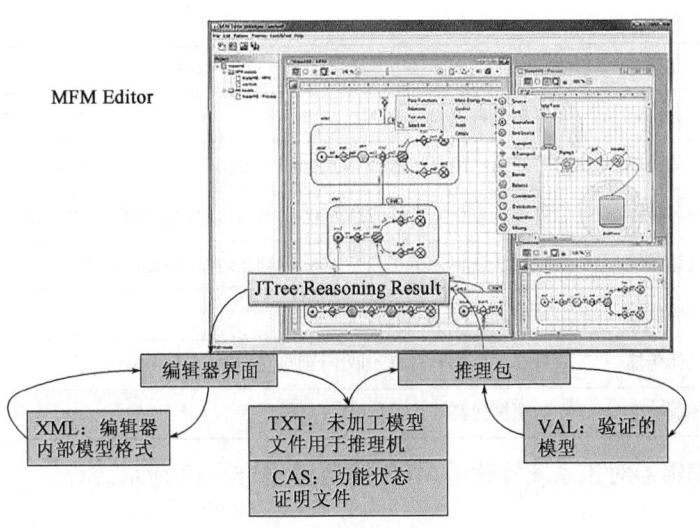

图 5-12 MFM Editor 及其功能

（3）MFM 编辑器实例化推理机对象并且指导该对象通过调用相关方法来读取和验证模型：

reasoner. readModel(modelFilename) ;

reasoner. validateModel( ) ;

（4）MFM 编辑器指引推理系统来读取案例文件并且执行所选择的分析：

reasoner. readCase(caseFilename) ;

Result = reasoner. performDiagnosis( ) ;

or Result = reasoner. performPrognosis( ) ;

（5）推理系统以原因/后果路径呈现分析结果：

Arraylist list = reasoner. getResultPathLis( ) ;

（6）MFM 编辑器能够选择原因/后果路径并且可视化这些路径。强调的 MFM 符号的含义是该功能节点值有偏差(高，低)。

（7）点击原因路径中的一个功能节点，MFM 编辑器可以指引推理系统提供结论背后的假设信息：

Reasoner. provideAssumptions(functionName) .

2. 高抽象层次的三相分离过程 MFM 建模

基于系统的设计意图，把过程系统分为 2 个子系统：

（1）子系统 1：三相分离器部分。目标：分离油气水混合物。

（2）子系统 2：热交换器部分。目标：移除气体中的多余热量。

进一步把子系统 1 分解为表 5-2 中所示的 9 个功能节点：

表 5-2 子系统 1 的功能节点

节点	功能	结构
1	液体传输	管线从来源 1 到三相分离器(23VA0001)
2	液体传输	管线从来源 2 到三相分离器(23VA0001)

续表

节点	功能	结构
3	分离	三相分离器,23VA0001
4	液体传输	管线从三相分离器(23VA0001)到水出口包括水液位控制阀门和其他仪器仪表
5	液体传输	管线从三相分离器(23VA0001)到油出口包括油泵(23PA0001)和其他仪表仪器
6	气体传输	管线从三相分离器(23VA0001)到压缩机(23KA0001)
7	气体传输	压缩机(23KA0001)
8	气体传输	管线从压缩机(23KA0001)到热交换器(23HX0001)
9	控制功能	防喘振回路

利用 MFM 编辑器对该系统构建了 MFM 模型,如图 5-13 所示。

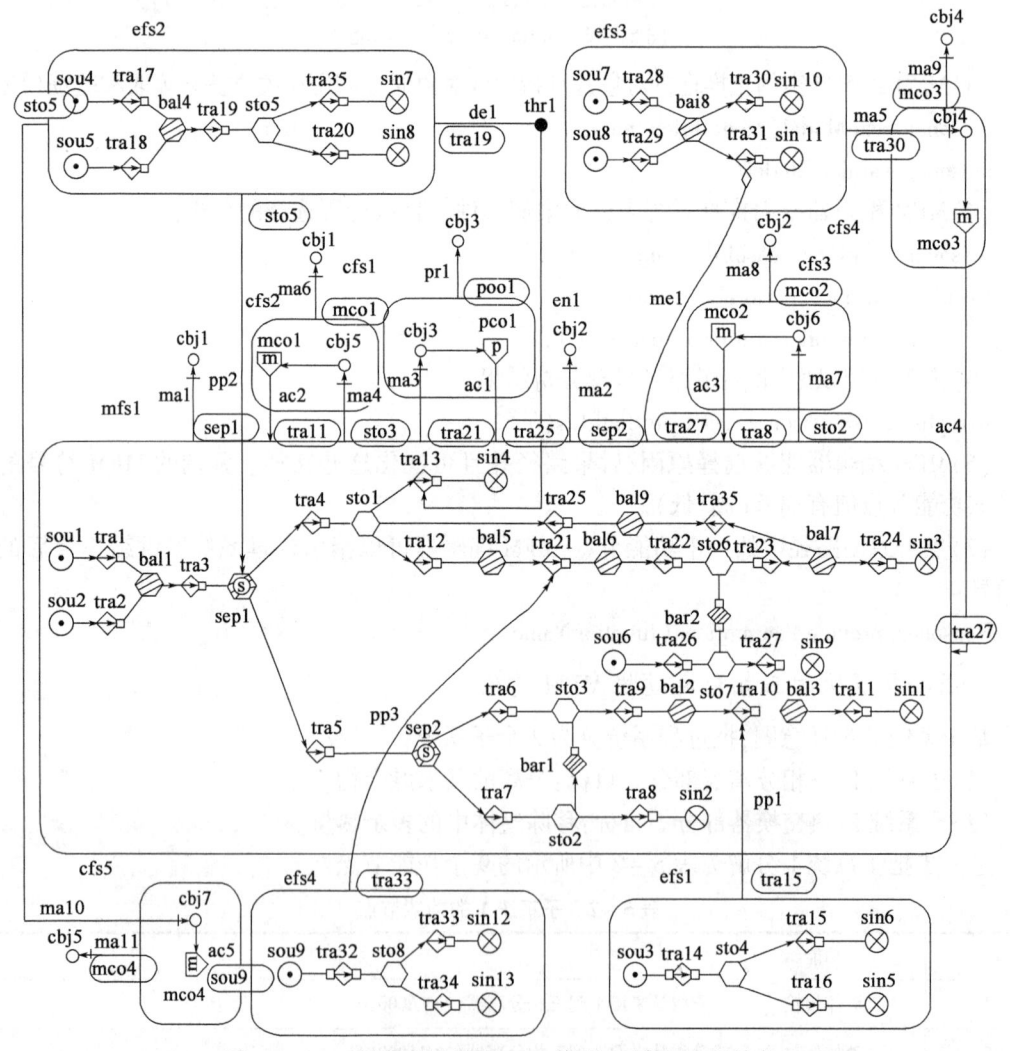

图 5-13 三相分离过程的 MFM 模型(更高层次的抽象)

MFM 模型可以表示不同的抽象层次。抽象级别代表被描述系统的复杂程度,与描述级别成反比,抽象级别越高,描述越不具体。更低的抽象级别可能有数百万的描述对象。所以,图 5-13 是三相分离过程的更高级别的抽象。

在图 5-13 中,三相分离器的物质流结构(mfs1)代表了来自油井的气、原油、水混合液进入三相分离器并进行物质分离的过程。为了模型的完整性,紧随其后的是气体的热量交换过程。第一个分离功能(sep1)代表气相和液相的分离由更高级别抽象中的三相分离器的能量储存功能(sto5)驱动通过手段—目的关系(pp2:生产者—生产)来实现。之后,由于水和原油重力不同,原油和水的混合液相流将会被分离(sep2)。水室和油室间的堰板被视为屏障(bar1),因为通常屏障功能节点是用来阻止流体经过的(屏障节点失效即转变为传输节点功能),因此,屏障功能节点经常被用来表达系统的安全功能。分离出的油被泵的能量结构(efs1)中转化的有效动能(tra15)输送到下游设施。

从物质流的角度看,三相分离器的目标是分离气、原油和水混合液,分别具体是 obj1(两相—气体/液体分离)和 obj2(原油/水分离)。图 5-13 中有一个威胁(表示意外情况或危险)由黑色圆圈表示(thr1,与操作条件/能量储存功能 sto5 的温度和压力相关),由传输功能(tra19)表示的安全泄压阀(23PSV0001)通过手段—目的关系(de1)破坏威胁,并且使物质流从超压分离器中通过传输功能(tra13)释放。分离的气体将被输出并且由压缩机能量流结构(efs4)通过手段—目的关系(pp3:生产者—生产)驱动压缩机加压,把加压后的气体输送到热交换器,通过调节冷却剂的出口流量(tra27)来调节(me1:协调关系)交换的能量并且保持热交换管出口气体的温度(obj4)。

在 MFM 模型中,控制系统的控制目标状态通过控制流结构表达。在图 5-13 中,有 5 个控制流结构。在表 5-3 中解释相关的控制目标状态和执行机构。具体来说,在防喘振控制回路中,通过比较 23PT0002 和 23PT0003 的测量值和 23FE0001 的流量值来驱动防喘振阀门 23UV0001(tra25)。可以看出,在功能模型中,防喘振回路能够很容易地被建模。

表 5-3 控制目标

标号	测量	执行机构
Cbj1	三相分离器中的油液位	油阀门 23LV0002
Cbj2	三相分离器中的水液位	水位阀门 23LV0001
Cbj3	23PT0002,23PT0003 和流量值 23FE0001	防喘振阀门 23UV0001
Cbj4	出口气体的温度	出口气体管道阀门 23TV0003
Cbj5	三相分离器的压力	电动机 EM0002 转速

3. 热力学相平衡数学模型

在一定温度、压力条件下,组成一定的物系,当气液两相接触时,两相间将发生物质交换,直至各相的性质(如温度、压力和气、液组成等)不再变化为止,达到这种状态时,称该物系处于气液相平衡状态。

油气分离为相平衡的典型实例。油气混合物进入分离器内并停留一段时间,使挥发性强的组分与挥发性弱的组分分别呈气态和液态流出分离器,实施轻烃类、重烃类组分的分离。因此,在三相分离器中存在着热力学相平衡关系,如图 5-14 所示。

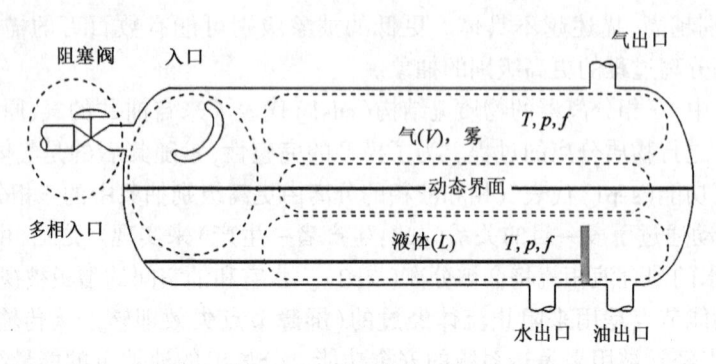

图 5-14 气体和液体之间的相平衡

相平衡条件是($T^V = T^L$ 和 $p^V = p^L$),给定一个 T 和 p,$f_i^V = f_i^L$ 和 $f_i^V = f_i^L$。

若已知进入分离器的油气混合物流量、组分,分离器的操作压力(p)和操作温度(T),通过求解平衡常数 K_i 并进行相平衡计算,就可以求解油、气流量及其组成。

平衡常数 K_i 表示在一定条件下,气液两相平衡时,体系中组分 i 在气相与液相中的分子浓度之比。

$$K_i = \frac{y_i^V}{x_i^L} \tag{5-1}$$

K_i 可以通过以实验数据为基础的经验方法或者根据状态方程计算。

相平衡计算的基本方程如下:

总物料平衡:
$$L + V = 1 \tag{5-2}$$

组分 i 的物料平衡:
$$x_i^L + y_i^V = z_i \tag{5-3}$$

平衡常数:
$$K_i = \frac{y_i^V}{x_i^L} \tag{5-4}$$

由相平衡计算可知,影响平衡气液相比例 L、V 和组成 y_i、x_i 的因素有分离压力、温度和气液相的组成。油井所产油气混合物的组成是无法改变的,只能控制分离压力和温度,以得到经济效益最佳的分离效果。当压力升高时,总平衡液量增加,当温度降低时,平衡液量增加,组分的分子量越小,平衡液量增量越大。

4. 热力学相平衡 MFM 模型

基于以上数学模型基础,对分离器中的热力学相平衡进行 MFM 建模,图 5-15 是分离功能较低级别的抽象并揭示了气液平衡现象。在较低抽象级别中,分离功能通过图 5-15 中的能量结构(efs1)的手段—目的关系实现,驱动混合流在三相分离器中从液相(sto2 Liq)蒸发(tra1)成气相(sto1 Gas),再从气相液化(tra2)成液相,形成动态的气液平衡。从能量角度看,分离器的目标状态是保持正确的压力(obj2),例如正确的能量储存(sto3)。从物质流的角度看,两相(气/液)分离过程是保持正确的液位,例如,正确的物质量储存 Liq(sto2)。

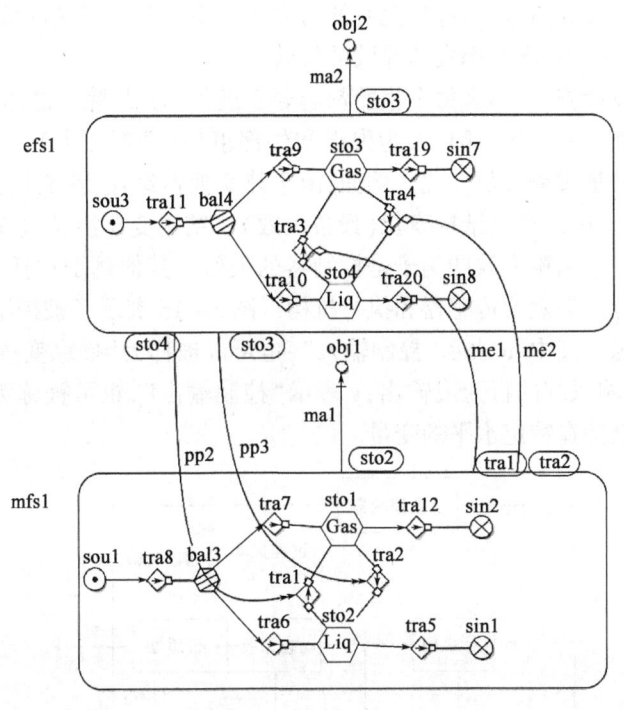

图 5-15　三相分离器热力学相平衡的 MFM 模型

第四节　基于 MFM 模型的复杂过程风险演化推理机制

MFM 模型是基于"面向目标"的人类思维属性的建模,其不仅强调了部分与整体的关系,更明确地表达了系统目标与功能之间的关系。而且该模型可提供一套推理规则,为从大量的局部报警中搜寻根本原因提供了良好的基础,运行人员可采用符号分析的方法进行推理和判断,在理解和验证支持系统诊断结果的基础上,采取正确的安全措施,防止事故的发生。

报警分析算法将一系列的报警状态作为输入,比如:正常、流量过小、流量过大、容量过小以及容量过大等。每一个报警都对应于 MFM 模型中的一个部件,报警分析算法的研究目的是根据偏差征兆识别出那些初始报警(危险源),而其余的可能是初级报警,也可能是初始报警影响的结果。

一、MFM 中的关联报警机制

在标准 ISO 14224—2016《石油石化产品和天然气工业—设备可靠性和维修数据的采集与交换》中失效(failure)被定义为"The termination of the ability of an item to perform a required function",换句话说,失效指无法满足功能性的需求。以水泵为例,水泵的一个必需的功能是"抽水",与该功能相关的功能性需求是每分钟输出水量应该在 100~110L 之间。如果输出水量在该范围之外,则被认为水泵失效。其中强调失效是一个偏离于目标值的初始事件,即失效情景。为区别于故障(fault),若偏差大于可接受的范围,则系统处于一种故障状态,因此,故障是一种部件状态,处于故障状态的部件没有能力完成需要的功能,包括预防维修或者其他计划行为中的失效,或者由于缺乏外部资源导致的失效。

假设系统本质设计安全,那么每个报警都起源于过程单元故障。总体上讲,引发该失效的原因可以分解为三类——机械故障、人为失误和外部事件(即根原因)。其中,机械故障又可以分为三种。第一种是过程参数变化。例如,由于热交换器结垢,热交换器系数变化;热媒锅炉结渣;催化剂中毒。第二种是结构变化(设备失效)。结构变化涉及过程自身的改变或者是设备的机械故障。一个结构失效的例子是控制器的失效。其他例子包括阀门卡死、管道破损或者泄漏等。第三种是失效的传感器和执行机构。图5-16展示了被控制的过程系统并且指出了不同失效的来源。其中,u表示"控制输入",也可以被称为"操纵变量",指被控制器直接调整的变量,用以影响系统的行为或输出;y表示"控制输出",也可被称为"受控变量",是控制系统试图调节或维持在特定水平的变量。

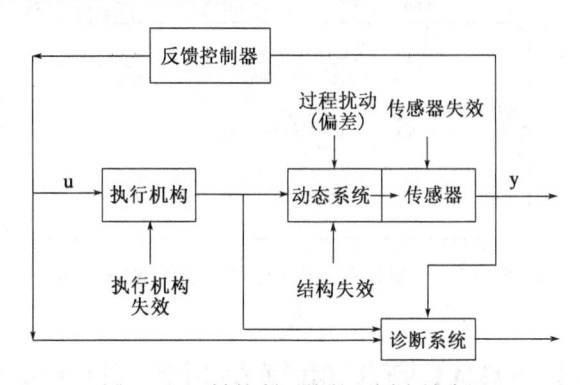

图5-16　被控制系统的不同失效来源

在 MFM 中的关联报警机制需要以下六项内容:
(1)过程单元内根源故障和中间故障间的分层结构;
(2)变量偏离和故障间的关系;
(3)过程单元内多变量间的因果关系;
(4)单元的空间布置(过程拓扑);

(5)故障、偏离和报警之间的关系;
(6)控制系统和安全系统的功能及其与过程单元间的关联关系。

在 MFM 模型中,第(1)项到第(3)项可以通过对每个基础单元建模来获得;有关第(4)项的信息可以从 PID 图或者工艺流程图中获取;第(5)项可从报警分析算法中求出,该推理基于 MFM 目标和功能状态间的依赖关系;第(6)项可从 MFM 中的控制流结构和物质流、能量流结构的相互关联中推理。

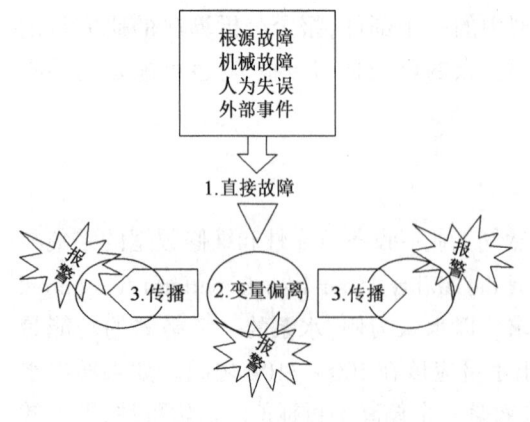

图5-17　报警事件链

在 MFM 中的报警的事件链如图5-17所示。事件链描述如下:根原因→间接原因→直接原因→变量偏离→传播偏离→报警。

二、MFM 模型的报警推理

MFM 模型中的报警推理基于因果关系,这些因果关系是一般化的,不依赖于特定的建模对象。由于 MFM 语言语法的规则限制,MFM 模型的推理库由固定的、模式的推理规则组成。各个功能节点状态总结如表 5-4 所示。

表 5-4　功能节点状态

功能	源	汇	传输	储存	平衡
状态	高	高	高	高	阻塞
	正常	正常	正常	正常	正常
	低	低	低	低	泄漏
报警判断	True,False				

(一) 源模式推理

源模式推理见图 5-18。

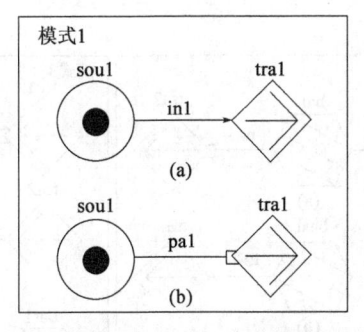

图 5-18　源模式推理

(1) 模式 1(a):源节点用影响关系(in1)连接传送节点,说明源节点的状态影响传送节点的流量。该类源节点的实例可以是电流。其伪代码为:

IF sou1 high/low THEN tra1 high/low

(2) 模式 1(b):源节点用参与关系(pa1)连接传送节点,说明源节点的状态不影响传送节点的流量。该类源节点的实例可以是电压,无推理规则。

(3) 相反,传送节点影响源节点(sou1 - in1/pa1 - tra1),其伪代码为:

IF tra1 high/low THEN sou1 low/high

(二) 汇模式推理

汇模式推理见图 5-19。

(1) 模式 2(a):汇节点用影响关系(in1)连接传送节点,说明源节点的状态影响传送节点的流量。该类汇节点的实例可以是用电负荷。其伪代码为:

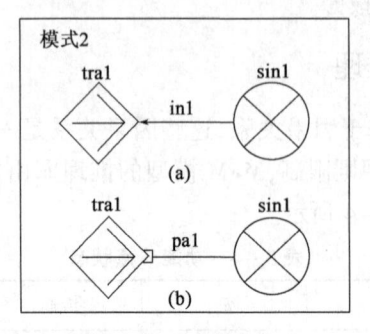

图 5-19 汇模式推理

IF sin1 high/low THEN tra1 low/high

(2)模式 2(b):汇节点用参与关系(pa1)连接传送节点,说明源节点的状态不影响传送节点的流量。该类汇节点的实例可以是具有无限容量的环境。因此无推理规则。

(3)相反,传送节点影响汇节点(tra1 – in1/pa1 – sin1),其伪代码为:

IF tra1 high/low THEN sin1 high/low

(三)平衡模式推理

平衡模式推理见图 5-20。

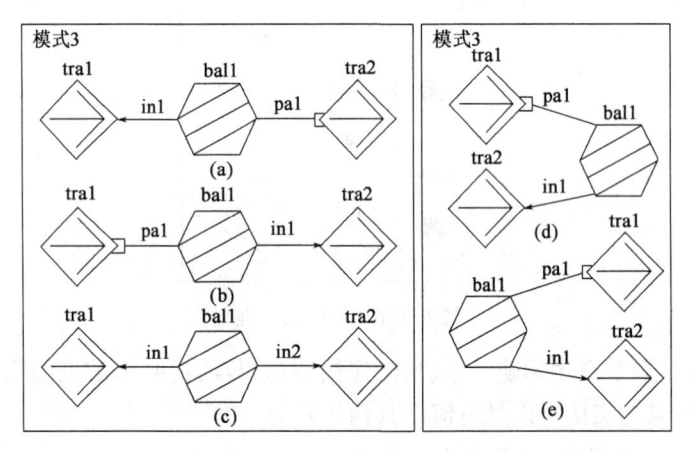

图 5-20 平衡模式推理

(1)模式 3(a):平衡节点用影响关系(in1)连接上游的传送节点(tra1),用参与关系(pa1)连接下游的传送节点(tra2),说明平衡节点的状态对上游的传送节点的流量有影响,对下游的传送节点的流量没有影响。该类平衡节点的实例可以是缓冲罐,其伪代码为:

IF tra2 high/low(ASSUME bal1 normal)THEN tra1 high/low

IF bal1 leak THEN tra1 high

IF bal1 block THEN tra1 low AND tra2 low

(2)模式 3(b):平衡节点用参与关系(pa1)连接上游的传送节点(tra1),用影响关系(in1)连接下游的传送节点(tra2),说明平衡节点的状态对上游的传送节点的流量没有影响,对下游的传送节点的流量有影响。该类平衡节点的实例可以是变压器,其伪代码为:

IF tra1 high/low(ASSUME ball1 normal) THEN tra2 high/low

IF ball1 leak THEN tra2 low

IF ball1 block THEN tra1 low AND tra2 low

(3)模式3(c):平衡节点用影响关系(in1)连接上游的传送节点(tra1),用影响关系(in2)连接下游的传送节点(tra2),说明平衡节点的状态对上游和下游的传送节点的流量都有影响,该类平衡节点的实例可以是双向负荷平衡器,其伪代码为:

IF tra1 high/low(ASSUME ball1 normal) THEN tra2 high/low

IF tra2 high/low(ASSUME ball1 normal) THEN tra1 high/low

IF ball1 leak THEN tra1 high and tra2 low

IF ball1 block THEN tra1 low and tra2 low

(4)模式3(d):平衡节点在上游与多个传送节点相连(tra1 和 tra2),用参与关系(pa1)连接上游的传送节点(tra1),用影响关系(in1)连接上游的传送节点(tra2),其伪代码为:

IF tra1 high/low(ASSUME ball1 normal) THEN tra2 low/high

(5)模式3(e):平衡节点在下游与多个传送节点相连(tra1 和 tra2),用参与关系(pa1)连接下游的传送节点(tra1),用影响关系(in1)连接下游的传送节点(tra2),其伪代码为:

IF tra1 high/low(ASSUME ball1 normal) THEN tra2 low/high

(四)存储模式推理

存储模式推理见图5-21。

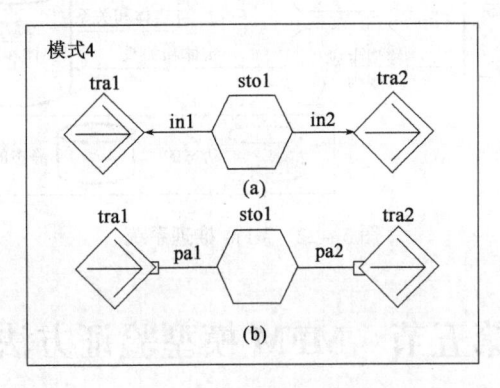

图5-21 存储模式推理

(1)模式4(a):存储节点用影响关系(in1)连接上游的传送节点(tra1),用影响关系(in2)连接下游的传送节点(tra2),说明平衡节点的状态对上游和下游传送节点的流量都有影响,其伪代码为:

IF sto1 high/low THEN tra1 low/high AND tra2 high/low

IF tra1 high/low THEN sto1 high/low

IF tra2 high/low THEN sto1 low/high

(2)模式4(b):存储节点用参与关系(pa1)连接上游的传送节点(tra1),用参与关系(pa2)连接下游的传送节点(tra2),说明平衡节点的状态对上游和下游的传送节点的流量都没

有影响,该类存储节点只负责储蓄能量或物质。该类存储节点的实例可以是自来水水塔,其伪代码为:

IF sto1 low THEN tra2 low
IF sto1 high THEN tra1 low
IF tra1 high/low THEN sto1 high/low
IF tra2 high/low THEN sto1 low/high

三、MFM 推理实现平台

MFM 编辑器中的推理系统,如图 5－22 所示,目前在丹麦科技大学(DTU)开发,该系统开发语言是基于 Java 平台的编程语言 Jess。之前所阐述的报警推理规则已经在该推理系统中得到实现。

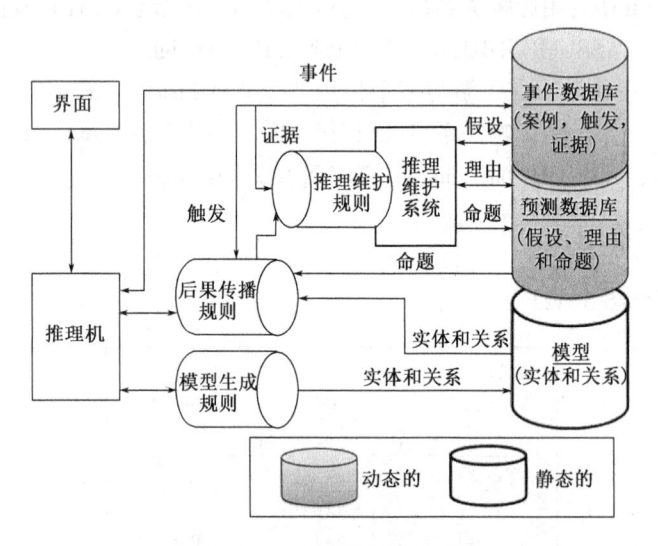

图 5－22　MFM 推理系统

第五节　MFM 模型验证方法

模型是对认识对象所做的一种简化描述,它是真实对象和真实关系中那些令人感兴趣的特性的抽象与简化。模型的建立不是"系统原型的重复",而是按研究目的的实际需要和侧重面,寻找一个便于进行系统研究的"替身"。模型的使用意图决定了模型所要求的复杂程度,从而使模型具有意义。Ljung 认为真实世界和模型之间的关系是令人费解的,模型的事实是以所选择的标准为依据,以实用性为导向。因此,有必要在模型应用于解决实际问题之前,检查其一致性和适用性,即模型的检验和验证,功能模型也不例外。

一、功能模型验证的理论基础

系统工程中的功能模型表达了一个用于有实用意图目的系统的功能结构组织。功能模型关注于描述具体动态过程的目的和功能组织。具体地说,功能模型是由目标、有关联关系的功能结构和因果关系耦合的功能要素组成的。功能验证是对比模型响应行为和真实世界行为的过程。如果在某种特定条件下模型响应行为的结果足够符合真实系统的行为响应,那么就认为该模型是用于某种具体目的的被验证的模型。然而,真实世界是客观存在还是主观存在和模型验证是密切相关的。例如判断晴朗的天气是好还是坏,取决于在该天气情况下有什么意图。如果在沙滩上进行太阳浴,那么晴朗的天气就是好的。根据 Searle 提出的对于存在的客观性和主观性的区别,和对于认知的客观性和主观性的区别,晴朗天气本身是客观存在的。此晴朗天气的价值判断是认知的客观性,因为该价值判断是沐浴者们的共识。无法证明主观的陈述是无效的,因为该种陈述取决于个人感受、经验或者态度。另一相关的问题就是回答在特定情况下什么是模型足够符合。人们总是能够加强模型的精度要求,因此,模型验证在现实中只能作为模型失效验证来进行,即确定模型应用范围——模型展示现实世界的行为与预期的应用目的所需的精确程度不符合。正如 Popper 所断言的,一个理论只能被伪证。

当涉及功能模型的验证问题,首先关心的是功能配置的验证是客观的还是主观的。正如上面所讨论的,不能客观地伪证主观的陈述。例如,"杯子的功能是用来盛水的",盛水的功能不是由杯子的固有属性(如杯子的物理材料)决定的,而是基于人的行为目的相关特性或者是人自身相关特性决定的。例如基于杯子的固有属性之一——重量,杯子的功能就和镇纸一样。因此可以推断,功能配置的验证既不是主观的,又不是客观的,而是主客观相间的。功能配置的验证与选择判断标准有关,即该判断标准是基于对象的内在特性,还是与对象的目的相关的客观特性。强调此观点的作用在于,绝大多数人认为验证问题就是验证模型和模型表达的真实世界之间的关系,然而这在处理功能模型事实验证问题的时候是不适用的,功能模型的事实不能单独通过物理实验验证。验证功能目标和意图事实的时候,需要专家(工程师和操作人员)的认可。

其次,对事件之间的因果关系进行验证时必须考虑因果关系背后的假设。Friedman 的非现实性理论认为,假设并不重要,重要的是理论所作的预测。事实上,一个典型的理论总是与一组假设一同呈现:如果假设 A 和理论 T 有效,那么 C 成立。现在,如果 C 没有被观测到,并不总是清楚是因为理论 T 错误还是假设 A 无效导致的,因为可以声称违反了假设从而挽救理论。然而,在某些情况下,假设在逻辑上有效与否并不重要。因为基于具有逻辑缺陷的假设而产生的结论可能是正确的。因此,在本节中认为因果关系中的假设重要,但是不会把重点放在证明假设无效。

二、功能模型的验证

上述讨论的目的是说明科学基础对于开发一个模型验证方法可能带来的好处。基于这些科学论点,接下来的部分就是在实践层次上进行模型验证。

验证功能模型的主要实用步骤是:

(1)利用功能建模表达系统并与系统建模目的或应用领域一致;

(2)设计验证实验:驱动一个功能结构中的激励功能,并对改变状态的激励功能进行因果推理;

(3)对每个功能结构进行迭代验证实验;
(4)在实际系统中引入相应的变化的输入,从而获取输出结果来验证功能模型。

(一)MFM 模型的验证要素

MFM 模型是抽象的面向功能的过程系统的表示。功能模型的元素由意图、过程功能及其因果关系表达组成。意图代表最终的应用目的或目标。目标实现可能会受到威胁的挑战。过程系统功能由相互关联的过程流结构所表达,其中每个流结构包括有因果联系的流元素。流结构之间的相互关系结构展现它们的相互依赖关系。最后手段—目的关系显示功能之间的依赖关系和目标和子目标的关系。手段—目的分析或在设计环境中综合分析旨在开发或综合分析路径的过程描述,该路径使得所需的目标实现。一般的模式是:给定一个设计系统的目的蓝图,找到相应的路径实现目的。当以上的概念在手段—目的框架中被考虑,这些概念可以自上而下(目的到手段)被归类为五种知识类型,如表 5-5 所示。为了阐述这五种知识类型,图 5-23 中展示了一个热传递系统的 MFM 模型,提出了该模型中代表每个知识类型的例子。

表 5-5 基于知识种类的功能模型验证

类型	知识类别		例子
1	结构知识		r2:泵作为 agent 角色
2	因果状态依赖关系		in1:储存在泵中的能量影响泵的动能的转换
			pa5:储存在泵中的能量不影响泵的摩擦损失
3	手段—目的关系	目标和功能关系 功能和功能结构关系 功能和物理结构关系	ma1:保持循环泵水量
			ma2:保持泵润滑
			pp1:泵机械能使得水被传输
			en1(r2):油润滑(tra5)使得泵(r2)工作正常
4	系统功能知识		mfs1:水循环流(23VA0001)
			efs1:为了泵正常工作,电能转化为机械能
			mfs2:润滑油流量使得泵正常工作
5	有意图的知识	最终目的或者目标和子目标	obj1:水循环所需要的能量
			obj2:泵润滑所需的润滑油流量

第一种知识类型称为意图或者目标和目的的知识。目的、目标、目标状态和威胁这些概念属于这种类型。一个目的是一个抽象的描述或多种情况的描述。一个目标,最终的目的是具体描述在一个时间点表征单一的情况。一个人可以有目标来达到特定的目的。同时,目标可以分解为子目标。例如,在冬天,也许屋子是冷的。为了保持在家里温暖,可以用不同的方式来实现,如使用中央供暖系统或在热模式下打开空调。目标可以设置为保持室温在 20℃。这个目标被定义为预期(有意图的)情况,相比之下,一个威胁可能挑战目标实现从而导致一个不受欢迎的情况。在这种情况下,温度维持在 20℃称为理想的情况或者说是目标。如果温度低

于 20℃,威胁可能会干扰系统。这样的威胁可以是外面天气寒冷从而使屋子更加寒冷。MFM 模型表达了建模系统作为一种人为的有目的的系统,即一个人造系统。MFM 模型上层的验证,意图层次的验证,可以由主观间的知识来获取,正如众所周知的社会科学。

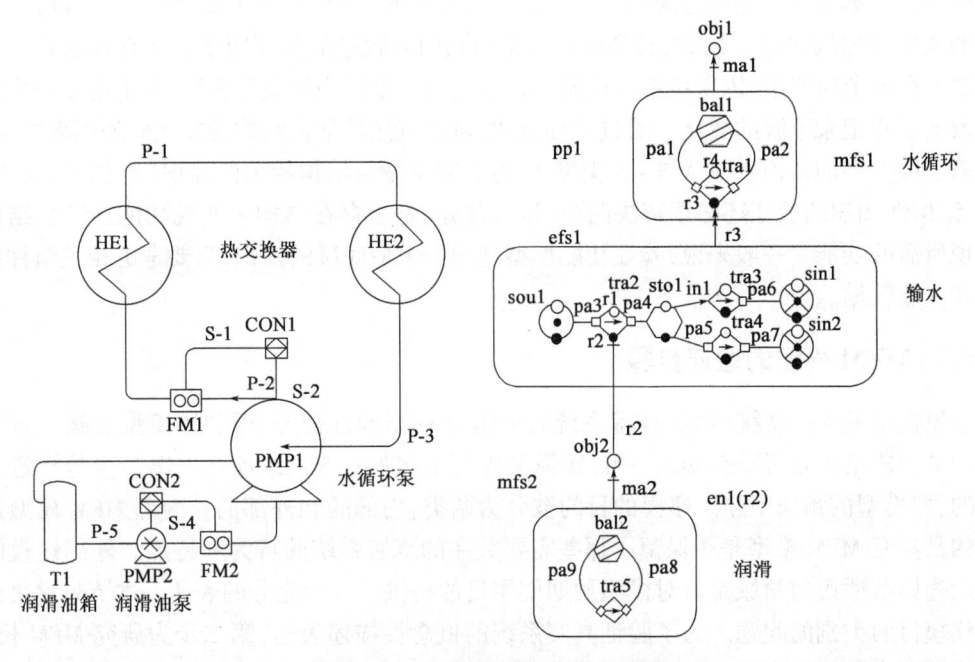

图 5-23 热传递系统的 MFM 模型

第二种类型的知识参见表 5-5 类型 4,与系统功能有关,分配系统功能从而达到分解目标和子目标的目的。在工程中,功能被解释为一个特定的过程、行动或系统能够执行的任务。因此,验证系统功能依赖于这种知识。Polanyi 认为知识是对已知事物的深入理解,该行为需要技能或个体知识。个人知识是一种知识的承诺,即人参与和客观的融合。除了知识,这样的系统功能是一种事实,即在该领域内的工程师所共享和达成一致的知识。这些为这两个相互交织的原则,即机械类的功能和"规定"功能。机械类的功能由精确的操作原则来定义,然而,规范的正确性只能用完形类的术语来表达。因此,验证系统功能也包括来自上述两个方面的任务。MFM 模型以一组物质、能源和控制流结构在几个层次抽象表示系统功能知识。因此验证 MFM 模型包含一个过程,基于系统功能的知识和设计的实验去验证这些流结构(如图 5-23 所示的 mfs1、mfs2 和 efs1)。

第三种类型的知识参见表 5-5 类型 3,关于功能模型的验证是验证手段和目的之间的关系。Means - ends 关系显示在垂直三层:目标和功能关系(即 ma1、ma2,如图 5-23 所示)、功能和功能结构关系(即 pp1,如图 5-23 所示)、功能和物理结构关系[即 en1(r2),如图 5-23 所示]。目标和功能关系可以解释为"如何利用功能实现目标"问题的答案。功能和功能结构的关系可以被视为逻辑动作短语或动作序列之间的关系。功能和物理结构的关系可以解释为"什么用于实现功能"问题的答案。

第四种类型的知识参见表 5-5 类型 2,关系到验证功能模型中的状态依赖关系(如图 5-23 中的 in1 和 pa5)。在一个 MFM 模型中,状态依赖关系表达了流结构中功能间的关系,如两个功能之间的因果关系。功能间的因果推理背后的假设是功能是可用的,即存在可用的物理组件实现该功能并正确配置,这样物理组件可以被用来实现所需的功能。因果关系就是一个事件(原因)和第二个事件(结果)之间的关系,所以该关系与事件密切相关而不是与统计变量有关。因果关系本身可以是确定的或者是有概率可能性的。例如,空气质量差(原因)可能造成肺癌的风险增加(影响)。因此,验证因果关系面临的问题是如何证明事实上存在这样一个因果关系。在该节研究中,因果关系的确定是通过实施一个适当的设计实验,在上游变量中指定一个改变量并记录下游的变化。通过这种方式,可以直接评估流结构功能之间的因果关系。

第五种类型的知识参见表5-5类型1,为功能模型与结构相关的知识(例如图5-23中r2)。结构性知识的验证还必须解决两个问题:首先,是否存在结构来实现功能;其次,结构实际实现所需的功能。一般来说,验证功能模型这样一个最底层的知识,需要考虑相关组件的可靠性和性能数据。

(二) MFM 模型的验证步骤

这里提出的人造系统(例如技术系统)的 MFM 模型验证任务,即利用模型实施一系列实验并测试实验结果是否符合知识。MFM 模型验证步骤如图5-24所示。第一步是指定建模的目的,即模型的预期用途。建模的目的被分为两类:内部的和外部的。内部 MFM 模型建模的目的是探究 MFM 模型是否保留了那些需要关注的真实系统的行为和特点。外部建模的目的是调查模型适用的领域是否对模型预期使用目的提供了一个充分的表达。本节只解决验证内部建模目的类别的问题。为了验证真实系统的概念性描述表达,第二步为研究 MFM 模型。然而该验证步骤被认为是由 MFM 语法处理,即建模环境。第三步,为了验证 MFM 模型功能,设计一系列验证实验验证上述讨论的每个 MFM 模型元素,通过迭代($i<N$)实施实验。在针对 MFM 模型进行的实验中,如果定性实验结果包含定量实验结果,那么实验被认为合规;若定性实验结果与定量分析结果完全一致,则进入下一次迭代,若定性实验包含更多分析结果假设,可根据定量分析的结果创建特定系统附加推理条件。直到从 MFM 模型中获取的定性结果遵循真实系统的行为,那么验证了 MFM 模型是有效的,这也就意味着 MFM 模型验证过程结束。相反,如果定性分析结果不包含定量实验结果,则该实验结果不合规,需判断不合规的原因,有三种可能包括:(1)实验设计有误;(2)建模有误;(3)模型无法反映建模目的与应用领域。一般情况下可假定 MFM 模型正确地反映了建模指定的目的,那么仅有两个可选择的决策来完善模型:(1)修改模型;(2)修改设计实验。这两个方案如何选择取决于测试是怎样失败的。

有几种验证 MFM 的模型是否可用的资源:访谈、操作规程、已验证的定量模拟器和实际系统。为简单起见,本节假设已验证的定量模拟器存在,并且正确表达了真实系统的现象。因为功能模型是一个概念描述性模型并且显式地表达了模型使用背后的隐性知识,功能模型的表达范围比定量数学模型更广泛。因此在一些情况下,已验证的定量模拟器作为验证一个 MFM 模型的唯一来源是不充分的。因此,访谈和操作规程是另外两个重要来源来补充已验证的定量模拟器的不足,因为这两个来源隐式地包含功能模型背后的隐性知识。

如果已验证的定量模拟器被选择来验证 MFM 模型,那么 MFM 模型和已验证的定量模拟器之间的行为差异的接受标准与两个因素有关:(1)定性和定量模型之间不同的间隔尺度;

(2)定量模型与定性模型的适用范围不同。在设计验证实验时,考虑重要定性和定量模型之间的间隔尺寸的差异是很重要的,必须有足够大的扰动造成定性模型状态出现明显的变化。另一方面,一个定量模型应用范围有限。当设计的实验超过适用范围时,在定量模拟器中就无法进行实验。

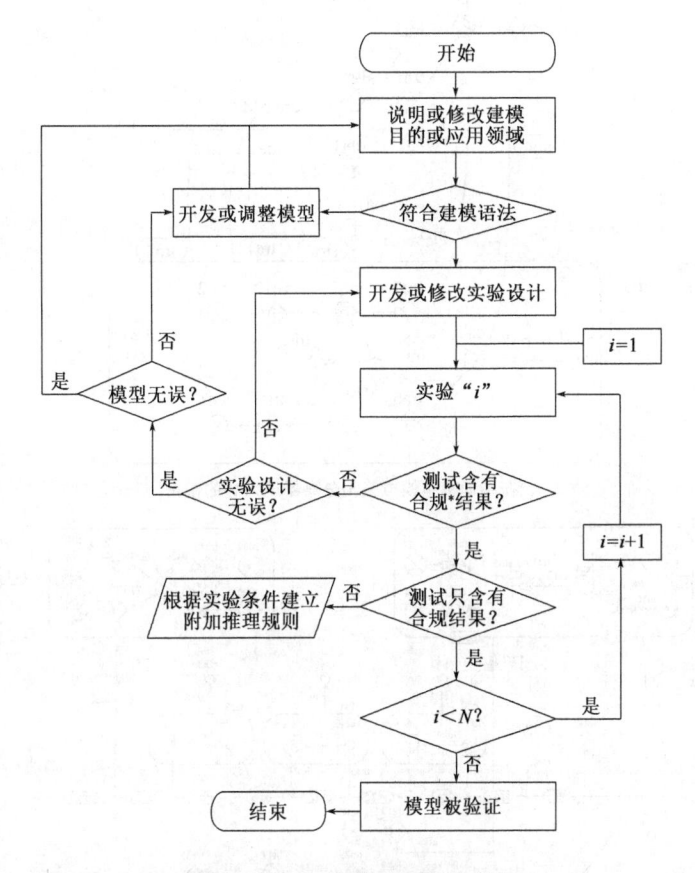

图 5 – 24　MFM 模型的验证步骤
＊定量仿真结果与推理结果一致

(三) 功能模型验证实例

在这里展示如何通过有效的模拟器对 MFM 模型进行验证。为了模拟三相分离过程中分离器压力高的偏差,在图 5 – 25(a)中设置功能 sto3 的状态为 hivol(高容量),通过传输功能 tra12 的状态来联系两个不同抽象级别的 MFM 模型。因此,tra12 的一个重要的功能是从低级抽象级别到高级抽象级别来传播功能 sto3 的高容量状态的影响。并且根据 MFM 推理机中的推理规则向后推理(即在相同或者更低级的流结构中向后搜索)寻找所有可能的原因路径。图 5 – 25(c)中展示了一个完整的原因树。

可以观察到推理路径中由于过程的性质,有些推理结果是冗余的。例如,由推理机生成的原因树中有两个矛盾的结果。图 5 – 26 中显示,一个结果是功能节点 bal7 泄漏是导致 tra12 低流量的根原因,另一个结果是 bal7 满溢是导致 tra12 低流量的可能的根原因。

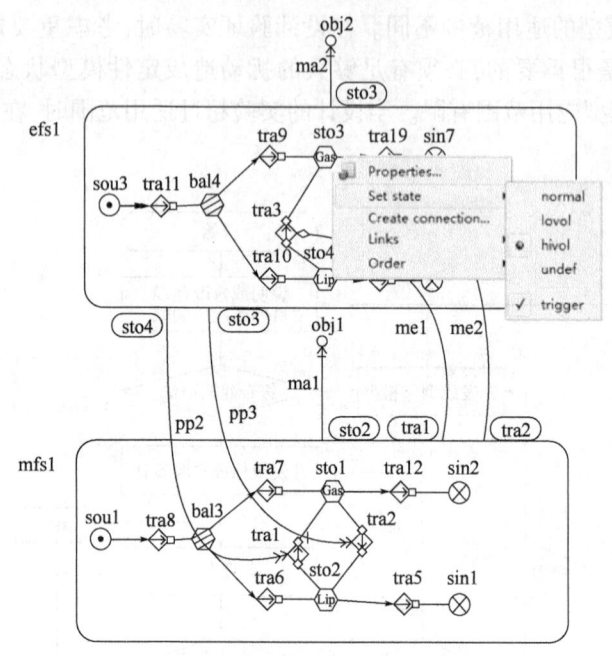

(a) 在推理机中模拟三相分离器压力高的偏差

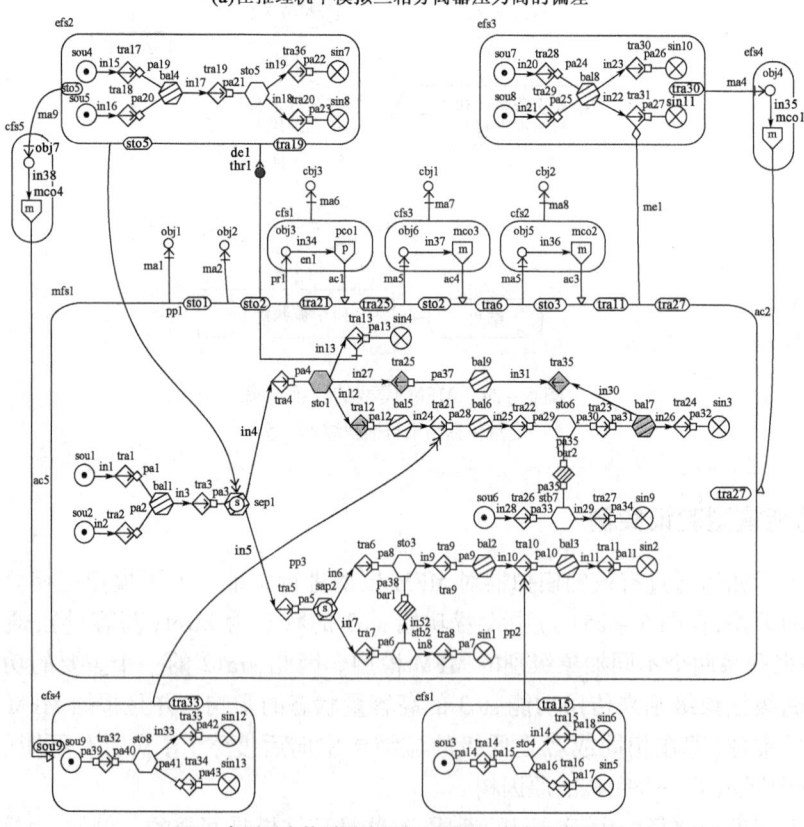

(b) 一个不适合的原因路径(bal7泄漏,被标示为灰色)

图 5-25 在 MFM 编辑器中定性模拟三相分离器压力高的模拟结果

(c) 三相分离器中压力高的原因树

图 5-25　在 MFM 编辑器中定性模拟三相分离器压力高的模拟结果(续)

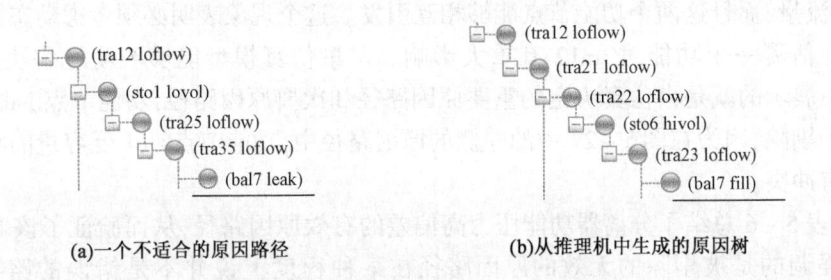

(a) 一个不适合的原因路径　　　　(b) 从推理机中生成的原因树

图 5-26　原因树中显示的两个矛盾的结果

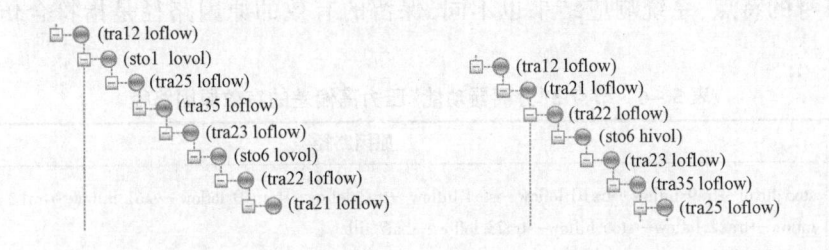

图 5-27　两个原因的例子

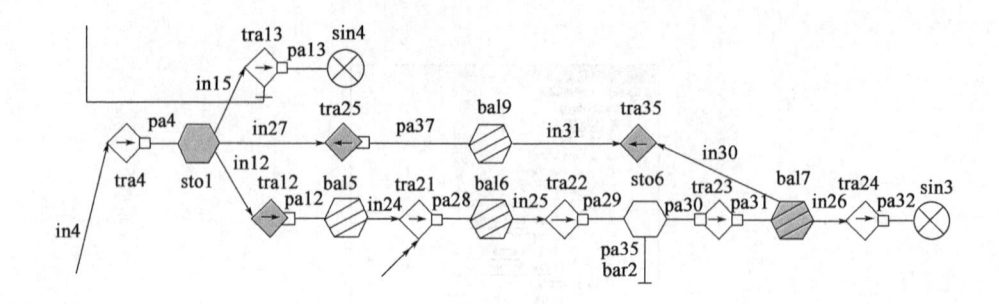

(a)次要原因路径

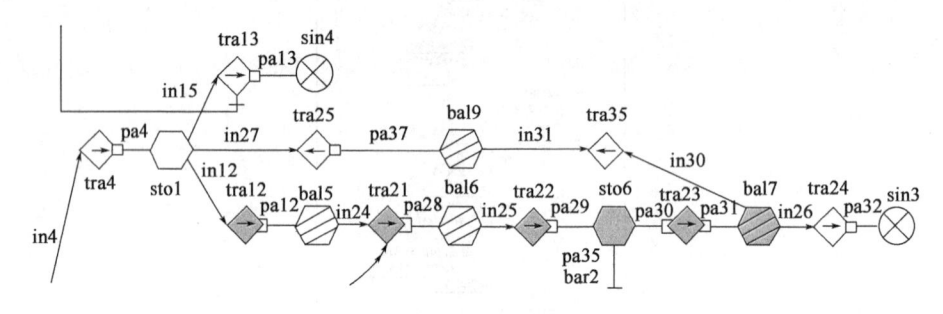

(b)重要原因路径

图 5-28　定量模拟决定的重要路径和次要路径(显示在 MFM 推理机中)

在图 5-27 中,可以观察到两个原因路径中 tra25 和 tra22 的低流量状态都能导致功能节点 tra12 低流量,而且这两个功能节点能够相互引发。这个现象表明必须考虑动态模拟和影响力来定量评估哪一个功能对 tra12 有重大影响。定量仿真模型能够容易地解决这个问题。图 5-28 中展示的就是由仿真决定的重要原因路径和次要原因路径,功能节点 bal7 泄漏从根原因列表中剔除,因为在图 5-27 中的左侧的原因路径中,功能节点 sto1 低容量的状态和分离器压力高有冲突。

最终,表 5-6 总结了分离器功能压力高偏差的有效原因路径,从而验证了该 MFM 模型。这里需要强调的是被剔除的无效的原因路径在某种程度上说并不是错误的路径,因为在 MFM 模型中推理出来的原因路径是所有可能的原因路径,如 MFM 模型的验证步骤中所阐述的,基于数学模型的定量仿真器的限制条件和适用范围比 MFM 模型的模拟范围小,而且根据系统自身的特点,系统响应结果也不同,保留的有效的原因路径是指符合仿真器响应的路径。

表 5-6　节点 3"分离器功能"压力高偏差的有效原因路径

序号	原因路径
1	sto3 hivol→tra9 hiflow→tra10 loflow→sto4 hiflow→tra3 loflow→tran10 loflow→sto1 hiflow→tra12 loflow→tra21 loflow→tra22 loflow→sto6 hiflow→tra23 loflow→bal7 fill
2	sto3 hivol→tra9 hiflow→tra10 loflow→sto4 hiflow→tra3 loflow→tra10 loflow→sto1 hiflow→tra12 loflow→tra21 loflow→tra22 loflow→sto6 hiflow→tra23 loflow→tra35 loflow→bal9 fill

续表

序号	原因路径
3	sto3 hivol→tra9 hiflow→tra10 loflow→sto4 hiflow→tra3 loflow→tran10 loflow→sto1 hiflow→tra12 loflow→bal5 fill
4	sto3 hivol→tra9 hiflow→tra10 loflow→sto4 hiflow→tra3 loflow→tran10 loflow→sto1 hiflow→tra12 loflow→tra21 loflow→tra21 loflow→tra33 loflow→sin12 hivol
5	sto3 hivol→tra9 hiflow→tra10 loflow→sto4 hiflow→tra3 loflow→tran10 loflow→sto1 hiflow→tra12 loflow→tra21 loflow→tra33 loflow→sto8 lovol→tra32 loflow→sou9 lovol

思考题

1. 复杂系统有哪些基本特点？
2. 复杂系统有哪些研究方法？
3. 试举例说明在工程中有哪些复杂系统？
4. 什么是 MFM 模型，它具有哪些特点？
5. 相比于其他功能模型，MFM 模型的优点是？
6. 在实际工程应用中，有哪些方法可以与 MFM 模型相结合，辅助进行故障诊断？
7. 有哪些工程场景适合应用 MFM 模型进行分析？
8. MFM 的建模原则和建模步骤是什么？
9. 简述 MFM 模型的推理规则？
10. 功能模型的正确性能否被验证，检验功能模型正确与否的标准又是什么？
11. MFM 模型的一般验证步骤是什么？
12. 你认为设计 MFM 模型验证实验的关键点是什么？

第六章　复杂系统故障传播行为分析方法

第一节　系统动力学理论

一、系统动力学基本理论

系统动力学(system dynamics, SD)是一门随着计算机技术迅猛发展而发展起来的科学，由 Forrester 教授在1956年创立，将系统科学理论与计算机仿真紧密结合，研究系统反馈结构与行为，是系统科学与管理科学的一个重要分支。

(一) 系统的定义

系统动力学定义系统为：一个由相互区别、相互作用的各部分(即单元或要素)有机地联结在一起，为同一目的完成某种功能的集合体。

系统动力学认为，系统由单元、单元的运动和信息组成。单元是系统存在的现实基础，而信息在系统中发挥着关键的作用。有赖于信息，系统的单元才形成结构，单元的运动才形成系统统一的行为与功能，也就是说系统是结构与功能的统一体。系统动力学所研究的系统的单元可以包含人及其活动。系统的范围与规模可大可小，其种类可包括自然界系统、社会系统和思维系统，也就是自然的或人工的、社会的或工程的、经济的或政治的，以及心理学、医学的或生态的。

系统动力学认为，客观存在的系统都是开放系统；社会系统、经济系统、生态系统都是高度非线性、具有自组织耗散结构性质的开放系统。系统内部组成部分之间的相互作用形成一定的动态结构，并在内外动力的作用下按照一定的规律发展演化。完全孤立、外界隔绝的系统在客观世界中是不存在的，然而在特定的时空条件下，可以把某些系统近似地简化为封闭状态来加以研究。

(二) 系统的基本结构

关于系统基本结构的观点是系统动力学理论的重要组成部分。

当工业社会出现以后，人们已逐渐被淹没于无数零碎的知识与经验组成的汪洋大海。问题就在于缺少一种能够统一描述各类系统与现象的普遍结构。所谓结构是指单元的秩序，它包含两层意思，首先是指系统的各单元，其次是指各单元间的作用与关系。

研究系统需要正确的理论与原理来描述与揭示系统的内部结构，把观察到的现象有效地加以分析、解释和处理；若没有统一的结构，经观察所得到的只能是零星资料的大杂烩与许多相互矛盾的偶然事件的堆砌。系统动力学认为，反馈理论能够描述社会经济系统和其他类型系统的基本结构。

系统动力学以反馈回路来描述系统的结构,把一阶反馈回路作为系统的基本结构或称基本单元。所谓反馈回路是耦合系统的状态、速率(或称行动、决策)与信息的闭合通道。它们对应于系统的三个组成部分:单元、运动与信息。状态变量的改变取决于决策或行动,而决策(行动)的产生可分为两种:一种是依靠信息反馈的自我调节,这是普遍存在于生物界、社会和机器系统中的现象;另一种是在一定条件下不依靠信息的反馈,而依靠系统本身的某种特殊规律。这种现象存在于非生物界。这时并不是信息不存在,而是信息处于潜在状态未被利用。如用系统动力学的流图来表示则相当于信息到决策之间的连线切断了。在社会经济系统中,反馈回路就是由以上所述的状态、决策、信息三个基本部分组成的结构。定义仅含一个状态变量的反馈回路为一阶反馈回路。反馈回路的极性还有正负之分。一个复杂系统则由这些基本结构再加上延迟、逻辑等环节,按子系统、层次组织起来,从而组成总的反馈系统结构。这些反馈回路的耦合、交叉、相互作用产生系统的总功能与行为,并对周围环境条件的变化做出自己的反应。

(三) 反馈

反馈是系统动力学中的核心概念和重要结构,系统动力学中使用因果回路图或存量流量图来表示反馈结构,图 6-1 与图 6-2 分别为典型的因果回路图与存量流量图。

1. 因果回路图

因果回路图(causal loop diagram, CLD)是表示系统反馈结构的重要工具。CLD 可以迅速表达关于系统动态形成原因的假说,引出并表达个体或团队的心智模型。如果你认为某个重要反馈是问题形成的原因,可以用 CLD 将这个反馈传达给他人。

一张因果回路图包含多个变量,变量之间由标出因果关系的箭头所连接。在因果回路图中也会标出重要的反馈回路。图 6-1 列举了一个例子,并且对主要的符号做出了解释。

因果回路图中变量之间由"+""-"箭头所连接,"+""-"分别表示正、负因果链。正因果链表示原因增加的同时结果也增加;原因减少的同时,结果也减少,即原因与结果是正相关的关系。负因果链表示原因增加的同时结果却减少,原因减少的同时,结果却增加;即原因与结果是负相关的关系。在本例中,出生速率由人口数量和出生比例决定。每条因果链都具有极性,或者为正(+)或者为负(-),该极性指出了当独立变量变化时,相关变量会如何随之变化。重要回路用回路标识符特意标出,以显示回路为正反馈(增强型)还是为负反馈(平衡型)。注意回路标识符与相关回路朝同一个方向绕圈。在本例中,联系出生速率和人口数量的正反馈是顺时针方向的,它的回路标识符也是顺时针;负的死亡速率回路是逆时

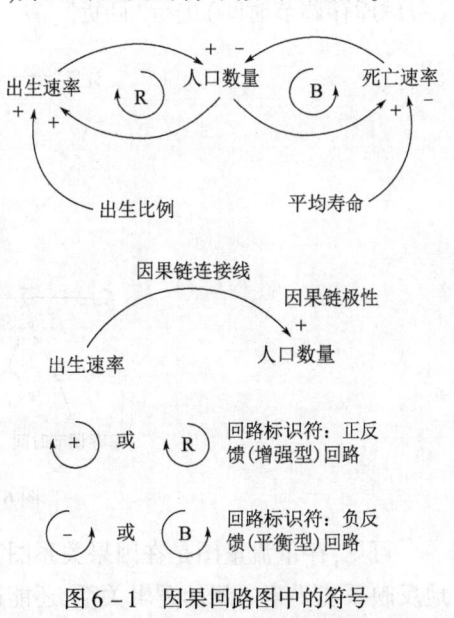

图 6-1 因果回路图中的符号

针方向的,它的标志符也是逆时针。

2. 存量流量图

存量流量图是在因果关系图的基础上进一步区分变量性质,用更加直观的符号刻画系统要素之间的逻辑关系,明确系统的反馈形式和控制规律,为深入研究系统打下基础的图形表示法。

因果关系图描述了反馈结构的基本方面,而存量流量图则是在此基础上表示不同性质的变量的区别。以斟水为例,杯中水位的升高是注水时间累积的结果,而库存量是进货与提货速度代数和对时间的积分。因果关系图只能说明增加或减少,而不能说明其累积变化。所以说,存量流量图是一种结构描述,其图形表示所承载的信息远远大于文字叙述和因果关系图,所表达的逻辑比叙述更为直观、准确。

3. 存量流量图和因果关系图的比较

因果关系图只能描述反馈结构的基本方面,而不能表示不同性质的变量的区别,这是它的根本不足。例如,状态变量的积累概念在系统动力学中最重要,然而因果关系图全然忽略了这一点。在介绍因果关系链中,只能说明增加或减少,而不能说明按比例变化。在概念上,积累效应与影响它的速率是不同的。

图 6-2 上部分是一个简单库存系统的因果关系图。该图告诉我们:库存随着订货而增加,随着销售而减少。当实际库存低于事先设定的目标库存时就产生了库存偏差,订货则是受库存偏差驱动的,并与库存偏差成正比。

图 6-2 下部分是该库存系统的存量流量图。存量流量图仍能反映因果关系图所表达的信息,在此基础上还可以知道,"库存"是一个"存量","订货"和"销售"是流量,对系统实施管理的目的就是通过订货决策来调节库存,从而满足销售。"订货"是库存控制所必要的决策,决策的流程是:盘点库存,比较实际"库存"和"期望库存"得到"库存偏差",根据"库存偏差"(考虑库存调节时间)进行"订货"。

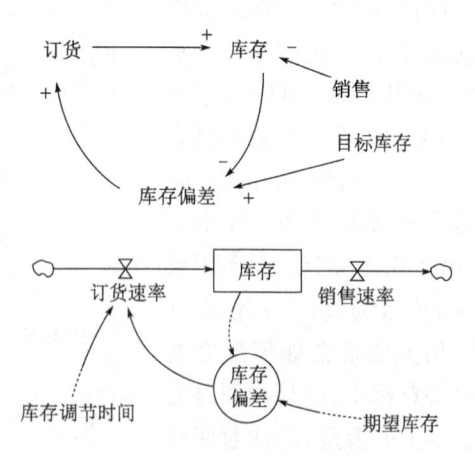

图 6-2 典型存量流量图

可见,存量流量图是在因果关系图基础上对系统更细致和深入的描述,因此它不仅能清楚地反映系统要素之间的逻辑关系,还能进一步明确系统中各种变量的性质,进而刻画系统的反馈与控制过程。因果回路图的优点是结构简单、使用方便,能清晰地表达变量之间的相关性和反馈作用,但因果回路图中的变量没有性质的区别,所以其在管理过程和控制过程的表达中存在不足。因此,因果回路图常被用于建模过程的早期,而存量流量图则被用来进行详细建模。

存量流量图是系统动力学中一种更高级的模型,该方法弥补了因果回路图无法区分变量性质的不足,为不同性质的变量设计了各自的符号,方便一些复杂过程的表达。存量流量图将变量分为4种:状态变量、速率变量、辅助变量和常量。状态变量用来描述系统的状态,如图6-2中的库存;速率变量用来描述系统状态变化的快慢,如图6-2中的订货速率及销售速率;辅助变量用来描述系统中的反馈过程,是连接状态变量和速率变量的通道,如图6-2中的库存偏差;常量是在系统中不变的量,如图6-2中的库存调节时间和期望库存。存量流量图的建模符号见表6-1。

表6-1　存量流量图建模符号

符号	□	⋈	○
含义	状态变量	速率变量	辅助变量

二、系统动力学建模过程

(一)模型的概念

模型一词,最初就是用来描述对实物的模仿,用以代替一种事物或者系统。例如,小时候的汽车模型、学校实验课上用到的物理模型,以及"神舟"宇航飞船的实验模型等都是我们非常熟悉的模型的例子。而随着系统研究的发展,模型的概念得到了进一步的推广和应用,很多时候会采用数学模型、模拟模型以及计算机模型等来代替一个具体研究的系统,从而通过该模型可以进行近似的分析、设计和控制。通过对模型分析所获得的结论,将之应用于系统的控制和调整上,这是一种非常自然和朴实的思路。

模型从来不是孤立存在的,一旦谈到模型,必然有其所模仿的系统。这两者之间存在着一种映射关系。此外,还存在着研究者这个重要的因素,正是研究者根据自己的问题需要完成了这个映射。而且不同的研究者根据不同的问题,对于同一个系统也可能会映射出不同的模型。对于一个系统而言,何谓好的模型是不确定的。问题的解决并不仅仅在于如何建立一个模仿得最像的模型,而是在于正确处理现实系统、模型和研究者三者之间的关系。

(二)模型与系统的关系

建立模型并不是要完全重构原现实系统,研究者要选择一种复杂程度适当的模型,根据问题出发选择合适的变量,并根据需要来量化它们之间的关系。但是,既然模型必然是对系统的简化和抽象,那么在建模过程中,必须仔细评估模型的效果。一般来说,需要从以下三方面进行考虑:(1)近似性。即模型和所模仿的现实系统的相似程度。(2)可靠性。即模型对现实系统的数据复制的精度。(3)目的适度。即说明模型和建模目的间的符合程度,这通常反映了模型构建者对模型分析理解的合理程度。

在系统的建模与仿真之中,有两种常见的建模方法——定性的方法和定量的方法。对于炼化系统来说,系统是复杂的、高度耦合非线性的,一般无法确定系统的结构、参数和状态等条件,故无法用准确的数学模型来表示。在这些时候,就需要使用定性建模的方法,定性建模是建立系统的结构、参数和状态不完全已知的条件下的数学模型。通过使用这些定性模型,可以求取其近似解,进行系统的行为与趋势预测。

系统动力学是定性与定量结合的方法,借助计算机的模拟来分析研究社会、经济、生态和生物等复杂系统。显而易见,炼化系统和经济、生态、生物系统有一定的相似性,都是非常复杂的系统,涉及的因素多、范围广,很难用定量模型来表示,同时定性的模型又无法很好地表示系统中的反馈控制过程,因此可以使用系统动力学的方法来研究这一问题。

系统动力学建模过程可以分为5步:

(1)明确需要解决的问题,确定系统边界。建立系统动力学模型的目的是解决实际的问题,在这一步中主要是明确需要解决什么问题及在什么样的范围内建立这个模型;确定需要研究哪些变量,增加变量的数目可以更好地对所研究的系统进行描述,但过多的变量会增加研究的复杂程度,所以需要尽可能减少变量,使用最少的变量对系统进行描述。

(2)提出动态假设,对现有理论进行解释,确定模型中各个变量之间的相互关系,确定各个变量的性质,建立系统的因果结构图。

(3)确定全部变量方程,将变量之间模糊的相互关系变成精确的数学方程,同时确定模型的初始条件。

(4)模型测试,检查模型能否完全再现系统的行为模式;检查模型在极端条件下的行为是否符合现实。

(5)政策设计与评估,具体化方案并设计政策,思考可能会产生什么样的环境条件,可以实施哪些新的决策规则、策略和结构。

建模是一个反馈的过程,不是步骤的线性排列。模型要经历经常的反复、持续的质疑、测试和精炼。图6-3中的建模过程更精确地表现为一个反复的循环。

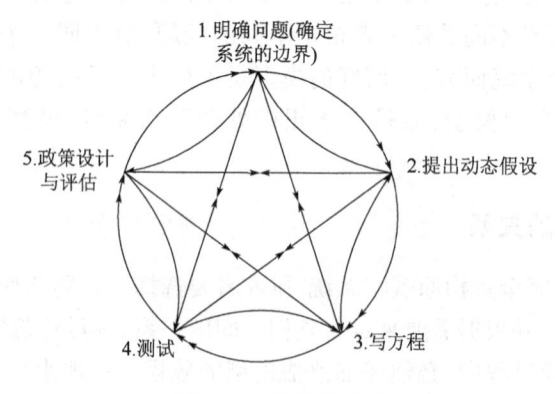

图6-3 建模的过程

建立油气生产复杂系统的系统动力学模型的主要目的是进行系统行为的分析、研究,模型中不需要涉及有关产量的信息,模型主要表示的是各个过程参数之间的相互关系。考虑系统动力学模型的特点,在建立油气生产故障行为的系统动力学模型的过程中,对模型做出如下简化:

(1)模型的建立是以过程为基础的,表述的是各个过程参数对过程的影响或直接相关的工艺参数之间的关系,不直接相关的过程参数之间的关系通过直接相关的过程参数之间的传递性来表现;

(2)实际炼化系统是有复杂的控制系统的,控制系统常用的控制器为比例—积分—微分(PID)控制器,但由于模型的限制,建立完整的PID控制器过于复杂,所以模型中建立的控制器为比例—积分控制器;

(3)油气生产系统是十分复杂的,然而,常见的系统故障行为结构、机理是相同的,分别对这些典型的环节建模,并留好相应的接口,这样对于新的系统,只需要找到相应的模块进行拼接,再进行一些修改即可使用。

第二节　炼化系统故障传播行为的系统动力学表征

在油气生产与加工领域,过程安全受到当今世界的广泛关注。其安全问题区别于其他行业有几大不同的特征:(1)物料大多具有易燃易爆性、反应活性、毒性和腐蚀性;(2)生产装置规模大、集成度高,且生产过程具有强非线性;(3)系统组成关系与行为复杂,以及与其环境之间的关联程度高、耦合性强,导致系统故障的形成、传播、演化等故障行为具有多样性、随机性、涌现性等特点。

作为一种复杂高阶非线性动态系统,炼化装置安全事故大多是由于系统的"变化"所引起的,例如液位偏高、流量过大、机泵故障等。这种"变化"可能是自发的,可能也是外部作用的结果。如果由于这些"变化"使系统的运行工况超出设计预期的安全范围,则可能出现操作问题或系统故障。单一设备或工艺过程出现故障或偏差,极易借助生产系统之间的相互依存、相互制约关系,产生连锁效应,由一种故障引发出一系列的故障甚至事故、灾害,同时从一个地域空间扩散到另一个更广阔的地域空间,这种呈链式有序结构的故障(或异常事件)传承效应称为故障链,所造成的危害和影响远比单一故障事件大而深远。

炼化生产过程是一个非线性的复杂系统,每个装置在运行过程中不仅受到人工操作和装置固有属性的制约,而且受到流入、流出以及各种随机因素的影响。就初馏塔顶的温度而言,不仅受到初馏塔内生产状态的影响,而且与相邻装置中的生产状态密切相关。炼化生产中危险因素客观存在,这些因素以各种形式存在于系统内部,在一定条件下相互关联、影响并最终转化为事故。

一、炼化系统的系统动力学建模

(一)炼化系统的系统动力学模型建立步骤

根据一般的系统动力学建模过程,同时结合炼化系统自身的特点,炼化系统的 SD 建模步骤如下:

(1)炼化系统分析,结合工艺流程图等资料分析炼化系统的生产流程,按照设备、装置实现的功能不同将炼化系统划分为若干个子系统,同时找出系统中哪些部位存在控制系统;

(2)选择过程参数,炼化系统中过程参数众多,建模时选择的过程参数越多模型越精确,但过多的过程参数会增加模型的复杂程度,不利于后续模拟的进行,建模时以设备为单位选择重要的过程参数,一些常见设备的重要过程参数选择见表 6-2;

表 6-2 设备重要过程参数

设备	过程参数	设备	过程参数
塔	塔顶温度	炉	进料温度
	塔顶压力		进料流量
	塔底液位		燃料量
	塔底温度		炉膛温度
	进料温度		出口温度
	进料流量		
	塔底流量		

(3)分析子系统中各个过程参数之间的相互作用关系,然后使用存量流量图表示这些关系,即建立子系统的 SD 模型;

(4)将子系统组合成完整的系统,以系统的工艺流程为基础,找到子系统之间的联系(如物质流、能量流的联系),然后以这些联系为基础将子系统的 SD 模型连接起来,组合成整个系统的 SD 模型;

(5)模型测试,测试模型在极端情况下(如进料流量突然降到0)及正常运行情况下的行为是否符合实际。

(二)常减压蒸馏装置系统动力学模型

下面以典型炼化系统——常减压蒸馏装置为对象,按照上文的步骤建立其系统动力学模型。常减压蒸馏是常压蒸馏与减压蒸馏的合称,包括三个工艺过程:原油的脱盐及脱水、常压蒸馏、减压蒸馏。常减压蒸馏装置主要由 5 个部分组成:初馏塔、常压塔、减压塔、常压炉、减压炉,一个典型的常减压蒸馏装置的工艺流程图如图 6-4 所示。

在常减压蒸馏装置的 SD 建模时将其划分为初馏塔、常压炉、常压塔、减压炉及减压塔 5 个子系统。子系统中过程参数的选择见表 6-2。分别对每个子系统进行 SD 建模,然后以工艺过程为联系,将各个子系统连接起来,建立的 SD 模型如图 6-5 所示。

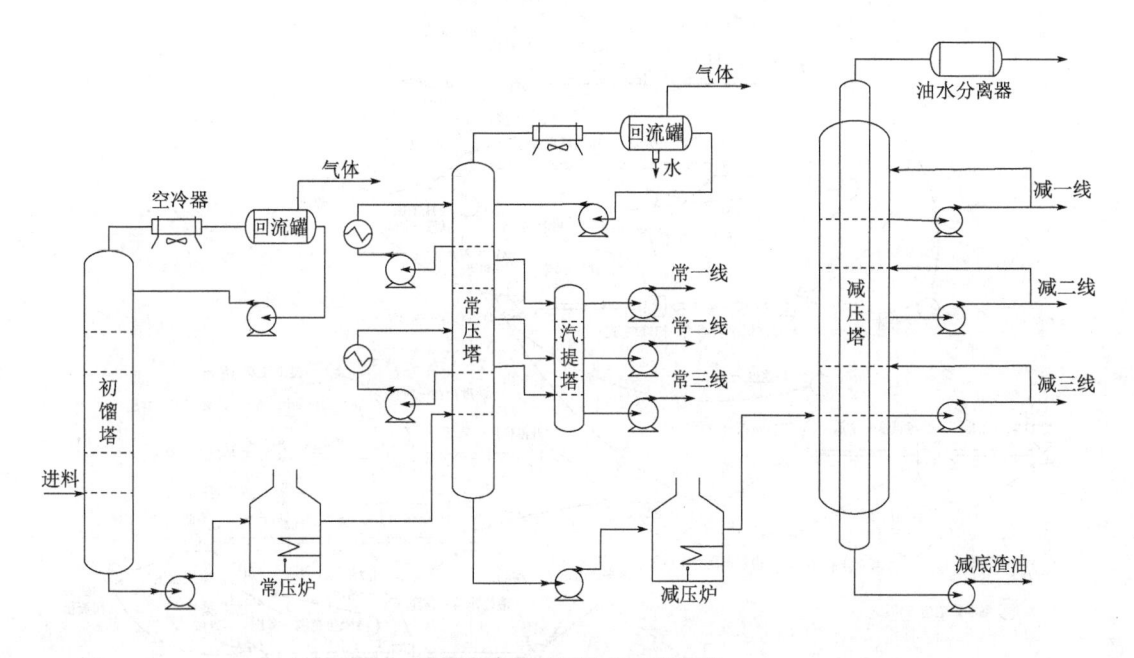

图 6-4 常减压装置工艺流程

二、炼化系统故障—扰动动力学表征实例

炼化系统的运行过程中,不仅会受到故障(如初馏塔塔底液位偏高、常压炉出口温度偏高)的影响,常常也受到扰动(如初馏塔进料温度偏高、初馏塔进料含水量偏高)的影响,这些会造成系统相对于正常工况的偏离,轻则降低产品的质量,严重时更会造成事故发生。下文从扰动单独作用、故障—扰动复合作用两个方面进行系统动力学行为表征,同时研究故障—扰动影响在系统中传播方向。

(一)扰动独立作用下炼化系统故障传播行为

假设系统中发生原油换热不足的扰动,对系统的影响表现为初馏塔进料温度降低。图 6-6 为初馏塔、常压塔、减压蒸馏塔塔顶温度及塔底液位的变化情况。由图 6-6(a)可知,减压塔顶温度变化很小,这是控制系统对温度的控制作用,进初馏塔的原油温度降低这一个扰动在传播过程中不断减弱,减压塔受到的影响很小。由图 6-6(b)可知,进初馏塔的原油温度的变化对塔底液位的影响很小,常压塔与减压塔液位曲线几近重合,均受到影响较小;初馏塔中原油温度降低,蒸发量减少,塔底液位轻微升高。

图 6-7 为初馏塔、常压塔和减压塔塔顶压力的变化情况,由图 6-7 可知,在扰动存在的情况下初馏塔与常压塔的压力都有所降低,且两塔均未设压力调节系统,故两塔塔顶压力在温度降低的情况下降低,一段时间后,两塔达到新的气液平衡,压力恢复平稳。减压塔塔顶设有压力控制系统,压力变化很小。

图 6-5 常减压蒸馏装置 SD 模型

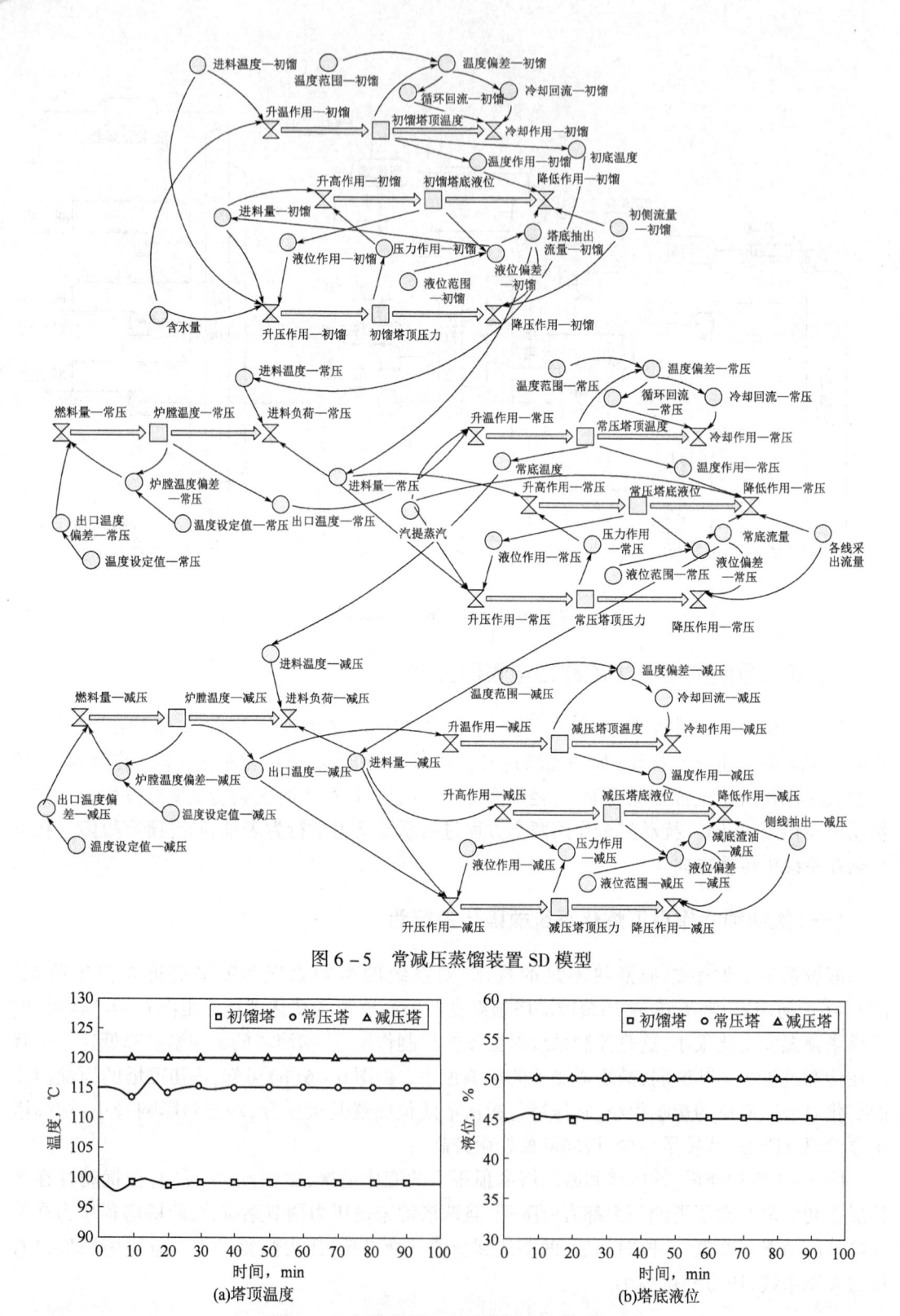

(a) 塔顶温度

(b) 塔底液位

图 6-6 三塔塔顶温度及塔底液位变化曲线

(a)初馏塔和常压塔塔顶压力   (b)减压塔塔顶压力

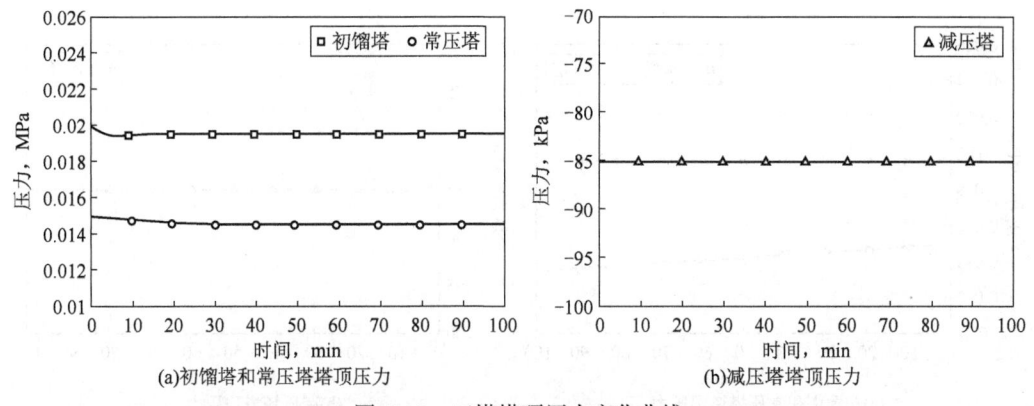

图 6-7　三塔塔顶压力变化曲线

(二)故障—扰动复合情况下炼化系统故障传播行为

假设系统中同时存在原油换热不足的扰动与常压炉出口温度偏低的故障,在此情况下进一步讨论故障—扰动同时作用下系统的动力学行为。图6-8为初馏塔、常压塔、减压蒸馏塔塔顶温度及塔底液位的变化情况,可以明显看出在故障与扰动同时存在的情况下,常压塔塔顶温度的变化较扰动单独存在的情况下更为剧烈。在故障与扰动同时存在且影响效果相似的情况下,控制系统无法保持常压塔塔顶温度稳定,造成产品质量受到影响;同时,减压塔塔顶温度波动较小,原因是系统中控制系统的控制作用,故障与扰动造成的影响在传播过程中不断被衰减,到了减压塔几乎就消失了。由图6-8可知,进料温度的变化对初馏塔塔底液位影响很小;常压塔塔底液位由于在故障与扰动的复合作用下,较扰动单独作用的情况下出现了明显的波动;减压塔塔底液位几乎没有出现波动,原因是控制系统的控制作用;液位波动幅度较小的另一个原因是三塔的容积都较大,对液位的变化有一定的缓冲作用。

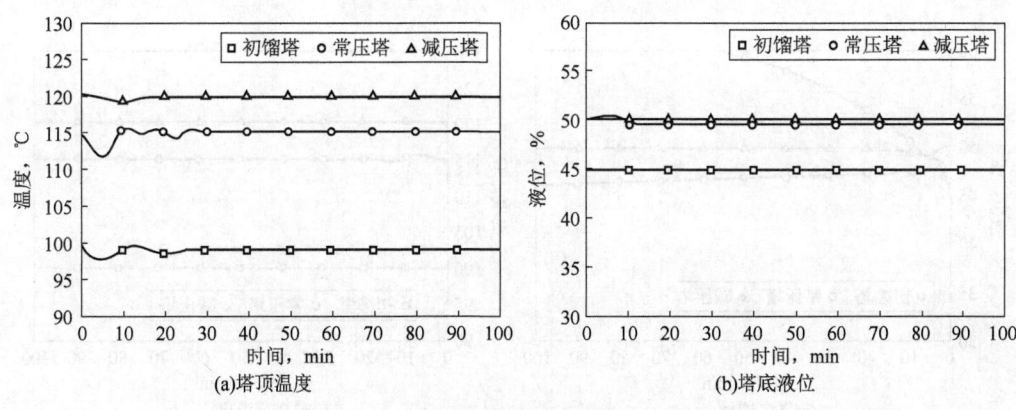

(a)塔顶温度   (b)塔底液位

图 6-8　三塔塔顶温度及塔底液位变化曲线

图6-9为初馏塔、常压塔及减压塔塔顶压力的变化情况。由图6-9可知,受到原油温度降低的影响,初馏塔与常压塔塔顶压力都有所降低,由于常压塔同时受到故障和扰动的影响,而初馏塔只受到扰动的影响,常压塔压力降低幅度更大;故障和扰动的影响传播到减压塔时被减压塔的压力控制系统削弱,减压塔压力波动极小。

(a)初馏塔和常压塔塔顶压力

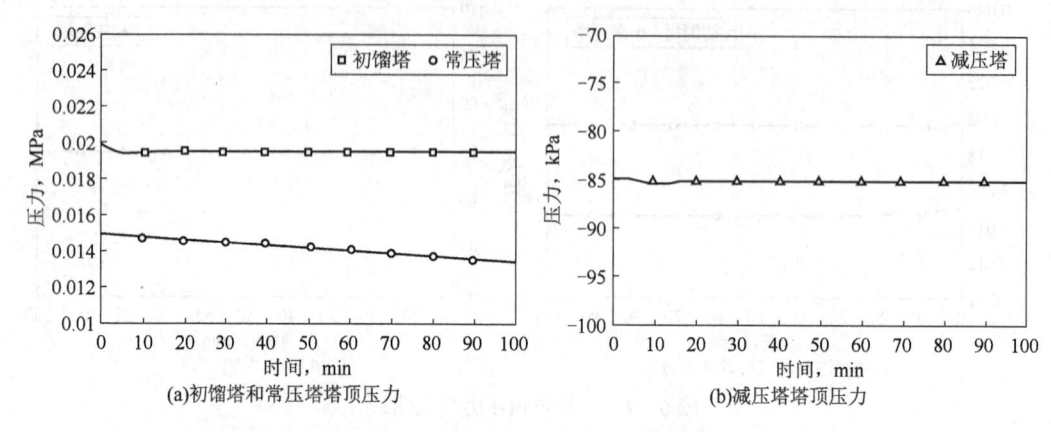

(b)减压塔塔顶压力

图 6-9　三塔塔顶压力变化曲线

(三) 故障—扰动影响传播方向分析

故障—扰动造成的影响通常会沿着工艺的方向向后传播,以上两个案例都是如此,但在一些特殊的情况下,故障的影响可以逆着工艺的方向向前传播。

假设系统中发生泵故障,对系统的影响表现为常压炉进料流量偏低。图 6-10 为在此情况下初馏塔、常压塔、减压蒸馏塔塔底液位及塔顶温度的变化情况。由图 6-10 可知,由于出初馏塔的原油流量减少,塔底液位升高并发生报警;常压塔液位控制系统是优先保持减压炉进料流量平稳,所以在进料流量减少且外流流量不变的情况下常压塔液位下降;同时,由于减压塔液位控制系统的存在,减压塔液位较为平稳只有小幅波动。由图 6-10 可知,在发生故障的情况下,常压炉出口温度由于进料减少而发生波动,进而导致常压塔塔顶温度发生波动;同时,由于减压塔塔顶温度控制系统的存在,其受到的影响极小。

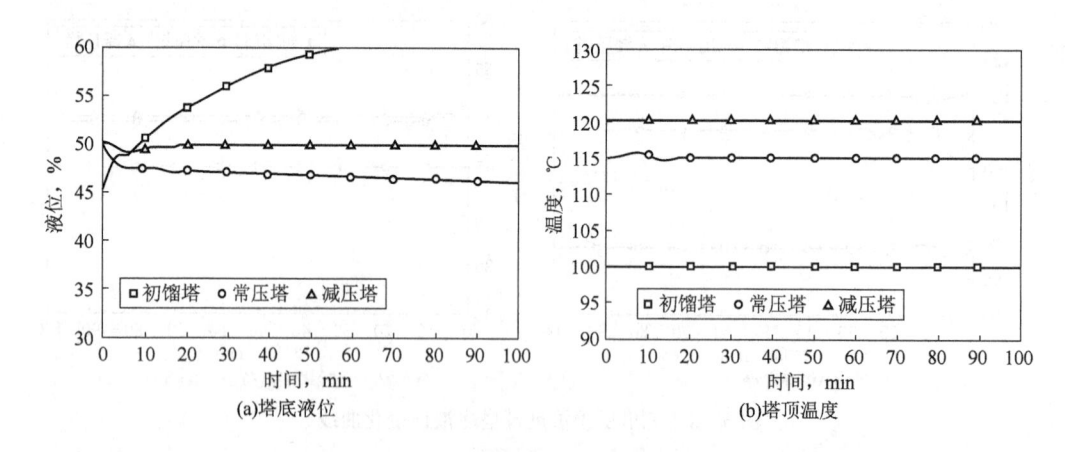

(a)塔底液位

(b)塔顶温度

图 6-10　三塔塔底液位及塔顶温度变化曲线

图 6-11 为初馏塔、常压塔及减压塔塔顶压力变化情况,由图 6-11 可知,初馏塔塔顶压力随着塔底液位的上升而升高;同时,常压塔塔顶压力随着塔底液位的降低而下降;对比初馏塔与常压塔,减压塔塔顶压力由于控制系统的存在,并没有受到太大的影响。

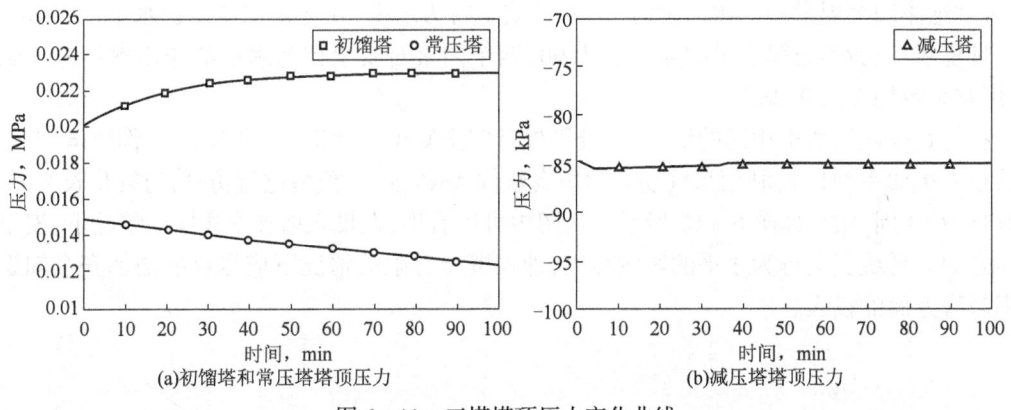

图6-11 三塔塔顶压力变化曲线

(a)初馏塔和常压塔塔顶压力
(b)减压塔塔顶压力

(四) 人的安全行为对故障—扰动的影响

炼化系统的安全平稳运行不仅要靠一个可靠的控制系统,更要靠人的正确操作,在 DCS 系统发生报警之后需要现场的操作人员对故障的情况进行分析、判断,然后做出正确处置,操作人员需要在短时间内做出正确的安全行为。影响人的安全行为的因素极为复杂,一般来说有:工作环境、激励因素、劳动纪律、文化水平、心理因素、安全知识与意识水平、从业年限、自主管理、生理因素等方面。

考虑到炼化系统的特点及系统动力学建模的需要,从上述影响因素中抽取四个对炼化系统操作人员安全行为影响最大的:安全知识与意识、文化水平、工作环境、劳动纪律。建立的系统动力学模型如图6-12所示。

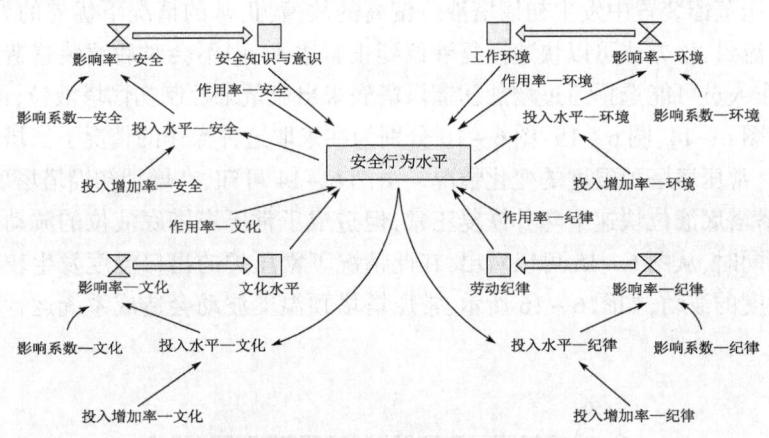

图6-12 安全行为水平 SD 模型

模型中各个变量之间的关系如下:
(1)影响率=影响系数×投入水平$_{现在}$;
(2)投入水平$_{现在}$=投入水平$_{过去}$+(现在-过去)×投入增加率;
(3)安全行为水平=安全知识与意识×作用率—安全+文化水平×作用率—文化+工作环境×作用率—环境+劳动纪律×作用率—纪律。

模型中初始投入水平设为0,投入增加率均设为0.4,安全知识与意识、文化水平、工作环境、劳动纪律四个因素的初始值设为75,系统安全行为水平、安全知识与意识水平、文化水平、工作环境水平、劳动纪律水平的期望值为90,四个因素对安全行为水平的作用率参考文献设定,影响系数均设为0.08。

在初始投入增加率相同的情况下,分别提升安全知识与意识、文化水平、工作环境、劳动纪律的投入增加率到0.7,利用系统动力学仿真软件Anylogic对模型进行仿真,仿真步长为1周,总时长为50周,结果如图6-13所示。从图中可以看出,在投入增加率相同的情况下,安全知识与意识对系统安全行为水平的影响最大,即在资金有限的情况下应尽可能增加安全知识与意识教育方面的投入。

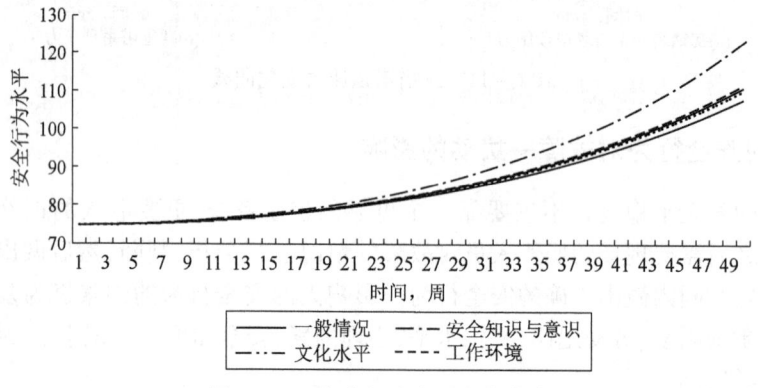

图6-13 安全行为水平变化曲线

安全行为水平对炼化系统最直接的影响是在安全行为水平较低的时候,操作人员在处置故障时有可能使用不恰当甚至错误的方法,这就加剧了故障对系统的影响。

假设常减压蒸馏装置中发生初馏塔液位偏高的故障,正常的情况下优先的处置方法是降低初馏塔进料流量,该方法可以快速恢复液位到正常水平,而不会对后续装置造成影响,而在某些时候,操作人员可能选择通过增加初馏塔塔底采出流量来控制初馏塔液位,但这是一种不恰当的操作。图6-14、图6-15、图6-16分别为在采取这种操作的情况下三塔塔底液位、常压炉出口温度、常压塔塔顶温度的变化情况。由图6-14可知,在增加初馏塔塔底采出流量的情况下,初馏塔塔底液位快速下降并恢复正常,但造成了常压塔塔底液位的波动,影响了系统运行的稳定。同时,从图6-15可以看出,在此情况下常压炉的出口温度发生较大波动,导致常压塔塔顶温度的波动,如图6-16所示,常压塔塔顶温度波动会造成系统运行不稳,影响产品的质量。

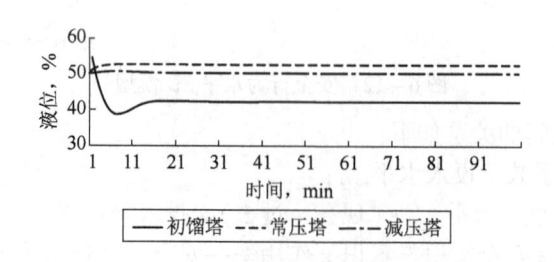

图6-14 三塔塔底液位变化曲线

由上述的分析可以知道,不恰当的故障处置方法是"治标不治本"的,它可以使系统不再提示报警,但造成报警的原因仍然存在,同时会对后续的装置造成不利的影响。

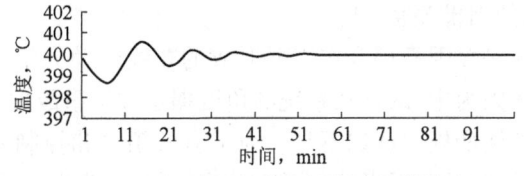

图 6-15　常压炉出口温度变化曲线

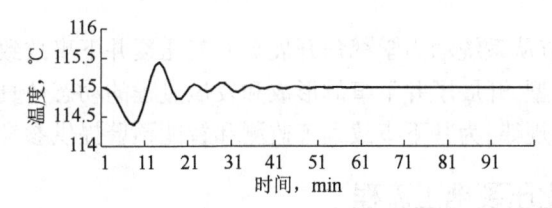

图 6-16　常压塔塔顶温度变化曲线

(五) 实例分析小结

(1) 针对以往研究在炼化系统故障—扰动作用下系统的动力学行为方面的匮乏和其在提高炼化系统的安全管理水平与故障诊断推理中的重要性,本节提出基于系统动力学的炼化系统故障—扰动动力学机理研究方法,在炼化系统分析的基础上建立系统的 SD 模型,使用模型研究炼化系统在故障—扰动作用下的动力学机理。

(2) 通过建立典型炼化系统——常减压蒸馏装置的 SD 模型,并使用模型进行分析得到以下规律:①故障及扰动的影响在系统中传播时会被控制系统减弱,离发生故障或扰动部位越远的设备受到的影响越小;②控制系统可以减弱故障及扰动的影响保持系统平稳运行,但在故障—扰动同时作用且对系统影响相似的情况下控制系统则无法保持系统平稳运行;③故障及扰动的影响不仅可以沿着工艺方向传播,也可以逆着工艺方向传播;④在人的安全行为水平较低的情况下会造成不恰当的故障或扰动处置措施,加剧故障或扰动对系统的影响。

(3) 在建立 SD 模型的过程中,分析了炼化系统过程参数之间相互作用影响的关系,这些关系可以为后续故障诊断中的过程参数筛选提供参考;而本节分析得出的炼化系统故障—扰动影响传播方向规律可以为故障诊断提供推理依据。

第三节　页岩气压裂井下事故的系统动力学表征

页岩气是指存于富有机质泥页岩及其夹层中,以吸附和游离状态为主要存在方式的非常规天然气,成分以甲烷为主,是一种清洁、高效的能源资源和化工原料。页岩气压裂过程中常会出现砂堵、管线刺漏、沉砂等异常工况,若不及时采取措施,会使事件复杂化,导致压裂作业无法继续,耽误工期,严重的,可能导致整口气井报废。比如:砂堵异常是指在压裂施工中,因支撑剂桥堵或裂缝内脱砂而引起施工压力急剧升高,瞬间达到限压而被迫中止施工的现象,本节以砂堵异常工况为例,在上一节数据预测的基础上进一步开展压裂异常工况预测研究。

页岩气压裂施工的特点使得系统内部存在累积效应和延迟效应,上述方法运用到较为复杂的页岩气系统上时则显得能力不足。必须在分析事故影响因素之间的相互作用关系的同时,厘清各影响因素之间的因果关系。

页岩气压裂井下事故是多因素耦合作用下形成的非线性动力学系统。目前,井下事故致因机理研究主要以分析致因为主,缺乏从系统的角度揭示井下事故发生的动力学行为,对事故表征参数在事故发生时的演变规律认识不足。为了有效预防和控制井下事故,需要在压裂现场已有的安全管理基础上,分析井下事故的系统动力学行为,为人工监测和事故智能化监测提供理论依据。

针对上述问题,本节从系统动力学视角开展页岩气压裂井下事故致因机理研究,建立了井下事故的系统动力学模型,开展了井下事故形成和发展过程的动态仿真,揭示了井下事故发生时事故表征参数的演变规律,为井下事故人工监测和智能预警提供参考。

一、页岩气工厂化压裂施工流程

为了加快页岩气水平井的压裂施工速度、缩短区块的整体建设周期,降低天然气开采成本,工厂化压裂施工得到推广应用。页岩气水平井工厂化压裂施工流程包括压裂车循环、地面管汇试压、试剂、压裂、加砂和顶替等。

(一)压裂车循环

压裂车循环的目的是检查已连接完毕的连续泵注系统能否正常工作,地面管线是否畅通,是否存在连接错误问题。当压裂泵、高压管汇、混砂车和液罐车等连接完毕时,逐台启动压裂车,用清水循环地面管线,检查管线畅通性。循环时,压裂液由液罐车经混砂车、低压管线、压裂泵和高压管线再返回液罐车。

(二)地面管汇试压

试压的目的主要是检查连续憋压情况下地面管汇连接处是否牢固、管汇有无刺漏发生,保证破裂压力下管线能够安全平稳工作。通常情况下,试压压力依据压裂区块的地层破裂压力设定,且试压过程中压力保持稳定。

(三)试剂

试剂的目的是检查井下管柱系统能否正常工作,下入位置是否正确,同时估算页岩层的吸液能力、岩层的破裂压力。

(四)压裂

压裂阶段是在页岩层内产生人工裂缝体系的关键操作。同时启动多台压裂泵,对混砂车输送的压裂液进行增压,并通过高压管汇系统和井口装置将大排量、高压力的压裂液泵入水平井底部,当井底压力大于页岩层破裂压力时,页岩层被压开人工裂缝,在持续的高压力作用下,裂缝继续向前延伸。

(五)加砂

加砂是为了防止压裂阶段已形成的人工裂缝在停泵后由于地层压力而闭合,向裂缝内注入大量支撑剂,保持一定的裂缝宽度。输送支撑剂的液体称为携砂液。在加砂过程中,由于人工裂缝的输砂能力一定,过高的砂比系数或者不稳定的加砂操作,均容易引起井下砂堵事故,因此,加砂环节操作的好坏直接关系到水平井压裂施工的成功与否。

(六)顶替

加砂完毕后,为了将套管内或者连续油管内的携砂液挤入裂缝内,避免残余支撑剂淤积形成砂堵,须立刻向井内注入顶替液。该环节需要严格控制顶替液的用量,顶替液用量过多,会导致井底附近的裂缝闭合,过少会导致套管内或井底砂堵。

从上述的压裂施工流程可看出,井下砂堵事故易发生在加砂阶段和顶替阶段。

二、页岩气压裂井下事故系统动力学建模

建立页岩气压裂过程井下事故的系统动力学模型包括5个步骤,建模流程如图6-17所示。

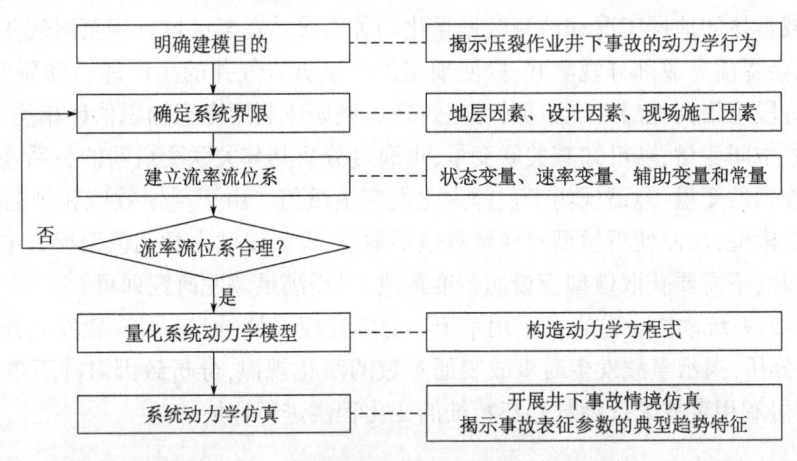

图6-17 井下事故系统动力学建模的流程图

(1)步骤1:明确建模目的。SD的建模过程须面向待解决的问题,模型的结构和方程式因研究问题的不同而不同。开展页岩气压裂井下事故系统动力学建模的目的包括:在建立井下事故动力学模型的过程中,全面分析井下事故的影响因素及其之间的作用关系,辨识井下事故的表征参数,模拟井下事故的复杂动态行为;利用井下事故SD模型揭示事故表征参数的演变过程,为人工或智能监测井下事故提供理论依据。

(2)步骤2:确定系统界限。依据建模目的辨识出与研究问题紧密相关的重要变量。针对井下事故系统动力学仿真,辨识出井下事故的主要影响因素和事故表征参数。为了将井下事故系统动力学模型的结构复杂度控制在合理水平,仅将与井下事故关系密切的影响因素纳入系统界限内。

(3)步骤3:建立流率流位系。流率流位系能够描述井下事故系统内部因素间的因果作用

关系。首先根据变量性质,将步骤2中的主要影响因素划分为状态变量、速率变量、辅助变量和常量(4种变量定义见表6-3),然后根据系统内部变量间的作用关系、延迟效应、反馈效应和累积效应建立流图。

表6-3 系统动力学模型中4种变量类型

变量类型	定义	备注
状态变量	一类随时间而具有积累效应的变量	例如:在页岩气压裂过程中,裂缝内支撑剂的聚集属于状态变量
速率变量	一类直接改变状态变量值的变量,其反映出状态变量输入或输出的速率	例如:单位时间内裂缝的加砂量和出砂量均属于速率变量
辅助变量	由系统中其他变量计算得到,当前时刻值与历史时刻值互相独立	例如:在图6-17所示模型中,变量(压裂液流动速度)属于辅助变量,由式(6-2)计算得到
常量	不随时间变化的变量	例如:支撑剂的强度

(4)步骤4:量化SD模型。分析井下事故SD模型中的状态变量、速率变量、辅助变量和常量之间的关系,设计数学函数表达变量间的关系,并确定各变量的初始值。在实际应用中,根据压裂区域具体的地层工况和监测数据量化相关变量。在某区域开展页岩气井大规模压裂之前,压裂队会提前完成部分观测井,以便预测该区域页岩气井的生产能力和研究储层参数。若在观测井阶段采集到地层工况数据,可通过现场调研或利用专家知识估计相关变量的方程。对于模型内的中间变量,若已知其关联变量,可通过分析其与关联变量间的关系确定方程。对于缺乏仿真数据的变量,邀请现场工程师为此类变量赋值。由于反馈效应和延迟效应是系统动力学的基本模型,从而使得模型对变量数值不敏感,即系统动力学的模型行为主要依赖模型本身结构,因此,不需要获取模型变量的精度数值,只需满足课题研究即可。

(5)步骤5:系统动力学仿真。运用系统动力学建模工具(如Vensim软件),开展井下事故SD模型情境分析,揭示事故发生时事故表征参数的演化规律,分析致因对井下事故的作用强度,作用强度可利用事故表征参数趋势特征的变化程度进行评估。

三、案例分析

(一)近井地带砂堵事故动力学行为研究

在页岩气水平井压裂施工的加砂阶段或顶替阶段,由于多种致因导致支撑剂在裂缝内或井底附近过度聚集的现象称为砂堵事故。根据砂堵发生位置,可分为"近井地带砂堵"和"地层内砂堵"。近井地带砂堵发生于射孔孔眼附近或生产套管底部;地层内砂堵发生于远离射孔炮眼的主裂缝内。

1. 近井地带砂堵SD建模

水平井套管内桥塞分段压裂方式是直接通过生产套管进行压裂液输送,故套管压力是近井地带砂堵的最直观表征参数,因此,本案例仅揭示套管压力在砂堵事故发生时的演变规律。

为减少 SD 模型的结构复杂度,考虑与近井地带砂堵紧密相关的地层因素、压裂材料设计因素和施工因素,如表 6-4 所示。地层因素可看作内部影响因素,设计因素和现场施工因素可看作外部扰动,内部影响与外部扰动通过耦合作用诱发井下事故。

表 6-4 近井地带砂堵系统动力学模型中的变量

变量	类型	初始值或方程设置
压裂液抗高温性能	常量	0.8
压裂液卫生程度	常量	0.9
储层水敏性能	常量	0.25
压裂液抗剪切性能	常量	0.85
天然裂缝存在量	常量	0.5
地层非均质性	常量	0.5
支撑剂纯净度	常量	0.9
支撑剂粒径均匀程度	常量	0.75
支撑剂圆度	常量	0.8
支撑剂强度	常量	85MPa
裂缝闭合压力	常量	56MPa
支撑剂粒径	常量	1.85mm
支撑剂层数	常量	3
孔眼直径	常量	8cm
孔眼数量	常量	5
孔眼流量系数	常量	0.35
套管直径	常量	78mm
摩阻系数	常量	9.30
深度	常量	3600m
压裂液密度	常量	1800kg/m^3
井底初始压力	常量	70MPa
排量	常量	RAMP(2,0,8)+1
支撑剂聚集量	状态变量	INTEG(加砂速率-出砂速率)
套管压力	辅助变量	裂缝缝内增量压力+孔眼摩阻损失-井筒液柱静压力+管柱沿程摩阻损失+井底初始压力
压裂液污染程度	辅助变量	1-(1-储层水敏性)×压裂液卫生程度
压裂液携砂能力	辅助变量	0.4×压裂液抗高温性+0.3×压裂液污染程度+0.3×压裂液抗剪切性
缝面弯曲程度	辅助变量	地层非均质性 With Lookup {[(0.1,0)-(1,1)],(0.1,0.08),(0.2,0.18),(0.3,0.31),(0.37,0.43),(0.5,0.61),(0.6,0.72),(0.7,0.81),(1,1)}
裂缝缝面规则性	辅助变量	地层非均质性 With Lookup {[(0,0)-(1,0.9)],(0.1,0.9),(0.2,0.86),(0.3,0.81),(0.4,0.72),(0.5,0.63),(0.6,0.49),(0.7,0.33),(0.8,0.23),(0.9,0.08),(1,0)}
裂缝摩阻系数	辅助变量	1-(1-缝面弯曲程度)×裂缝缝面规则性
压裂液滤失系数	辅助变量	0.5×天然裂缝存在量+0.5×裂缝摩阻系数
裂缝渗透率	辅助变量	0.3×支撑剂圆度+0.3×支撑剂粒径均匀度+0.4×支撑剂纯净度

续表

变量	类型	初始值或方程设置
裂缝闭合宽度	辅助变量	IF THEN ELSE(支撑剂强度>裂缝闭合压力,支撑剂层数×支撑剂粒径,0.5×支撑剂层数×支撑剂粒径)
裂缝导流能力	辅助变量	IF THEN ELSE(砂比<=1.01,裂缝渗透率×裂缝闭合宽度,0)
孔眼摩阻损失	辅助变量	22.45×排量×排量×压裂液密度/(孔眼数量×孔眼数量×孔眼直径×孔眼直径×孔眼直径×孔眼直径×孔眼流量系数×孔眼流量系数)/10^6
管柱沿程摩阻损失	辅助变量	(摩阻系数×深度×流速×流速)/(2×油管直径×9.98)/10^6
流速	辅助变量	4×排量/(油管直径×油管直径×3.14)
井筒液柱静压力	辅助变量	压裂液密度×深度×9.81/10^6
裂缝内压力增量	辅助变量	支撑剂聚集量 With Lookup {[(0,0)-(1000,100)],(0,0),(50,5),(90,11),(145,16),(250,29),(350,46),(450,58),(550,66),(650,81),(750,89),(1000,100)}
出砂速率	速率变量	IF THEN ELSE{裂缝导流能力=0.2,0.2×加砂速率,IF THEN ELSE{裂缝导流能力=1.5,5,[1-(1-压裂液携砂能力)×压裂液滤失系数]×加砂速率}}
加砂速率	速率变量	DELAY1[IF THEN ELSE(砂比>0,排量×砂比,0),3]

根据步骤 3 中的各类变量的定义,将所有影响因素分类,分别对应的变量类型如表 6-4 第 2 列所示。其中,支撑剂在裂缝内的聚集量随时间累积,故支撑剂聚集量属于状态变量。单位时间内的压裂液排量和砂比决定了加砂速度,多个地层因素共同作用决定了单位时间内流向裂缝深处的支撑剂体积,因此,加砂速率和出砂速率属于速率变量。根据变量间作用关系,建立图 6-18 所示的 SD 模型。

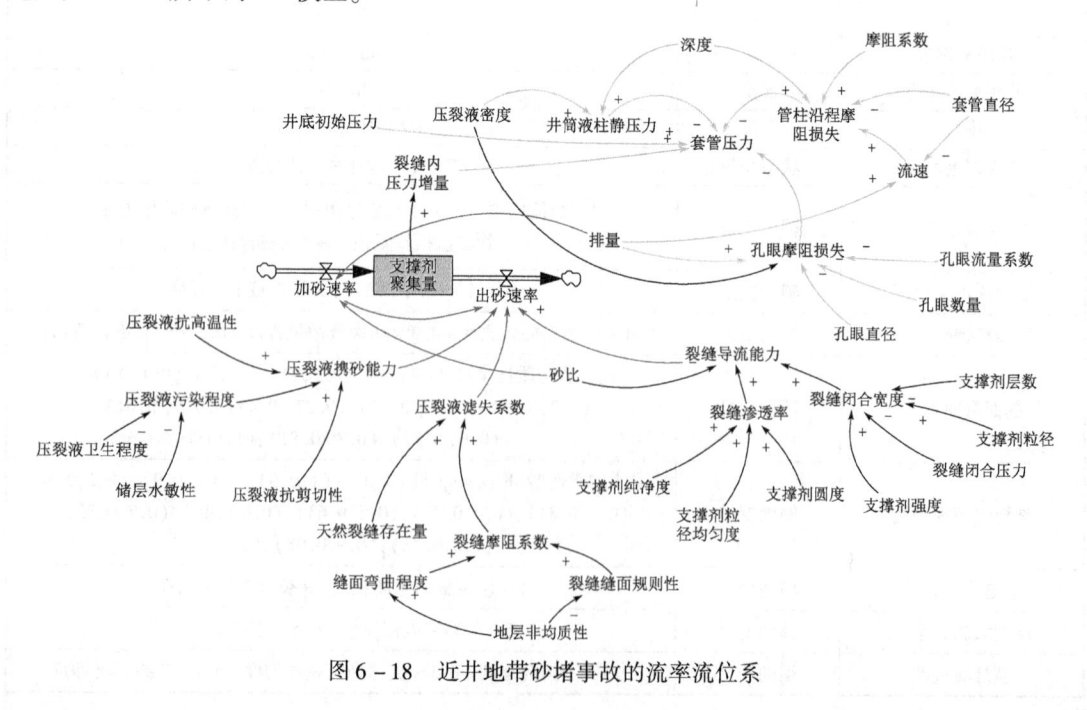

图 6-18 近井地带砂堵事故的流率流位系

根据步骤 4,通过文献查阅和现场咨询的方式确定 SD 模型中常量的数值。例如,地层非均质性和天然裂缝存在量因压裂区域不同而不同,通过咨询现场工程师确定其取值。对于无法准确量化的常量,采用区间内赋值法量化该类变量。例如,在对地层非均质性赋值时,采用数字 0 和 1 表示地层非均质性最弱和最强两种状态,并将[0,1]划分为 3 个区间,即[0,0.4],(0.4,0.7]和(0.7,1],分别表示地层非均质性处于较弱、中等和较强状态的取值范围。

表 6-5 列出了此类变量的区间划分。

表 6-5 部分变量的区间划分标准

变量	划分标准
压裂液抗高温性能	[0,0.2],(0.2,0.4],(0.4,0.6],(0.6,0.8]和(0.8,1]分别表示压裂液抗高温性能处于非常差、较差、中等、较好、非常好的取值范围
压裂液卫生程度	[0,0.2],(0.2,0.4],(0.4,0.6],(0.6,0.8]和(0.8,1]分别表示压裂液卫生程度处于非常差、差、中等、好、非常好的取值范围
储层水敏性能	[0,0.2],(0.2,0.4],(0.4,0.6],(0.6,0.8]和(0.8,1]分别表示储层水敏性能处于强、较强、中等、较弱、弱的取值范围
压裂液抗剪切性能	[0,0.2],(0.2,0.4],(0.4,0.6],(0.6,0.8]和(0.8,1]分别表示压裂液抗剪切性能处于强、较强、中等、较弱、弱的取值范围
天然裂缝存在量	[0,0.4],(0.4,0.7]和(0.7,1]分别表示天然裂缝存在量处于较少、中等、较多状态的取值范围
地层非均质性	[0,0.4],(0.4,0.7]和(0.7,1]分别表示地层非均质性处于较弱、中等、较强状态的取值范围
支撑剂纯净度	[0,0.25],(0.25,0.50],(0.50,0.75]和(0.75,1]分别表示支撑剂纯净度处于好、较好、较差、差的取值范围
支撑剂粒径均匀程度	[0,0.25],(0.25,0.50],(0.50,0.75]和(0.75,1]分别表示支撑剂粒径均匀程度处于好、较好、较差和差状态的取值范围
支撑剂圆度	[0,0.4],(0.4,0.7]和(0.7,1]分别表示支撑剂圆度处于较好、中等、较差状态的取值范围

对于辅助变量,根据专家经验或文献资料确定其方程式。管柱沿程摩阻损失 p_{FL} 可以根据式(6-1)所示的达西公式计算得到:

$$p_{FL} = \xi \left(\frac{H}{D}\right)\left(\frac{v^2}{2g}\right) \tag{6-1}$$

式中 ξ——沿程摩阻系数,无量纲,一般由工程经验或实验确定;
H——油管的长度,可近似于压裂井的深度,m;
D——管径,m;

v——压裂液的流动速度,m/s;

g——重力加速度,m/s²。

压裂液的流动速度 v 可根据式(6-2)计算得到:

$$v = \frac{4V}{\pi D^2} \quad (6-2)$$

式中　V——单位时间内压裂液的施工排量,m³/min。

油管内液柱静压力 p_{SP} 可采用式(6-3)计算得到:

$$p_{SP} = \rho g H \quad (6-3)$$

式中　ρ——压裂液的混合密度,kg/m³。

孔眼摩阻损失 p_{HL} 的计算过程见式(6-4):

$$p_{HL} = \frac{22.45}{10^6} \left(\frac{V^2 \rho}{N^2 d^4 k^2} \right) \quad (6-4)$$

式中　d——孔眼直径,cm;

N——射孔孔眼的数量;

k——孔眼流量系数,一般取值范围为 0.6~0.9。

支撑剂在射孔附近的聚集导致井底压力上升,为了便于仿真井底压力增量的趋势,假设井底压力增量 p_{AP} 正比于支撑剂的聚集量,则套管压力表示为:

$$p_T = p_{DP} + p_{AP} - p_{FL} - p_{SP} - p_{HL} \quad (6-5)$$

式中　p_{DP}——井底初始压力,MPa。

加砂速率 R_S 由压裂液的排量 V 和砂比系数 ω 决定,可根据式(6-6)计算得到:

$$R_S = V \cdot \omega \quad (6-6)$$

式中　R_S——裂缝导流能力,m³/min;

V——单位时间内压裂液的施工排量,m³/min。

在实际加砂压裂阶段,泵入井口的支撑剂并不会立刻被输送至井底裂缝中,需要经过一段时间才会作用于支撑剂聚集处,因此,为了描述物料输送的延迟效应,采用 DELAY1 函数表达该延迟效应,假设延迟时间为 3min,则加砂速率方程为 DELAY1[IF THEN ELSE(砂比>0,排量×砂比,0),3]。

裂缝导流能力定义为支撑剂填充层的渗透率与裂缝宽度的乘积,裂缝导流能力主要与支撑剂纯净度、粒径均匀度、圆度、强度、层数和地层闭合压力有关,计算公式为:

$$KW_f = W_f K_f \quad (6-7)$$

式中　KW_f——裂缝导流能力,μm²·cm;

K_f——填充层的渗透率,μm²;

W_f——裂缝的宽度,cm。

2. 近井地带砂堵 SD 仿真

由图 6-18 可知,近井地带砂堵的直接原因是井底附近支撑剂过多聚集,间接原因是地层因素、设计因素和现场施工因素的耦合作用。假设加砂阶段中砂比过高,而裂缝的输砂能力不变,则会导致井底附近的支撑剂无法及时流入储层裂缝,引起近井砂堵。通过仿真不同的加砂过程(砂比方程式见表 6-6),得到加砂速率和套管压力在不同情况下的演变过程,如图 6-19 和图 6-20 所示。从图 6-20 中 T1 区域可看出,当井底附近出现砂堵趋势时,若未及时停止加砂,则会引起套管压力的快速上升,其梯度区间为[2.30,3.41]MPa/min。这种变化趋势可解释为:从射孔孔眼处向地层内延伸的裂缝数量较少,一旦在射孔孔眼附近出现支撑剂大量聚集,则导致流向地层内部裂缝的支撑剂数量很少,此时,随着加砂操作的进行,会直接导致支撑剂的快速聚集,从而引起井底出现憋压现象,使得套管压力快速上升。从图 6-20 中也可以看出,砂比系数越大,套管压力上升越快。

表 6-6 三种加砂方案

方案	方程式
Case1-1	$0.01 + \text{STEP}(1,5) + \text{STEP}(-1,10) + \text{STEP}(1,15) + \text{STEP}(-1,20) + \text{STEP}(1,25) + \text{STEP}(-1,30) + \text{STEP}(1,35) + \text{STEP}(-1,40) + \text{STEP}(1,45) + \text{STEP}(-1,50) + \text{STEP}(1,55) + \text{STEP}(-1,60) + \text{STEP}(1,65) + \text{STEP}(-1,70) + \text{STEP}(1,75) + \text{STEP}(-1,80) + \text{STEP}(1,85) + \text{STEP}(-1,90) + \text{STEP}(2,95) + \text{STEP}(-2.01,110)$
Case1-2	$0.01 + \text{STEP}(1,5) + \text{STEP}(-1,10) + \text{STEP}(1,15) + \text{STEP}(-1,20) + \text{STEP}(1,25) + \text{STEP}(-1,30) + \text{STEP}(1,35) + \text{STEP}(-1,40) + \text{STEP}(1,45) + \text{STEP}(-1,50) + \text{STEP}(1,55) + \text{STEP}(-1,60) + \text{STEP}(1,65) + \text{STEP}(-1,70) + \text{STEP}(1,75) + \text{STEP}(-1,80) + \text{STEP}(1,85) + \text{STEP}(-1,90) + \text{STEP}(2.5,95) + \text{STEP}(-2.51,110)$
Case1-3	$0.01 + \text{STEP}(1,5) + \text{STEP}(-1,10) + \text{STEP}(1,15) + \text{STEP}(-1,20) + \text{STEP}(1,25) + \text{STEP}(-1,30) + \text{STEP}(1,35) + \text{STEP}(-1,40) + \text{STEP}(1,45) + \text{STEP}(-1,50) + \text{STEP}(1,55) + \text{STEP}(-1,60) + \text{STEP}(1,65) + \text{STEP}(-1,70) + \text{STEP}(1,75) + \text{STEP}(-1,80) + \text{STEP}(1,85) + \text{STEP}(-1,90) + \text{STEP}(3,95) + \text{STEP}(-3.01,110)$

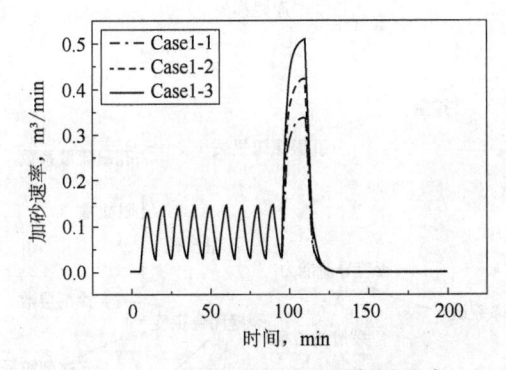

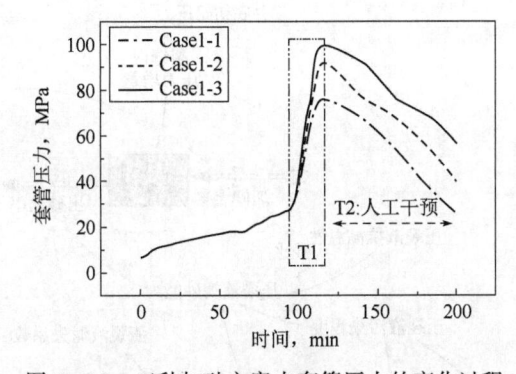

图 6-19 三种加砂方案下的加砂速率　　图 6-20 三种加砂方案中套管压力的变化过程

进一步分析地层因素对近井地带砂堵强度的影响。以地层非均质性为例,分别设置其处于较弱(Case1-4 取值为 0.3)、中等(Case1-5 取值为 0.5)和较强(Case1-6 取值为 0.7)状态,且保持砂比不变,得到如图 6-21 所示的套管压力随时间的上升过程,压力梯度区间为[3.11,3.26]MPa/min。对于同一页岩气水平井,假设当井底附近支撑剂的聚集量达到一定数量(如图 6-21 中水平线所示)时均发生砂堵,则在保持砂比不变时,随着地层非均质性增强,诱发事故的时间越短。在 T3 区域内,近井地带砂堵事故的征兆已经显现,表现为套管压力在短时间内急速上升。虽然地层非均质性不同，但套管压力的上升过程非常一致。

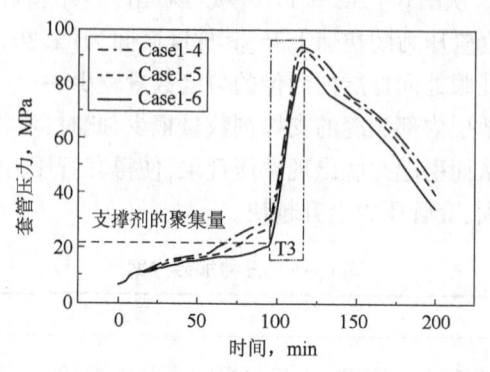

图 6-21 不同地层非均质性条件下套管压力的变化过程

（二）地层内砂堵事故动力学行为研究

1. 地层内砂堵 SD 建模

地层内砂堵通常发生在远离射孔的裂缝体系内，支撑剂在通过地层内部裂缝时，由于沉降速度过快而在裂缝壁面"架桥"形成堵塞。造成地层内砂堵事故的因素还包括地层因素、设计因素和现场施工因素。在近井地带砂堵 SD 模型基础上，添加"微裂缝"变量，建立层内砂堵事故的 SD 模型，如图 6-22 所示。

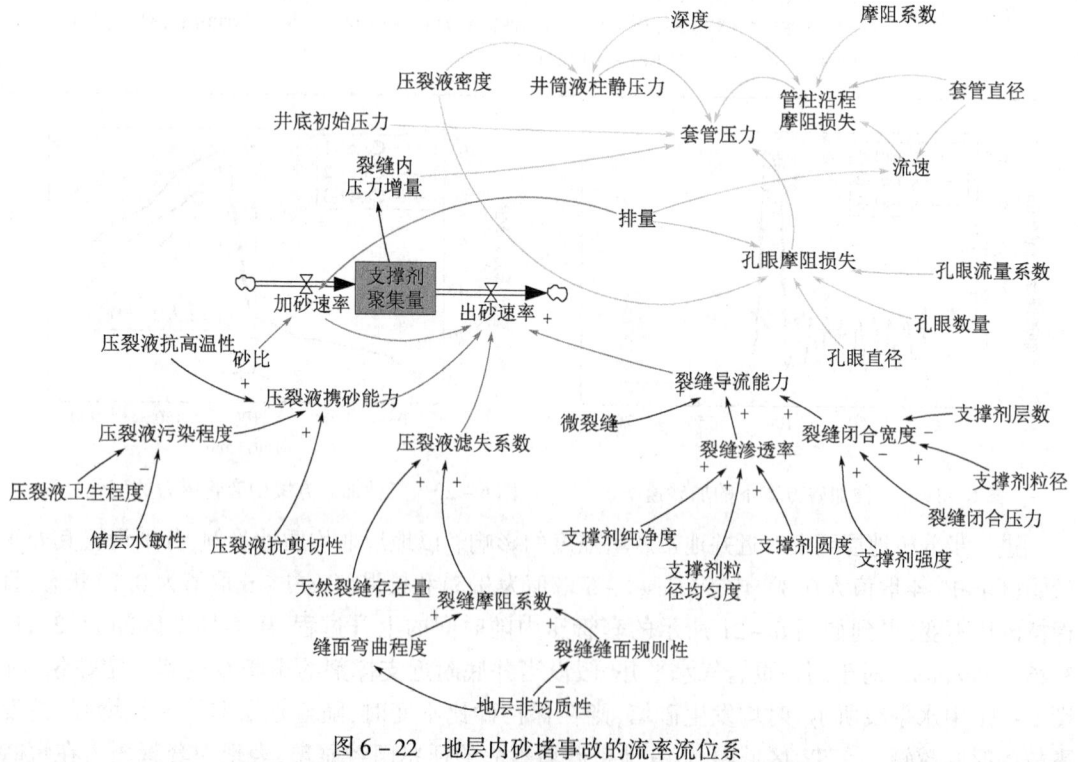

图 6-22 地层内砂堵事故的流率流位系

2. 地层内砂堵 SD 仿真

对于地层内砂堵,套管压力是其表征参数。为了模拟微裂缝体系导致大量压裂液滤失而引起的层内砂堵,本案例模拟了3种微裂缝体系,对应的方程式列于表6-7,其中数字"2"表示微裂缝体系出现,数字"-2"表示出现的微裂缝体系已被支撑剂填充。上述3种微裂缝体系的不同之处在于:微裂缝体系出现的时间点不同,且每次微裂缝体系持续的时间不同,其图形化表述如图6-23所示。辅助变量"裂缝导流能力"的动力学方程改写为"IF THEN ELSE(微裂缝<2,裂缝渗透率×裂缝闭合宽度,0)",砂比的图形化显示如图6-24所示。

表 6-7　三种微裂缝体系

方案	方程式
Case2-1	STEP(2,85) + STEP(-2,92) + STEP(2,103) + STEP(-2,111) + STEP(2,120) + STEP(-2,130) + STEP(2,140) + STEP(-2,150)
Case2-2	STEP(2,83) + STEP(-2,90) + STEP(2,100) + STEP(-2,103) + STEP(2,110) + STEP(-2,115) + STEP(2,130) + STEP(-2,135) + STEP(2,143) + STEP(-2,150)
Case2-3	STEP(2,80) + STEP(-2,85) + STEP(2,94) + STEP(-2,102) + STEP(2,112) + STEP(-2,116) + STEP(2,125) + STEP(-2,130) + STEP(2,138) + STEP(-2,144) + STEP(2,152) + STEP(-2,155)

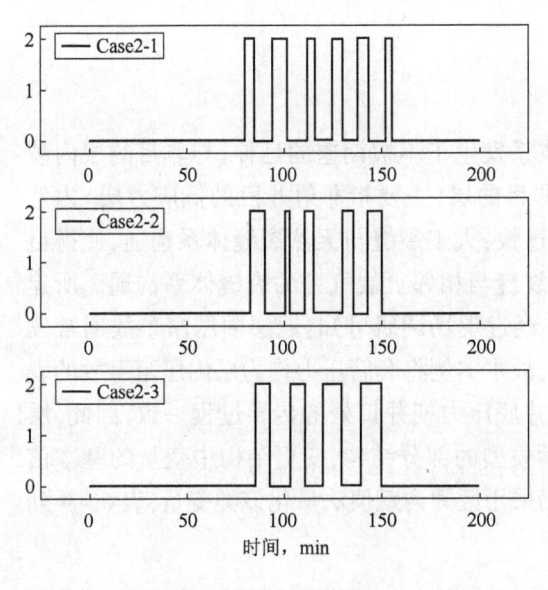

图 6-23　三种微裂缝体系

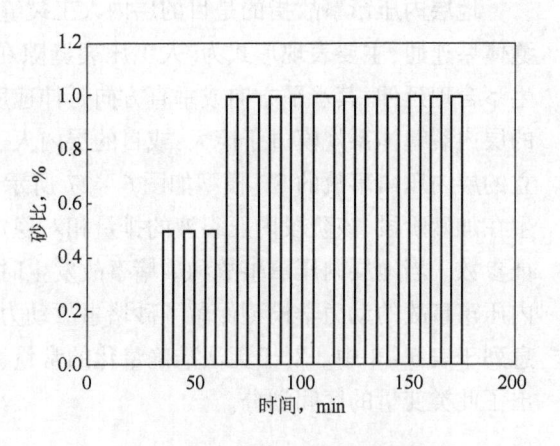

图 6-24　支撑剂的比例系数(砂比)

模拟不同的微裂缝体系,得到出砂速率和套管压力的演变过程,如图 6-25 和图 6-26 所示。当储层中微裂缝体系与压裂缝连通之后,支撑剂快速流入微裂缝中,等效于储层的出砂速率增大;当微裂缝填充之后,会引起支撑剂在主裂缝中继续聚集,等效于储层的出砂速率减小。由于微裂缝隙是不定时出现,因此,当多个微裂缝隙交替出现时,出砂速率的变化过程则如图 6-25 所示。从图 6-26 中 T4 区域可看出,当加砂排量和砂比相对平稳时,地层内的微裂缝体系会使套管压力呈现出波浪形上升趋势,且具有波峰和波谷的特征。这种现象可解释为:当微裂缝体系引起地层内砂堵时,会导致出砂速率的波形振荡,直接引起主裂缝内支撑剂的聚集量呈现波动上升过程,进而产生套管压力波浪形上升的过程。

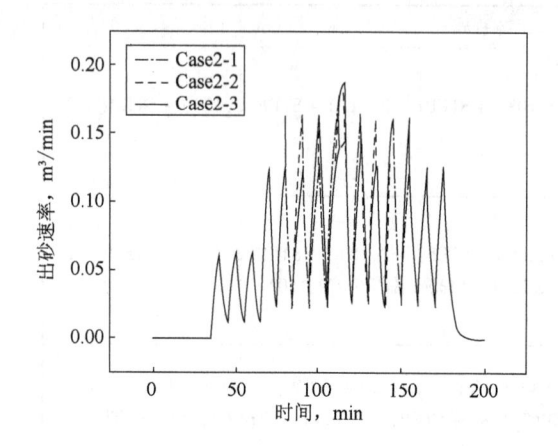

图 6-25　三种微裂缝体系下出砂速率

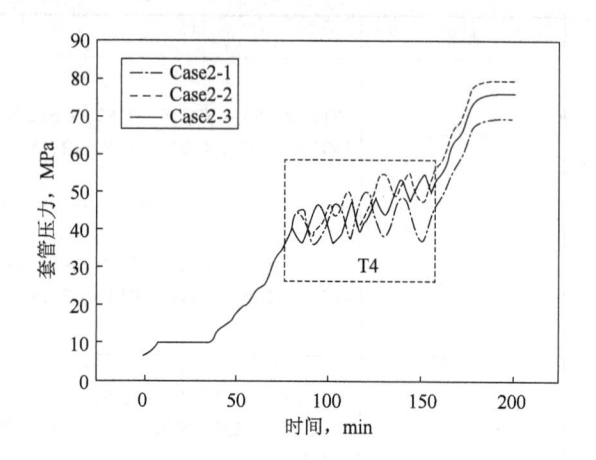

图 6-26　三种微裂缝体系下套管压力的变化过程

(三)地层内压窜事故动力学行为研究

1. 地层内压窜 SD 建模

地层内压窜事故指的是目的层内人工裂缝体系发生了不被期望的延伸,与非目的层内裂缝体系连通,主要表现形式为:人工压裂缝隙在非目的层(主要指非射井段的低应力层)内发生不合理延伸,其水平方向或垂直方向延伸速度过快;人工裂缝与天然裂缝体系沟通,使得目的层内裂缝体系规模过于庞大;或目的层内人工裂缝与相邻页岩气井的裂缝体系沟通。所建立的层内压窜事故的 SD 模型如图 6-27 所示。经过现场调研可知:地层内压窜事故通常发生在加砂阶段,该阶段内压裂液的排量相对稳定,故本案例将套管压力作为层内压窜事故的表征参数。当地层内压窜事故和砂堵事故发生时,井底压力朝井口处的传导过程一致,因此,层内压窜事故的动力学模型保留了砂堵事故动力学模型的部分结构,变更结构中变量的基本信息列于表 6-8 中。对于无法准确量化的常量,仍采用区间内赋值法量化该类变量,表 6-9 列出了此类变量的区间划分。

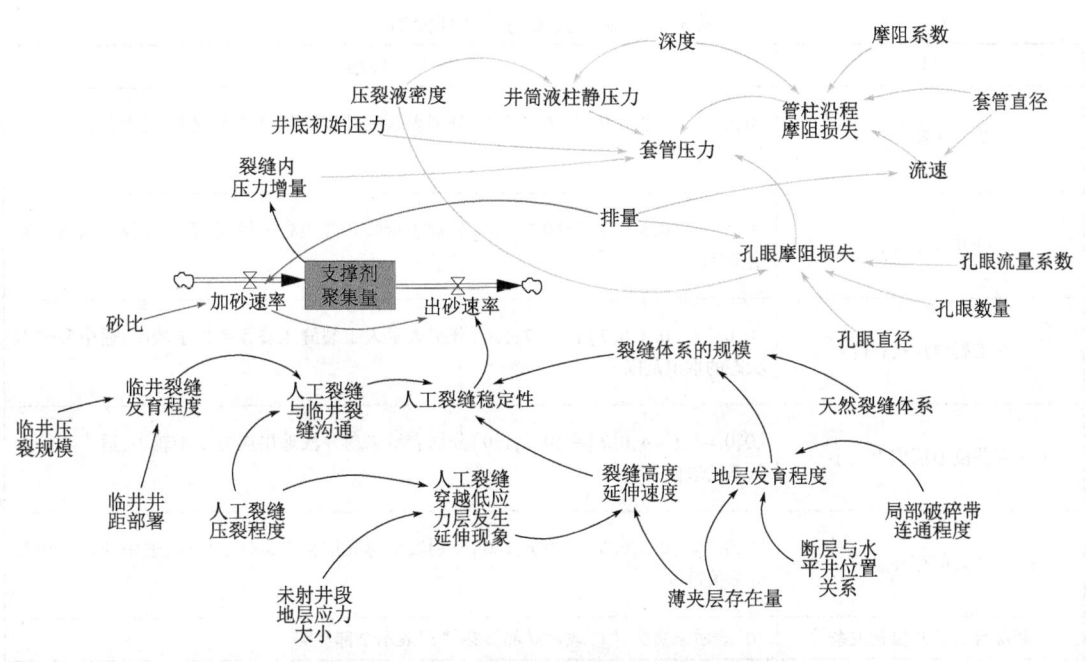

图 6-27 地层内压窜事故的流率流位系

表 6-8 地层内压窜系统动力学模型中部分变量

变量	变量类型	初始值或方程式
临井压裂规模	常量	0.8
临井井距部署	常量	0.6
临井裂缝发育程度	辅助变量	临井井距部署×临井压裂规模
人工裂缝压裂程度	常量	0.65
人工裂缝与临井裂缝沟通	辅助变量	临井裂缝发育程度×人工裂缝压裂程度
未射井段地层应力大小	常量	0.35
人工裂缝穿越低应力层发生延伸现象	辅助变量	IF THEN ELSE(未射井段地层应力大小 < 人工裂缝压裂程度, 人工裂缝压裂程度 − 未射井段地层应力大小, 0)
薄夹层存在量	常量	0.7
断层与水平井位置关系	常量	3
局部破碎带连通程度	常量	0
裂缝高度延伸速度	辅助变量	薄夹层存在量×人工裂缝穿越低应力层发生延伸现象
地层发育程度	辅助变量	IF THEN ELSE[(局部破碎带连通程度+断层与水平井位置关系) > 0, 局部破碎带连通程度+断层与水平井位置关系+薄夹层存在量, 薄夹层存在量]
天然裂缝体系	常量	STEP(1,95) + STEP(−1, 100) + STEP(2, 110) + STEP(−2, 180)
裂缝体系的规模	辅助变量	地层发育程度+天然裂缝体系
人工裂缝稳定性	辅助变量	人工裂缝与临井裂缝沟通+裂缝体系的规模+裂缝高度延伸速度

表 6-9 部分变量的区间划分标准

变量	划分标准
临井压裂规模	[0,0.3],(0.3,0.7]和(0.7,1.0]分别表示临井压裂规模处于较小,适中和较大状态的取值范围
临井井距部署	[0,0.3],(0.3,0.7]和(0.7,1.0]分别表示临井井距处于较远,适中和较近状态的取值范围
人工裂缝压裂程度	[0,0.3],(0.3,0.7]和(0.7,1.0]分别表示人工裂缝压裂程度处于较小,适中和较大状态的取值范围
未射井段地层应力大小	[0,0.4],(0.4,0.7]和(0.7,1.0]分别表示未射井段地层应力处于较小,适中和较大状态的取值范围
薄夹层存在量	[0,0.3],(0.3,0.6]和(0.6,1.0]分别表示薄夹层存在量处于较少,适中和较多状态的取值范围
断层与水平井位置关系	"0"表示未贯穿,"1"表示局部贯穿,"2"表示全部贯穿
局部破碎带联通程度	[0,0.3],(0.3,0.7]和(0.7,1.0]分别表示破碎带小部分连通,局部连通,绝大部分连通状态的取值范围
天然裂缝体系	"0"表示不存在天然裂缝,"1"表示存在少量天然裂缝,"2"表示存在大量天然裂缝

2. 地层内压窜 SD 仿真

表 6-10 列出了四种工况下发生的地层内压窜。Case3-1 为初始模型的仿真,套管压力的变化过程如图 6-28 中 Case3-1 曲线所示;在 Case3-2 中,未射井段地应力强度由 0.5 变为 0.15,即非射井段的地应力强度较低,套管压力变化趋势为图 6-28 中 Case3-2 曲线所示;相对于初始模型,Case3-3 将地层中局部破碎带连通程度由 0 变为 0.5,套管压力如图 6-28 中 Case3-3 曲线所示;相较于第二种工况,第四种工况将局部破碎带连通程度由 0 变为 0.5,套管压力波动过程如图 6-28 中 Case3-4 曲线所示。可看出,当地层内压窜出现时,压力出现大幅下降趋势,压力梯度区间为 [−0.22,−0.16]。这是不被期望裂缝引起了主裂缝内的支撑剂快速外流,从而引起出砂速率的增加,导致井底附近压力的快速下降,表现为套管压力的连续下降。比较前三种工况下的套管压力演变规律可看出,局部破碎带连通对地层压窜的作用强度更大,这是由于地层破碎带自身内部存在大量裂缝体系,加剧了支撑剂的快速流入。

表 6-10 四种不同的地层工况

案例	工况
Case3-1	未射井段地应力强度为 0.5,局部破碎带连通程度为 0(即未连通)
Case3-2	未射井段地应力强度为 0.15,局部破碎带连通程度为 0(即未连通)
Case3-3	未射井段地应力强度为 0.5,局部破碎带连通程度为 0.5
Case3-4	未射井段地应力强度为 0.15,局部破碎带连通程度为 0.5

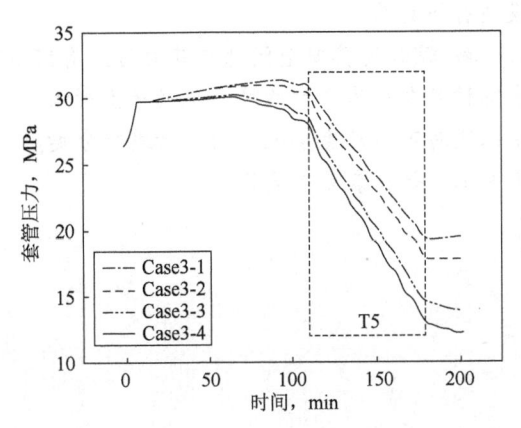

图 6-28　四种地层工况下套管压力的变化过程

综上所述，三种事故发生时套管压力的典型趋势特征见表 6-11。

表 6-11　套管压力的典型趋势特征

事故类型	典型曲线特征
近井地带砂堵	套管压力短时间内呈现出快速上升趋势
地层内砂堵	套管压力呈现出波浪式上升趋势
地层内压窜	套管压力呈现出大幅度连续下降趋势

(四) 实例分析小结

(1) 针对致因耦合作用下页岩气压裂作业井下事故的动力学行为，以揭示事故表征参数的演变规律为目标，提出了基于系统动力学的井下事故致因机理研究方法。在分析地层因素、设计因素和压裂施工因素之间的相互作用基础上，建立井下事故系统动力学模型，揭示井下事故发生时事故表征参数的典型趋势特征。

(2) 案例分析以水平井套管内桥塞分段压裂过程中的近井地带砂堵、地层内砂堵和地层内压窜事故为研究对象，通过建模与仿真分析，得到如下结论：

①套管压力是上述三种井下事故的表征参数；

②当近井地带发生砂堵时，套管压力在短时间内呈现出快速上升的趋势特征；

③当地层内发生砂堵时，套管压力呈现出波浪形上升的趋势特征；

④当地层内压窜事故发生时，套管压力呈现出大幅度下降的趋势特征。

思考题

1. 系统动力学有哪些特点？
2. 系统动力学中一般用什么来表示反馈结构，并尝试绘出典型的存量流量图。

3. 试描述系统动力学建模过程。
4. 简要说明系统与模型有何关系。
5. 在油气生产与加工领域,试描述其安全问题与其他行业有何不同。
6. 分析在炼化系统中哪种安全行为会对故障—扰动产生影响。
7. 按形成原因和发生位置对不同产生情况下的砂堵进行分类。
8. 试描述页岩气水平井工厂化压裂施工流程。

第七章 复杂系统异常工况溯源方法

第一节 基于关联规则的异常工况推理溯源方法

油气生产过程复杂多变,为了减少事故发生频率、降低后果损失,预警系统已经开始逐渐应用到油气生产过程中。但现有预警系统大多只针对异常工况进行监测报警,无法对报警根原因进行准确的判别和溯源。因此及时并准确地推理分析出报警发生的深层次根原因,能有效帮助操作人员最快地处理异常工况,降低事故发生概率。

近年来,国内学者针对报警原因分析做了大量的工作,主要分为两类:

(1)基于参数间因果关系的方法,主要为符号有向图方法,但该方法未考虑参数间的相关关系,且需要大量的专家经验和前期分析工作,建模复杂,在线效果差。

(2)基于参数间相关关系的方法,包括 Pearson 相关系数法、Spearman 相关系数法和关联规则。Pearson 相关系数法只能分析数据间的线性关系,对于非线性特征的油气生产数据分析效果不好。相比 Pearson 相关系数法,Spearman 相关系数法可以分析变量间的非线性关系。关联规则算法通过分析参数间的相关关系,根据计算出的关联规则判断一个参数变化时是否会影响其他参数,从而进行故障诊断。但是关联规则算法需要事先对变量间的关系进行大量的人工分析,得出布尔矩阵,才能计算支持度和置信度,主观影响较大。

因此,针对以上问题,本章提出一种结合 Spearman 相关系数和关联规则的油气生产过程异常工况智能推理溯源方法,对变量进行相关性分析,并将相关系数矩阵转换成布尔矩阵应用于关联规则算法中,得出强关联规则,用于过程参数异常工况的根原因分析。

一、关联规则分析基本理论

(一)Spearman 相关系数法

假设生产过程中一段时间内两个参数的历史数据序列分别为 $X = [X_1, X_2, \cdots, X_n]$, $Y = [Y_1, Y_2, \cdots, Y_n]$, n 为样本点个数。为了实时计算相关系数,设置时间窗中样本点的个数为50,时间窗的步长为20个样本点。Spearman 相关系数又称为秩相关系数,是对两个变量的秩作线性分析,以此来衡量变量间是否单调相关。向量 X 和 Y 的秩之间的相关系数计算公式为:

$$\rho = \frac{\sum_{i=1}^{n}(r_i - \bar{r})(s_i - \bar{s})}{\sqrt{\sum_{i=1}^{n}(r_i - \bar{r})^2}\sqrt{\sum_{i=1}^{n}(s_i - \bar{s})^2}} \tag{7-1}$$

式中　r_i 和 s_i——分别代表向量 X 和 Y 的秩，$i=1,2,\cdots,n$；

　　　ρ——取值范围为 $[-1,1]$，ρ 为正数代表两个参数正相关，ρ 为负数代表两个参数负相关，ρ 为 0 时代表两个参数无关。

参数间的相关系数代表着过程中两个参数间的关联程度，相关系数越大，两个参数的关联程度越高。但关联规则算法的输入必须为布尔矩阵，因此，需要设定一个强关联系数将相关系数矩阵转化为布尔矩阵。参数间的强关联系数的设定对于参数间布尔矩阵的得出有很大影响，强关联系数过大，得出的关联规则个数会过少，反之，关联规则个数则过多。本文选取相关系数 $\rho>0.6$ 或者 $\rho<-0.6$ 的两变量看作强相关，$-0.6\leq\rho\leq0.6$ 之间的两变量看作弱相关或不相关，并以此作为关联规则算法的输入，见表 7-1。

表 7-1　单相关系数与布尔矩阵对应关系

相关系数取值	$\rho>0.6$	$-0.6\leq\rho\leq0.6$	$\rho<-0.6$
布尔值	1	0	1

(二) 关联规则算法

根据表 7-1 得到布尔矩阵，将其作为关联规则算法的输入，从而计算出变量之间的关联规则。比较各关联规则的支持度和置信度大小，选出最大支持度和置信度的强关联规则，并分析出参数异常报警的原因。布尔矩阵的每一行都可以看作一个项集，支持度即为一个项集在所有项集中出现的频率，参数 $X\Rightarrow$ 参数 Y 的支持度就是指 X 和 Y 同时出现在一个项集中的次数在总项集中的概率。若项集支持度大于最小支持度，则称它为频繁项集。参数 $X\Rightarrow$ 参数 Y 的置信度是指参数 X 和参数 Y 同时出现在一个项集的次数在所有含参数 X 的项集中占的比例。用 Apriori 算法对布尔矩阵进行不断地扫描和非频繁项集剪枝，得到参数间的关联规则，关联规则需要满足最小支持度(min-sup)和最小置信度(min-con)。

Apriori 算法是关联规则中最经典的算法，是寻找频繁项集的基本算法，即用 k 项集去探索 $(k+1)$ 项集。Apriori 算法使用频繁项集性质的先验知识，首先找出频繁 1 项集的集合，记作 L_1。利用 L_1 找出频繁 2 项集的集合 L_2，如此反复，直到不能找出频繁 k 项集。在此算法中须不断重复连接和剪枝：

(1) 连接。为找到 F_k，通过 F_{k-1} 与自己连接产生候选 k 项集。该候选项集的集合记作 L_k。设 F_1 和 F_2 是 F_{k-1} 中的项集，执行连接 $F_k - 1\infty F_{k-1}$，其中 F_{k-1} 的元素 F_1 和 F_2 是可以连接的。

(2) 剪枝。L_k 的成员不一定都是频繁的，所有的频繁 k 项集都包含在 L_k 中。扫描数据库,确定 L_k 中每个候选集计数,并利用 F_{k-1} 剪掉 L_k 中的非频繁项,从而确定 F_k。

二、异常工况智能推理溯源方法及实施步骤

针对现有复杂系统异常工况原因分析方法在进行变量间相关关系分析时需要依赖大量专家经验,并无法实现在线原因推理计算等问题,提出一种异常工况智能推理溯源方法,具体步骤如下:

步骤1:选取两个变量 $X = [X_1, X_2, \cdots, X_n]$,$Y = [Y_1, Y_2, \cdots, Y_n]$,设置窗口长度为 M,步长为 N,将变量分为若干组,根据式(7-1)利用 Spearman 相关系数法计算出两个变量的相关系数矩阵 ρ;

步骤2:根据表7-1中相关系数与布尔矩阵的对应关系,将得到的布尔矩阵作为关联规则算法的输入;

步骤3:设置 min-sup 和 min-con,扫描布尔矩阵 D,对每个候选项进行支持度计数,比较候选项支持度计数与最小支持度 min-sup,重复连接和剪枝操作,直到不能找到频繁 k – 项集,从而得到变量间的关联规则;

步骤4:根据支持度和置信度大小,选出支持度和置信度最大的作为强关联规则,并以此推理出参数异常报警原因。

三、丙烷塔超压异常工况案例分析

丙烷塔作为气分装置的一部分,起着至关重要的作用。其作用为分离碳三和碳四,塔顶采出碳三组分,流入乙烷塔继续分离,最后在乙烷塔的塔底采出作为丙烯塔进料。丙烷塔正常工作期间,某时刻塔底液位发出低位警报,后在操作人员操作下回到正常水平。丙烷塔装置有14个参数,见表7-2。

表7-2 丙烷塔参数

序号	名称	序号	名称	序号	名称
1	进料缓冲罐顶压力	6	塔顶压控	11	回流罐底液位
2	塔顶温度	7	进料流量	12	气烃返塔温度
3	塔底温度	8	回流量	13	蒸气流量
4	进料温度	9	塔底液位	14	原料缓冲罐液位
5	底液温度	10	回流罐顶压控		

异常工况智能推理溯源方法如下。

(1)步骤1:选取一次丙烷塔塔底液位偏低的异常数据,共200组参数数据作为测试数据。设窗口长度 M 为50组,步长 N 为20组,利用 Spearman 相关系数法分别计算出两个变量的相关系数 ρ,见表7-3。

表 7-3　参数间 Spearman 相关系数

参数 1	参数 2	参数 3	…	参数 13	参数 14
0.8251	-0.3171	-0.7428	…	-0.5079	-0.5277
0.8076	-0.4971	-0.7483	…	0.6691	-0.1749
0.4038	-0.0252	-0.3665	…	0.4568	0.1253
-0.5884	0.2671	0.5155	…	-0.5537	-0.3039
…	…	…	…	…	…
-0.8640	-0.2470	0.3210	…	0.4260	-0.5144

(2)步骤 2：根据表 7-1 和表 7-3 确定关联规则布尔矩阵见表 7-4。

表 7-4　数关联规则布尔矩阵

参数 1	参数 2	参数 3	…	参数 13	参数 14
1	0	1	…	0	0
1	0	1	…	1	0
0	0	0	…	0	0
0	0	0	…	0	0
…	…	…	…	…	…
1	0	0	…	0	0

(3)步骤 3：设置 min-sup=0.4，min-cos=0.5，将布尔矩阵作为关联规则算法的输入，经过算法的扫描和计算，得到与塔底液位相关的强关联规则见表 7-5。

表 7-5　强关联规则

强关联规则	支持度	置信度
塔顶压控高⇒底液位低	0.78	1
回流罐液位低⇒底液位低	0.56	1

(4)步骤 4：由表 7-5 可以看出当塔顶压控偏高时，塔底液位会出现变低的置信度为 1，并且塔顶压控偏高和塔底液位变低现象同时出现的支持度为 0.78；当塔顶回流罐液位变低时，塔底液位变低的置信度也为 1，这两条关联规则的支持度都为 0.56。因此，通过本文方法对塔底液位低的异常情况分析，得出该异常情况是塔顶压控偏高导致的。

为了验证方法的有效性，对塔底液位、塔顶压力和回流罐液位进行了图像分析，确定后两个参数的变化确实与塔底液位有影响，参数变化图如图 7-1 所示。从图 7-1(b)可以看出塔顶压力开始逐渐升高，在第 325s 时达到峰值，为 1.815MPa。同时，从图 7-1(a)可以看出塔底液位随着塔顶压力的不断升高开始下降，130s 时低于报警下限，405s 时达到最低值 44.58%。但随着塔顶压力出现下降，塔底液位也随之上升，逐渐回到正常值。经过现场分析，塔底液位发生低位报警是在调节塔顶压力时幅度过大，造成压力值上升过快并欲超过报警上限导致的。在 325s 后，操作人员采取加大塔顶冷凝器循环水量，增大了回流量，使塔底液位回到正常值，如图 7-1(c)所示。

(a)丙烷塔塔底液位变化情况

(b)丙烷塔塔顶压控变化情况

(c)丙烷塔回流罐液位变化情况

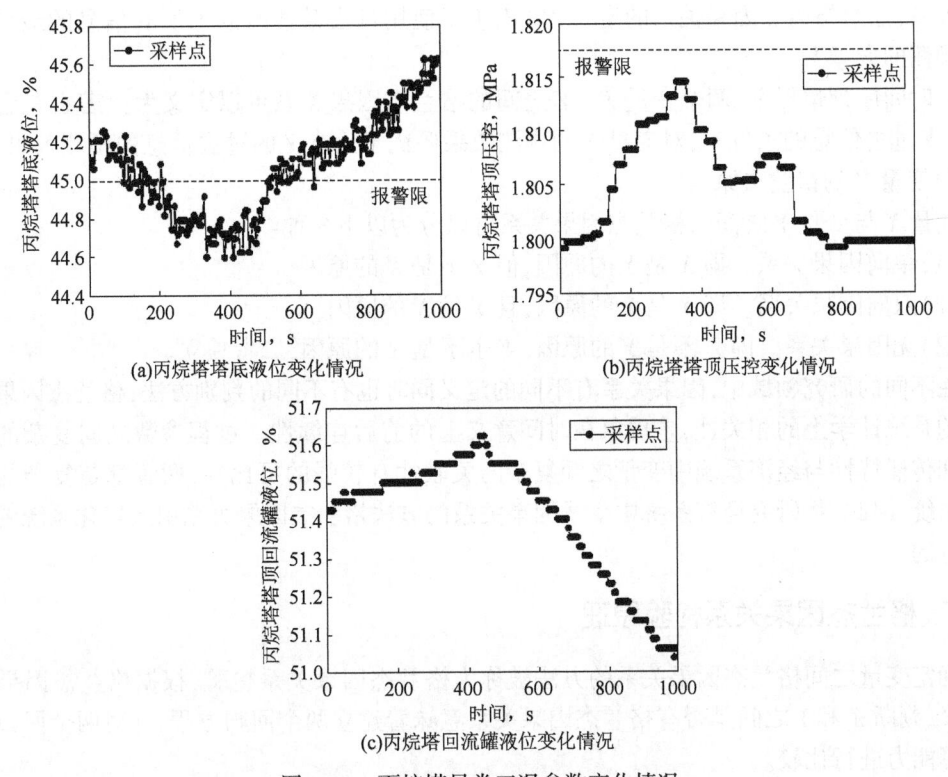

图7-1 丙烷塔异常工况参数变化情况

第二节 格兰杰因果关系检验概述

现有的复杂工业系统故障溯源方法存在以下不足：

(1)现有的基于模型的溯源方法对多参量、耦合参量报警的根本原因无法准确地进行溯源；

(2)现有的基于人工神经网络的方法需要大量的异常工况及故障样本进行训练，而实际生产运行过程中样本极度不平衡，海量正常工况样本而异常工况样本匮乏，限制了该方法的使用范围，同时该方法无法对判断的结果进行解释。

针对现有方法的不足，本章提出基于格兰杰因果关系检验的系统自适应数据驱动故障溯源方法，在装置工艺过程分析和系统动力学(SD)建模分析的基础上，确定装置过程参数之间的关联关系，然后使用格兰杰因果关系检验对过程参数的时间序列数据进行分析，明确过程参数变化的因果关系，并最终确定系统中故障传播路径与报警的根原因。

一、格兰杰因果关系的定义

在工程学中，因果关系被定义为："系统的输出和内部状态取决于当前和以前的输入值"。一个具有普适性的因果定义为："依据一定规律的一事物对另一事物的可预测性"。

在计量经济学研究领域中，格兰杰(Granger)提出了一种基于预测的因果关系，即格兰杰因果关系,他给格兰杰因果关系的定义为"依赖于使用过去某些时点上所有信息的最佳最小二乘预测的方差"。

在时间序列情形下,两个变量 X、Y 之间的格兰杰因果关系可以定义为:"若在包含了变量 X、Y 过去信息的条件下,对变量 Y 的预测效果要优于只有 Y 的过去信息的预测效果,则变量 X 是变量 Y 的格兰杰原因"。

变量 X 与变量 Y 之间的格兰杰因果关系可以分为以下 3 种:
(1)单向因果关系。即 X 是 Y 的原因,但 Y 不是 X 的原因。
(2)双向因果关系。即 X 是 Y 的原因,且 Y 是 X 的原因。
(3)无因果关系。即 X 不是 Y 的原因,Y 也不是 X 的原因,二者独立。

在不同的研究领域中,因果关系有不同的定义同时也有不同的判别方法,格兰杰因果关系表达的是统计学上的相关性,是现象在时间意义上的前后连续性。过程参数之间复杂的因果关系和传播特性与经济系统中变量之间复杂的关联性有较强的可比性,两者都是复杂的非线性大系统,因此,将研究经济系统中变量因果关系的方法格兰杰因果关系引入炼化系统的研究是可行的。

二、格兰杰因果关系检验原理

确定变量之间格兰杰因果关系的方法被称为格兰杰因果关系检验,根据格兰杰因果关系的定义,判断 X 和 Y 之间是否有格兰杰因果关系意味着建立两个回归方程,并对两个回归方程的解释能力进行比较。

对两个变量 X、Y 进行格兰杰因果关系检验,需要构造含有 X 和 Y 的滞后项的回归方程:

$$y_t = \sum_{i=1}^{q} \alpha_i x_{t-i} + \sum_{j=1}^{q} \beta_j y_{t-j} + u_{1t} \tag{7-2}$$

$$x_t = \sum_{i=1}^{s} \lambda_i x_{t-i} + \sum_{j=1}^{s} \delta_j y_{t-j} + u_{2t} \tag{7-3}$$

其中,u_{1t} 和 u_{2t} 为白噪声;α_i 和 λ_i 为 x 的系数估计值;β_j 和 δ_j 为 δ_j 的系数估计值;q 和 s 为滞后期长度,滞后期长度的最大值为回归模型阶数。若式(7-2)中 $\alpha_i(i=1,\cdots,q)$,在统计学上整体显著不为零,则 X 是 Y 的格兰杰原因。同理,若式中 $\delta_j(j=1,\cdots,s)$,在统计上整体显著不为零,则 Y 是 X 的格兰杰原因。

需要注意的是,进行格兰杰因果关系检验前必须检验变量时间序列是否协方差平稳,使用非协方差平稳的时间序列进行格兰杰因果关系检验可能会得出错误的结果。为了避免该问题的发生,在进行格兰杰因果关系检验前需要使用增广迪基—福勒(Augmented Dickey Fuller,ADF)检验对变量进行检验,如果 ADF 检验结果证明变量非协方差平稳,则在进行格兰杰因果关系检验前对其进行一阶差分处理。

三、基于格兰杰因果关系检验的炼化系统故障溯源方法

使用格兰杰因果关系检验进行油气生产系统故障溯源的步骤如下:

(一)系统工艺过程分析及过程

参数选取根据 P&ID 图、系统危险与可操作性(HAZOP)分析数据,系统动力学(SD)建模

分析得出的过程参数之间的关联关系,进一步分析明确这些过程参数之间的相互作用与影响关系。为了方便结果的表示和后续步骤的需要,建立过程参数作用关系图。

在过程参数发生报警后,根据过程参数作用关系图,选出可能造成该过程参数报警的其他过程参数,即报警的可能原因,待后续做进一步的甄别检验。

(二)提取过程参数的时间序列数据

为第一步中选出的过程参数和发生报警的过程参数提取时间序列数据。时间序列数据时间范围是从发生报警的时刻开始,向前20min 的历史数据。

假设第一步中选出的可能造成报警的过程参数有 m 个,将它们的时间序列分别设为 $\{x_{1t}\},\{x_{2t}\},\cdots,\{x_{rt}\},\cdots,\{x_{mt}\}$,同时将发生报警的过程参数时间序列设为 $\{y_t\}$。

(三)格兰杰因果关系检验

将可能造成报警的过程参数时间序列 $\{x_{1t}\},\{x_{2t}\},\cdots,\{x_{rt}\},\cdots,\{x_{mt}\}$ 与报警的过程参数时间序列 $\{y_t\}$ 进行格兰杰因果关系检验,以过程参数时间序列 $\{x_{rt}\}$ 为例来说明格兰杰因果关系检验流程。

1. 检验数据协方差平稳性及数据预处理

首先,使用 ADF 检验对 $\{x_{rt}\}$、$\{y_t\}$ 进行检验,验证其是否协方差平稳,若时间序列非协方差平稳,则对时间序列进行一阶差分处理,一阶差分计算公式见式(7-4),其中 w_t 为需要进行差分运算的时间序列,∇w_t 为 w_t 的一阶差分。

$$\nabla w_t = w_t - w_{t-1} \tag{7-4}$$

2. 构造回归方程

研究时间序列 $\{x_{rt}\}$ 是否是 $\{y_t\}$ 的格兰杰原因时,需要构造含有 x_r 的滞后项和 y 的滞后项的回归方程,见式(7-5):

$$y_t = \sum_{i=1}^{q} \alpha_i x_{r(t-i)} + \sum_{i=1}^{q} \beta_i y_{t-i} + u_{1t} \tag{7-5}$$

其中,u_{1t} 和 u_{2t} 为白噪声;q 为滞后项的个数;$\alpha_i(i=1,\cdots,q)$ 为 x_r 的系数估计值;$\beta_i(i=1,\cdots,q)$ 为 y 的系数估计值,同时计算此回归方程残差平方和 RSS_R。

构造 y 对所有滞后项 $y_{t-i}(i=1,\cdots,q)$ 及其他变量的回归方程,此回归中不包括 x_r 的滞后项 $x_{r(t-i)}(i=1,\cdots,q)$,见式(7-6),计算此回归方程残差平方和 RRS_{UR}。

$$y_t = \sum_{i=1}^{q} \beta_i y_{t-i} + u_{2t} \tag{7-6}$$

3. 建立零假设及 F 检验

建立零假设:$H_0:\alpha_i = 0(i=1,\cdots,q)$,即 $\{x_{rt}\}$ 不是 $\{y_t\}$ 的格兰杰原因。使用 F 检验来检验此假设:

$$F = \frac{\dfrac{RSS_R - RSS_{UR}}{q}}{\dfrac{RSS_{UR}}{n-k}} \tag{7-7}$$

式(7-7)遵循自由度为 q 和 $(n-k)$ 的 F 分布; n 是样本容量; q 是滞后项的个数; k 为 y_t 对不包括 x_t 的滞后项 $x_{r(t-i)}(i=1,\cdots,q)$ 做的回归中待估参数的个数。

确定需要的显著性水平 a 并计算 F_a 的值,如果 $F>F_a$,则拒绝零假设 H_0,说明 $\{x_{rt}\}$ 是引致 $\{y_t\}$ 的格兰杰原因,其因果关系的量值可由 F 值表示。

对 $\{x_{rt}\}$ 与 $\{y_t\}$ 进行格兰杰因果关系检验的流程如图7-2所示。

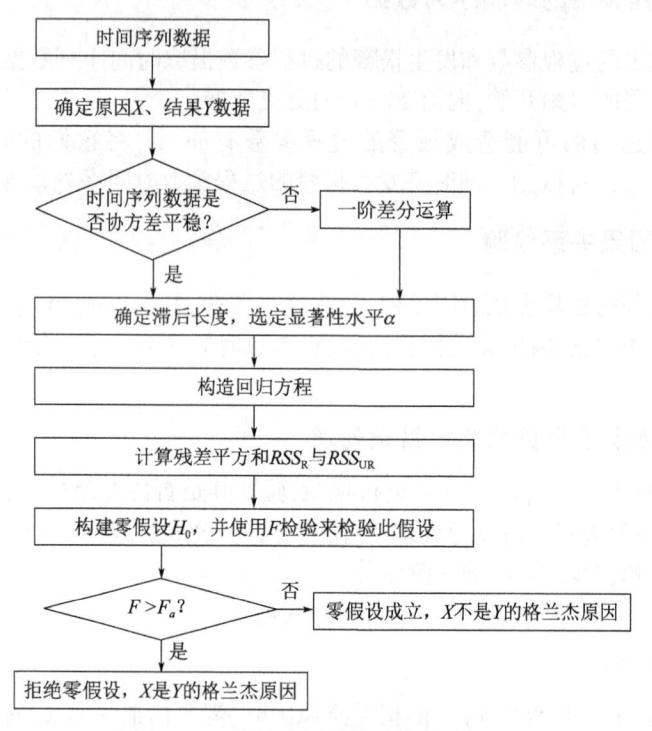

图 7-2 格兰杰因果关系检验流程图

重复1~3步,将可能造成报警的过程参数时间序列 $\{x_{1t}\},\{x_{2t}\},\cdots,\{x_{rt}\},\cdots,\{x_{mt}\}$ 和报警的过程参数时间序列 $\{y_t\}$ 两两进行格兰杰因果关系检验。

4. 故障根本原因诊断及传播路径分析

根据计算得出的各个过程参数之间的因果关系量值,建立故障的定量因果关系图,使用定量因果关系图从发生报警的过程参数开始,寻找图中因果关系量值最大的路径,该路径即故障在系统中的传播路径,该路径终点的过程参数即故障的根原因。

当第一步中选出的过程参数过多时,建立的定量因果关系图就会变得较为复杂,不方便故障的推理诊断,为了提高推理的效率,根据下面的规则对建立的定量因果关系图进行简化:

(1)当出现串级控制时,将串级控制中的过程参数合并为一个,新的过程参数和其他过程参数的因果关系根据下面的原则来确定:新的过程参数与其他过程参数因果关系的方向不变,因果关系的量值为合并前过程参数因果关系量值的和;

(2)格兰杰因果关系检验的核心是预测性,当出现两个过程参数的变化趋势相似时,就会得出两个变量之间有格兰杰因果关系的结论,而该结论有时是没有实际意义的,故在第一步中分析过程参数之间的相互作用、影响关系的基础上,删去定量因果关系图中一些实际中无意义的路线；

(3)在定量因果关系图中出现类似 $\begin{smallmatrix}&A&\\B&\rightarrow&C\end{smallmatrix}$ 结构的因果关系时，为了方便推理的进行，将上述因果关系简化为 A→B→C，忽略 A→C 之间的因果关系。

四、减压炉装置案例分析

2014年3月6日，减压炉装置发生减压炉出口温度偏低的故障，参考 SD 模型中过程参数之间的关系，通过分析可知与减压炉出口温度(T1215)相关的过程参数有：减压炉炉膛温度(T1216)、减压炉进料流量(F1112)及减压炉燃料气流量(FI1513)。图7-3 为上述过程参数随时间变化的曲线，图中纵坐标为过程参数的值，横坐标为时间，图中第20分钟为故障发生的时刻。

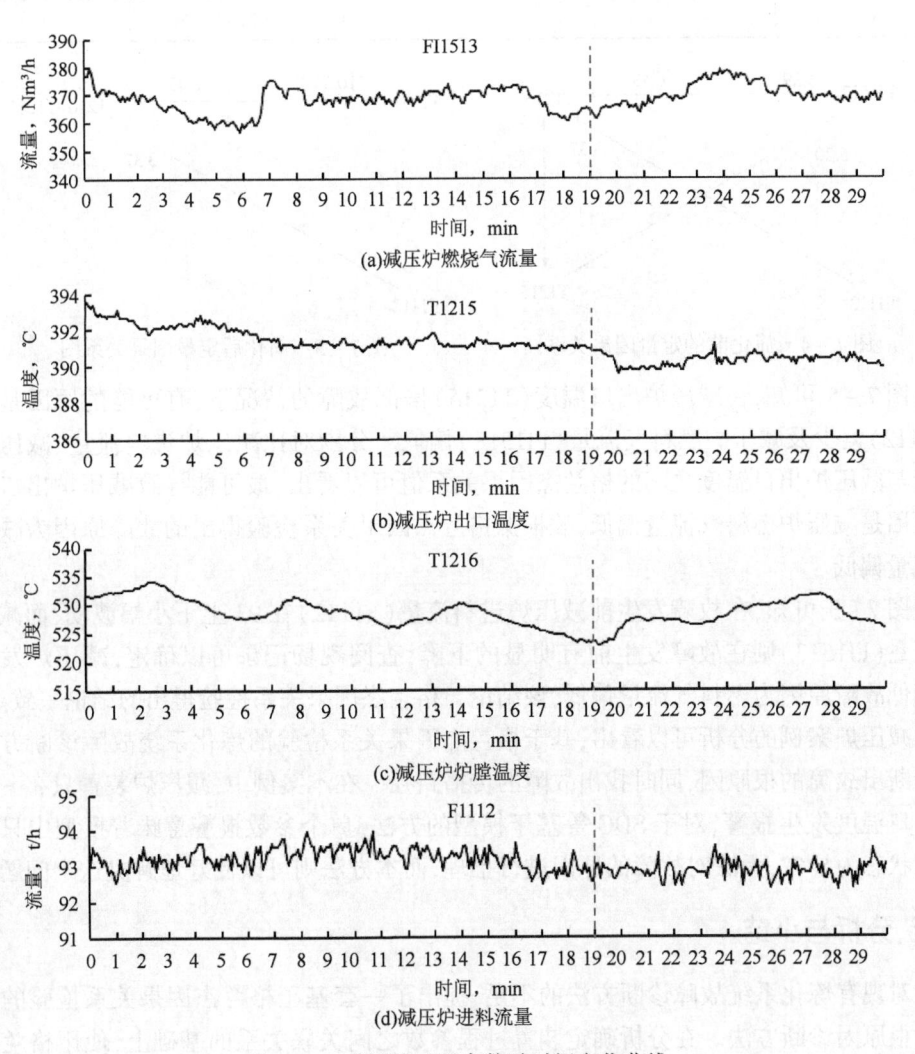

(a)减压炉燃烧气流量

(b)减压炉出口温度

(c)减压炉炉膛温度

(d)减压炉进料流量

图7-3 减压炉过程参数随时间变化曲线

使用前述章节中所确定的方法,对上述过程参数两两进行格兰杰因果关系检验,其结果如表 7-6 所示,在表 7-6 中列变量为可能原因变量,行变量为结果变量。

根据表 7-6 所示结果,绘制减压炉的定量因果关系图,如图 7-4 所示。由于减压炉中存在炉膛温度(T1216)与出口温度(T1215)的串级控制,根据已经确定的规则进行因果关系图的简化,简化后如图 7-5 所示。

表 7-6 格兰杰因果关系检验结果

结果 可能原因	FI1513	T1215	T1216	F1112
FI1513			6.43	
T1215	6.20		5.46	
T1216	4.39	6.31		
F1112			3.37	

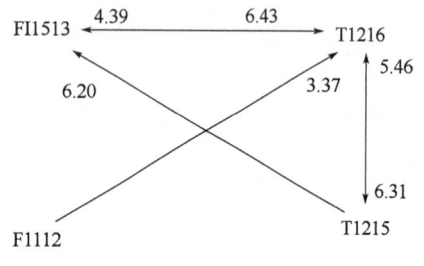

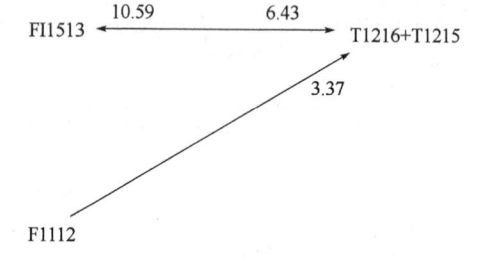

图 7-4 简化前的定量因果关系图　　图 7-5 简化后定量因果关系图

由图 7-5 可知,在减压炉出口温度(T1215)偏低故障的情况下,有可能的原因是进料流量(F1112)偏少及减压炉燃料气流量(FI1513)偏低。分别对比减压炉进料流量、减压炉燃料气流量与减压炉出口温度之间的格兰杰因果关系值可以看出,最可能导致减压炉出口温度偏低的原因是减压炉燃料气流量偏低,故根据格兰杰因果关系检验得出的故障原因为减压炉燃料气流量偏低。

由图 7-3 可知,在故障发生前减压炉进料流量(F1112)在 93 上下小幅波动,而减压炉燃料气流量(FI1513)则在故障发生前有明显的下降,查阅现场记录可以确定,减压炉发生出口温度偏低故障原因为燃料气流量偏低,该结论与格兰杰因果关系检验得出的结论一致。

由减压炉案例的分析可以看出,基于格兰杰因果关系检验的炼化系统故障诊断方法可以准确诊断出故障的根原因,同时找出故障的传播路径。在本案例中,减压炉装置只有一个过程参数出口温度发生报警,对于 SDG 等基于模型的方法,单个参数报警意味着模型中只有一个节点的状态为异常,无法对故障的原因进行推理,而本方法则可以良好地解决这个问题。

五、分析与小结

针对现有炼化系统故障诊断方法的不足,提出了一套基于格兰杰因果关系检验的炼化系统故障根原因诊断方法。在分析确定装置过程参数之间关联关系的基础上,使用格兰杰因果关系检验对过程参数的时间序列数据进行分析,明确过程参数之间变化的因果关系,最终确定炼化系统中故障传播路径与报警的根原因。

以现场常压塔为应用对象,发生异常工况后采用该方法进行故障根原因诊断,结果表明,该方法可以准确地诊断出系统中存在的故障根源,并揭示故障在系统中的传播路径,结果准确,方法有效性得到充分验证。本方法提供故障根源的准确辨识可有效避免严重事故的发生、改善产品质量及减少维修成本。

第三节　基于 BN-FRAM 的油气生产异常工况溯源方法

在复杂油气钻完井、非常规油气压裂等过程中,无法准确获得地层变化,导致在油气生产作业过程中难免出现砂堵、沉砂、压窜、井漏等异常工况。因此,对异常工况溯源,并提出相应的对策,对减少同类异常工况的发生、非常规油气资源的高效利用及提高压裂等作业成功率具有重要意义。

传统异常溯源分析方法认为系统异常状态是由影响因素有序发生或是多个潜在异常事件的层级叠加导致的。但对于油气开采过程,如页岩气压裂过程,异常状态的发生原因十分复杂,压裂过程因素的复杂交互、紧密耦合导致了砂堵、沉砂等异常状态,显然,传统方法无法准确识别出压裂异常工况的发生过程及根本原因。

功能共振事故模型(functional resonance accident model,FRAM)从系统整体的角度对异常进行溯源分析,通过分析系统功能网络结构图,考虑了系统异常因素的复杂交互与紧密耦合,识别出功能性能波动及其影响因素,避免了异常分析结果的片面性。然而,传统 FRAM 对压裂异常工况溯源存在以下几点问题:(1)无法对影响因素进行风险排序;(2)无法分析出影响因素的直接后果,导致错失采取补救措施的机会。

针对上述问题,本章提出基于贝叶斯网络和功能共振事故模型(Bayesian Network-functional resonance accident model,BN-FRAM)的页岩气压裂过程异常工况溯源方法,制订了页岩气压裂异常工况溯源分析的功能模块划分方法、共同性能条件的评价语言及标准、功能模块波动判别标准以及构建了功能共振网络结构图,得到异常工况的功能共振机理及影响因素。并运用贝叶斯网络对 FRAM 分析得出的影响因素进行风险排序及直接后果分析,根据结果提出降低异常发生概率的应急措施。

一、功能共振事故模型

(一)基本理论概述

FRAM 是基于共振理论的事故原因分析方法。该方法认为,事故发生的根本原因是在系统正常工作过程中,某些因素发生了突变。而传统事故分析方法(如 FTA、动态故障树等)认为事故是由于异常影响因素有序发生而导致的,从这个角度对事故进行溯源分析,FRAM 认为对事故进行溯源分析,需从系统整体的角度出发,识别出功能性能波动及其影响因素(包括组织、技术及人的波动),通过这种方式,可打破传统方法分解系统内部结构及致因分析的局限,避免了事故分析结果的片面性。

(二)模型分析步骤

FRAM 分析过程具体包括以下 4 个步骤:

(1)步骤 1:构建系统基本功能模块并描述各维度含义。根据系统的特点划分系统功能模块,并描述每个功能模块的六个基本特征(输入、输出、时间、控制、前提和资源),如图 7-6 及表 7-7 所示。

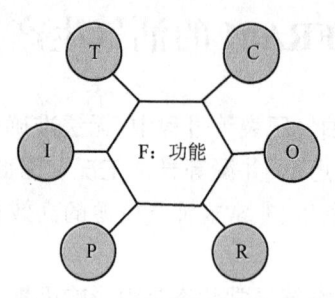

图 7-6 六角功能模块表示图

表 7-7 FRAM 功能模块的各维度说明

名称	说明
输入(I)	该功能单元的运行起始,连接前一个功能单元的某个或几个维度
时间(T)	该功能的时间限制,包括开始、结束时间点及时间间隔
控制(C)	对该功能单元的监控,比如:运行程序、指导方针、规定或计划等
输出(O)	该功能单元的作用结果,可连接后一个功能单元的某个或某几个维度
资源(R)	该功能需要使用的资源,比如:人力、电子设备、工具或钱财等
前提(P)	该功能单元可开始运行的必备条件

(2)步骤 2:对各功能单元的潜在性能波动进行评价。

为了衡量每个功能单元的性能波动情况,使用 11 个常见的共同性能条件(common performance conditions,CPCs)来评价 FRAM 功能单元的潜在变化(主要是引起功能模块发生变化的影响因素):

①人员及设备的可用性;②培训,准备,能力;③沟通质量;④人机交互,业务支持;⑤可用性程序;⑥工作条件;⑦目标、数量和冲突;⑧可用时间;⑨昼夜节律,应力;⑩团队合作;⑪组织品质。这些 CPCs 描述了人员、技术和组织方面的关系。共同性能条件评价等级及说明见表 7-8。

表 7-8 共同性能条件评价等级

评价等级	说明
稳定或可变但充分	该共同性能条件运行十分稳定,可能会发生轻微的波动,波动范围处于可以控制的范围之内,不影响系统的稳定性
稳定或可变但不充分	该共同性能条件运行稳定,可能会发生波动,波动范围大致处于可以控制的范围之内,可能会影响系统性能,只要采取适当的操作就可以消除影响,可能超过系统控制或不能及时进行操作,对系统运行的稳定性有轻微的影响
无法确定	该共同性能条件运行不稳定,极有可能影响系统性能,应急措施进行困难或效果不佳,最终对系统运行的稳定性产生无法估计的影响

根据表7-8可以得出每个功能单元的性能变化情况,状态变化从大到小表示为:随机、机会、战术和战略。其中,评价结果为机会或者随机的功能单元,是发生功能共振的源头,需进行深入探讨和分析。

(3)步骤3:判断失效连接,识别所有功能共振的模块及影响因素。首先,构建功能模块连接网络,将功能单元之间的直接或间接的影响以网络连接图的方式表示,一般地,上一级的输出(O)可连接其他功能单元的输入(I)、控制(C)、资源(R)或前提(P)等。根据所建网络结构及步骤2的评价结果,寻找可能失效的连接,识别出功能共振的影响因素。

(4)步骤4:性能波动的管理(制订保护屏障)。这步包括预防和管理功能模块的性能变化。根据前面步骤分析,性能变化可能导致正面或者负面的结果。最富有成效的策略包括放大正面效应,即促进正面波动的发生(在控制范围之内),降低负面波动的影响,消除和预防它们的发生。对人员、组织及技术的设置控制或监督行为,可能导致系统发生本质性的改变或永久性的变化。

根据步骤3识别出的功能共振单元及其影响因素,分别制订防范措施,以控制和预防有害的影响因素。根据屏障的存在形式和结构,将防范措施分成如表7-9所示的几种类别。

表7-9 控制与预防措施的类别及具体描述

屏障类别	描述
功能屏障	监督功能模块的执行和提供功能执行的前提,如加强纪律管理等
无形屏障	不能以物理形态呈现,由操作者的知识或思想发挥,如计划、程序
象征屏障	可以提醒操作者的解释性或警告性标志物,如路灯、交通标志等
物理屏障	以物理形态存在,防止事故发生的实体物质,如障碍物、设备

二、贝叶斯网络风险评价方法

(一)基本理论概述

贝叶斯网络(Bayesian Network,BN)是一种利用贝叶斯概率公式计算事件发生概率,并以图形表示事件间致因关系的安全评价方法,贝叶斯概率公式见式(7-8):

$$P(A \mid B) = \frac{P(B \mid A)P(A)}{P(B)} \tag{7-8}$$

贝叶斯网络结构的构建基于事故树的分析,但有别于FTA(仅能正向推理),贝叶斯网络可进行反向推理,并构建条件概率表(conditional probability table,CPT)、节点的故障概率及任意节点的条件概率。贝叶斯网络是由事件节点及连接事件节点的有向边组成的有向无环图(directed acyclic graph)。其中,贝叶斯网络中的节点表示随机变量,比如事件、压力及温度等,可以是离散型的,也可以是连续型的。节点间的交互关系,则由事件节点之间的有向边表示,并由CPT表示交互程度,比如,CPT可用来表示根节点的概率分布,也可用来表示父亲节点及中间节点之间的交互程度,如图7-7所示。

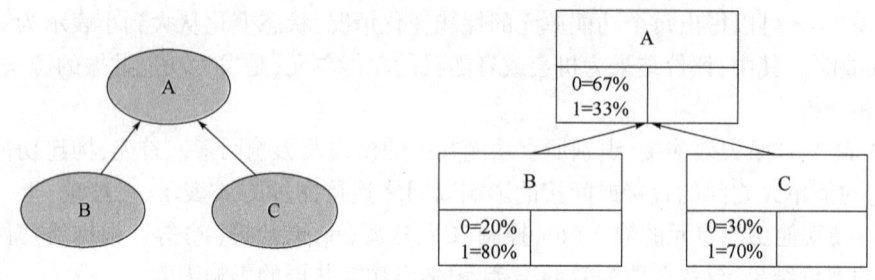

图 7-7　贝叶斯网络简化图

图 7-7 中,节点 B 及节点 C 为根节点,节点 A 为子节点。因此,它们的概率分布则由 CPT 表示,而节点 A 的概率则可通过节点 B 和 C 的条件概率计算得出。

(二) 建模步骤

贝叶斯网络安全评价方法由定性分析及定量分析组成。其中定性分析为构建贝叶斯网络的网络结构图(节点和连接),定量分析为根据式(7-8)及 CPT 和先验概率计算各个节点的概率分布。

按贝叶斯网络确定定性及定量分析的方法划分,建模方式主要分为三种:学习建模方式;手动建模方式;学习与手动混合建模的方式。而本章所用 BN 建模方法主要是手动建模的方法。

BN 手动建模的网络图构建全部依赖于专家经验及专业知识,并通过调研资料或经验建立 CPT 及先验概率。

BN 手动建模的基本步骤如下:

步骤 1:确定网络节点。首先对系统(事故)进行危险源辨识,理清事故发生的机理,将单位事件作为 BN 的节点。

步骤 2:构建贝叶斯网络图(网络连接)。根据步骤 1 推理出的事故发生机理,建立 BN(节点与节点之间的联系)。

步骤 3:根据专家经验或者资料调研,构建 CPT 及节点的先验概率。

步骤 4:根据需求,分别计算各个节点的发生概率。

三、BN-FRAM 方法基本理论

本节以 FRAM 为基础,提出一种基于 BN-FRAM 的页岩气压裂异常工况溯源方法,划分压裂作业功能模块、制订共同性能条件的评价语言及标准、构造功能模块波动判别标准以及功能共振网络结构图,运用贝叶斯网络对影响因素进行风险排序及直接后果分析,最终提出风险脆弱点的防范屏障及弥补措施。

(一) 压裂系统功能模块划分

本节根据页岩气压裂工艺过程的特点及对系统进行功能层次分解,按功能划分为压裂前的地层条件及工况条件的调查、生产工作和设备维护工作。工况调查包括井斜、地层岩石杨氏模量、储层水敏性、地层微裂缝、隔层的薄厚、是否存在断层或不渗透边界等地层因素;生产工作包括压裂液体系的选择、射孔工艺、施工参数设置、施工动态监测技术等;设备维护包括压裂地面系统设备维护、井筒系统设备及其他压裂设备的维护。

功能模块划分结果及含义见表 7–10,并依据 FRAM 的功能模块六角图给每个功能模块进行了定义,结果见表 7–11 至表 7–17。

表 7–10 压裂作业 FRAM 的功能模块的内容

功能模块(F)	功能内容
工况调查 F1	压裂之前对地层条件特征的调查,包括地层裂缝的发育情况、地层岩石的杨氏模量、储层水敏性、隔层性质、地层温度、井斜及目的井附近断层或不渗透边界情况等,并进行微型压裂实验测试
选取压裂方案 F2	压裂工艺的选择(如选择水力压裂)、施工规模、施工设备性能、施工排量、入井材料的选择(射孔直径和颗粒大小的设定)、前置液用量、砂比、顶替液用量及加砂程序等
压裂工艺流程 F3	压裂工艺的主要工序包括施工准备、施工、排液与测试。其中施工准备包括:井场准备、压裂地面系统设备准备、井筒系统及井下工具准备、入井材料准备、循环、试压及试挤;施工过程包括:顶替、封隔器坐封、压裂(包括高压泵注)、替挤、关井、交井及反洗或活动管柱等;排液与测试包括:排液管理、压后测试及试生产管理
施工参数监测 F4	施工参数监测系统(仪表车),包括对油压的监测、井筒压力的监测及井内温度的监测等
事故预测 F5	压裂异常工况预测、预警系统(通过压力值预测、曲线斜率预测对各类压裂异常工况进行预警)

表 7–11 工况调查 F1 六角功能模块具体描述

维度名称	内容	具体描述
输入(I)	地层条件	地层本身裂缝的发育情况、地层岩石的杨氏模量、储层水敏性、隔层的性质、地层温度、井斜及目的井附近的断层或不渗透边界情况等地层条件的调研,进行微型压裂实验测试
输出(O)	决策变量	是否适合进行压裂操作,压裂工艺的选择(比如该井选择水力压裂工艺)、其他压裂方案的制订(施工规模、射孔大小与携砂液颗粒大小、施工参数、压裂液组的优选、各阶段的压裂液的用量等)、压裂工艺流程的选择和制订的理论依据
资源(R)	软件/专家	测井软件、测井设备等地质勘查仪器和软件,领域专家、操作人员等
时间(T)	时间	调研时间
控制(C)	调查计划	由专家、项目负责人制订勘查计划
前提(P)	专业素质	勘查人员的专业素质及技术水平

表 7-12　选取压裂方案 F2 六角功能模块具体描述

维度名称	内容	具体描述
输入(I)	决策变量	是否适合进行压裂操作,压裂工艺的选择、其他压裂方案的制订(施工规模、射孔大小与携砂液颗粒大小、施工参数、压裂液组的优选、各阶段的压裂液用量等制订的理论依据)
输出(O)	方案	压裂工艺的选择(比如本章案例中选择的是水力压裂工艺)、施工规模大小、入井材料的选择结果(包括入井设备、压裂液组)、各压裂阶段施工排量的制订结果、其他压裂方案的制订结果(射孔大小与携砂液颗粒大小的设定、各阶段压裂液的用量、加砂程序等)
资源(R)	软件/专家	测井软件、测井设备等地质勘查仪器和软件
时间(T)	时间	方案制订时间
控制(C)	制订计划	方案制订计划
前提(P)	可进行压裂	该井可进行压裂

表 7-13　压裂工艺流程 F3 六角功能模块具体描述

维度名称	内容	具体内容
输入(I)	决策变量	压裂工艺流程的选择和制订依据及压裂的具体方案选择结果
输出(O)	工艺过程	流程产生的油管压力、套管压力等压裂施工参数的变化信息及压裂施工过程中产生的操作问题
资源(R)	软件/专家	压裂地面系统、井筒系统、监控系统等压裂施工设备、领域专家及操作人员
时间(T)	时间	每个压裂施工过程所需要的时间
控制(C)	施工方案	包括施工准备、施工、排液与测试。其中施工包括循环、试压、试挤、压裂、替挤(最容易发生砂堵的步骤)、关井、交井及活动管柱等操作
前提(P)	设备正常	压裂地面系统、井筒系统及射孔系统的正常运行

表 7-14　施工参数监测 F4 六角功能模块具体描述

维度名称	内容	具体内容
输入(I)	数据信号	从压裂施工开始至压裂结束,每个流程产生的油管压力、套管压力等压裂施工参数的变化信号
输出(O)	参数值	压裂施工曲线及其他压裂过程可监测到的参数
资源(R)	软件/设备	仪表车、监控系统、传感系统等压裂系统,科学先进的监测算法等
时间(T)	时间	数据采集时间(是否采集和显示及时)
控制(C)	监测算法	监测参数的算法
前提(P)	设备正常	压裂监测系统的正常运行

表7-15 事故预测 F5 六角功能模块具体描述

维度名称	内容	具体内容
输入(I)	参数值	从压裂施工开始至压裂结束,每个流程产生的油管压力、套管压力等压裂施工参数的变化信号
输出(O)	决定变量	预测的参数值及事故预测结果
资源(R)	软件/专家	预测软件及参加预测、决策的专家
时间(T)	时间	预测时间(是否及时得到预测结果)
控制(C)	预测算法	科学准确的预测算法及预测事故模型(由监测到的参数值变化趋势决定预测算法)
前提(P)	设备正常	预测设备正常运行

表7-16 决策制订 F6 六角功能模块具体描述

维度名称	内容	具体内容
输入(I)	决定变量	压裂施工曲线及其他压裂过程可监测到的参数值、参数预测值及事故预测结果
输出(O)	决策	根据预测结果,调节(增加或者减小)施工参数(砂比、排量及加砂程序等),为设备的维护计划提供制订依据
资源(R)	软件/专家	经验丰富的决策专家及操作人员、决策软件
时间(T)	时间	决策小组制订决策所需要的时间或者需要在有限的时间内作出决定
控制(C)	应急预案	决策小组事先制订的应急预案、决策计划及决策流程等
前提(P)	经验与技术	决策小组的成员或专家需要具有丰富的经验及较高的压裂技术水平

表7-17 维护工作制订 F7 六角功能模块具体描述

维度名称	内容	具体内容
输入(I)	失效设备	存在隐患的设备单元、设备及系统(需要维护检修)、已经失效的设备单元、设备;环境隐患及环境污染;操作不规范、合作质量低及纪律差等人的不安全行为
输出(O)	维护	设备维护方案、技术更新方案、关于班组及个人的规范制度、培训计划、环境保护计划
资源(R)	专家/工具	安全工程师、具有丰富经验及专业技术的压裂专家、班组纪律委员等及所需要用到的工具
时间(T)	时间	维护时间
控制(C)	风险评价	各个影响因素的风险评估方案与技术
前提(P)	决策	专家具有丰富的经验及熟练的操作技术

(二)共同性能条件的评价语言及标准

本节依据常见压裂异常工况原因的调查及对页岩气压裂的过程特点分析,制订了压裂异常溯源模型的每个共同性能条件与人员(H)、技术(T)和组织(O)功能间的关系及说明,见

表7–18。由于每一种共同性能条件具有不同的评价语言,因此给出共同性能条件评价语言及标准结果见表7–19。其中,Ⅰ级表示性能波动稳定,Ⅱ级表示可能发生性能波动,Ⅲ级表示性能波动较大。

表7–18 共同性能条件及说明

序号	共同性能条件	H,T和O	说明
1	可用的设备、人员(物资)	T	操作设备是否齐全、是否正常运行,是否定期维护,可用的员工人数是否充足
2	培训、准备和能力	H	工作团队是否经过技术训练和安全知识训练,是否具有工作经验
3	交流的质量	H,T	工人之间的信息交换是否及时、准确
4	人机交互质量	T	工作人员与操作设备、工具之间的交互(如是否可以准确及时得到警报信息等)
5	有序的程序和方法	H	工作团队是否严格按照制订的计划和程序进行操作
6	工作条件	O,T	团队工作环境及条件
7	生理节律和压力	H	工作团队是否身心健康,休息得当
8	可用的时间	H	是否有充足的时间进行操作
9	工作纪律	H	工作人员是否在工作期间交流与工作无关的内容,工作人员的责任心
10	组织支持的质量	O	每个工作人员是否分工明确,组织指导较好
11	团队合作质量	H	工作团队是否有过合作经验,团队协作默契度与质量

表7–19 共同性能条件评价等级及说明

序号	共同性能条件	评价语言	等级	说明
1	生理节律和压力	合适	Ⅰ	员工身心健康,休息得当,精力充沛,工作压力适中
		超过	Ⅱ	员工存在生理或心理的小问题(如:小感冒或因为个人原因不开心),工作上存在超过适中水平的压力(但可以进行自我调节)
		过度	Ⅲ	员工身心存在较大的健康问题(一定会影响工作),工作存在过大的压力(很难进行自我调节)
2	可用的时间	充足	Ⅰ	员工的操作具有充足的时间
		可调节	Ⅱ	时间不够充足,可以进行调节
		缺少	Ⅲ	操作时间完全不够
3	工作纪律	优秀	Ⅰ	工作人员工作认真负责,不做与工作无关的事和谈论无关的话题
		良好	Ⅱ	工作人员存在偷懒和谈论无关话题的情况,但不是非常频繁
		恶劣	Ⅲ	工作人员偷懒人数过多,对待工作无责任心,并且在工作时间内频繁讨论工作内容以外的事情

续表

序号	共同性能条件	评价语言	等级	说明
4	团队合作质量	优秀	I	团队合作经验丰富,角色转换迅速,配合十分默契
		良好	II	团队合作经验较少,角色转换速度较慢,配合度一般
		差	III	团队无合作经验,角色转换十分慢,配合度十分低
5	有序的程序和方法	完全	I	工作团队严格按照制订的计划和程序进行操作
		基本	II	基本按照制订的计划和操作进行(有些操作未严格执行)
		偏离	III	存在严重偏离正常程序的操作行为
6	培训、准备和能力	优秀	I	工作团队均按时进行技术训练和安全知识训练,操作人员均具有丰富的操作经验及成熟的技术水平
		良好	II	工作团队经历过若干技术培训和安全知识训练,但时间间隔较长;存在经验较少的工作人员与技术水准一般的工作人员
		差	III	工作团队未及时进行技术培训和未加强安全教育;工作人员工作经验及技术水准参差不齐,甚至存在无经验的新人进行关键操作
7	可用的设备、人员(物资)	充足	I	所需要的操作设备齐全及运行正常,均进行定期维护,可用的员工人数充足
		暂时缺少	II	操作设备与员工的数量暂时缺少(可补足)
		缺少	III	操作设备与员工数量不能满足压裂操作
8	交流的质量	高效	I	信息传递无障碍,可及时、有效进行
		暂时低效	II	信息传递存在暂时性的困难
		低效	III	信息传递长期处于低效的状态
9	工作条件	优秀	I	环境、建筑、天气均十分有利于压裂操作
		良好	II	环境、建筑、天气可进行压裂操作
		恶劣	III	环境、建筑、天气均不利于压裂操作
10	组织支持的质量	优秀	I	每个工作人员分工明确,组织指导较好
		良好	II	工作任务存在暂时性的分配不均,一人处理多项操作,组织管理存在细微的缺陷
		差	III	工作任务严重分配不均,一人处理多项关键性的操作,组织管理存在严重的缺陷
11	人机交互	充足	I	操作人员与压裂系统交互充足
		暂时缺少	II	操作人员与压裂系统交互暂时缺少
		缺少	III	操作人员与压裂系统的交互非常缺少

(三)功能模块波动判别等级

由于传统 FRAM 没有明确的功能模块波动判别等级,为了适用于压裂异常工况的溯源分析,本节结合专家意见及常见异常工况历史情况的调查及统计,制订适用于压裂异常工况溯源模型的功能模块性能波动标准见表 7-20。

表 7-20 功能模块性能变化状态及说明

性能变化状态	等级划分	状态说明
战略	无Ⅲ级,且至多存在 2 个Ⅱ级	功能模块性能不变(按原定战略计划进行)
战术	无Ⅲ级,存在 3 或 4 个Ⅱ级	功能模块性能基本不发生变化,波动较小基本可以忽略(基本按原定计划进行)
机会	存在 1—3 个Ⅲ级,至少存在 2 个Ⅰ级,或无Ⅲ级,存在 5 个Ⅱ级以上	功能模块性能发生变化,波动较大,无法忽略,可能会发生偏离,容易引起功能共振,需要深入分析
随机	其他情况	功能模块性能发生大的变化,波动很大,无法忽略,很有可能发生偏离,十分容易引起功能共振,需要进行分析

(四)功能共振网络结构图

本节依据页岩气压裂的过程特点和每个功能模块的主要功能及六角图的含义,构建了页岩气压裂过程的功能共振网络结构图如图 7-8 所示。其中根据学者提出的共同性能条件的六角维度划分,稍作调整,得出影响因素见表 7-21。

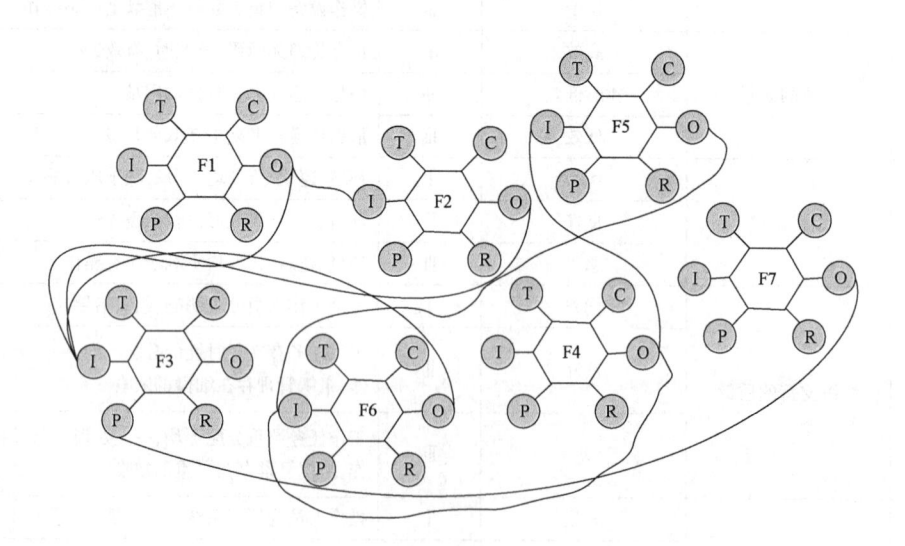

图 7-8 页岩气压裂过程的功能模块网络结构图

表 7-21　共同性能模块与维度的关系

维度	共同性能模块
C	有序的程序和方法
	工作条件
	工作纪律
	培训、准备和压力
	组织支持的质量
R	人机交互质量
	可用的设备、人员(物资)
P	生理节律和压力
	团队合作质量
	交流的质量
T	可用的时间

(五)基于贝叶斯网络的风险排序及直接后果分析

根据分析结果,针对共振功能模块及其影响因素,建立贝叶斯网络,以表示功能模块与影响因素之间的间接原因,及其与影响因素之间的关系。其中功能共振影响因素作为直接原因,由它直接导致的后果为可补偿因素,处于"随机"状态下的功能共振模块作为父亲节点。由于贝叶斯安全评价方法只能对单个事件之间的发生关系或者潜在发生关系进行推演,且模型依赖性大,因此不适用于对整个压裂系统的异常进行溯源分析。可补偿的因素是指该因素可能没有造成异常工况,可通过后期的补偿解除危机,从而降低压裂系统的异常工况发生率,因此,这步的分析是具有实际意义的。

风险排序方法见贝叶斯网络概率的计算方法,根据专家经验建立条件概率表,求出在已知功能模块发生共振的情况下,影响因素发生的概率。若概率越大,风险性就越高,排名越靠前。

第四节　过程风险传播路径自适应分析及溯源方法

现代工业过程复杂,生产条件苛刻,过程报警极易通过过程设备间的连接性影响并传播至其他相邻设备,引发一系列风险(即可能发生的危险)甚至灾害性的事故。过程故障往往是一个逐渐发展变化的过程,最初由某种异常扰动或设备早期缺陷等引起,通过设备间的不断传播最终造成整个系统的崩溃。现有分析方法主要关注对故障根原因的分析,以期降低事故后果,却忽视了对风险传播过程的预测及预防,致使故障通过不断传播引发大量报警,造成严重的报警泛滥问题。因此,分析由过程变量报警引起的风险传播路径是防止关联报警产生的有效途径。

由于工业过程装置规模庞大、集成度高,其生产过程具有高度复杂性和强非线性特征,使得过程变量间具有复杂的非线性关联关系。

为防止关联报警的产生及过程报警泛滥现象的出现,基于现有因果推理方法大多存在主观性及不确定性因素等难点问题,结合过程设备间连接性及变量间复杂的因果关联关系,本章提出了一种基于传递熵与核极限学习机(kernel extreme learning machine,KELM)的过程风险传播路径自适应分析方法,如图7-9所示。该方法包括推绎模型的建立及传播路径搜索方法。

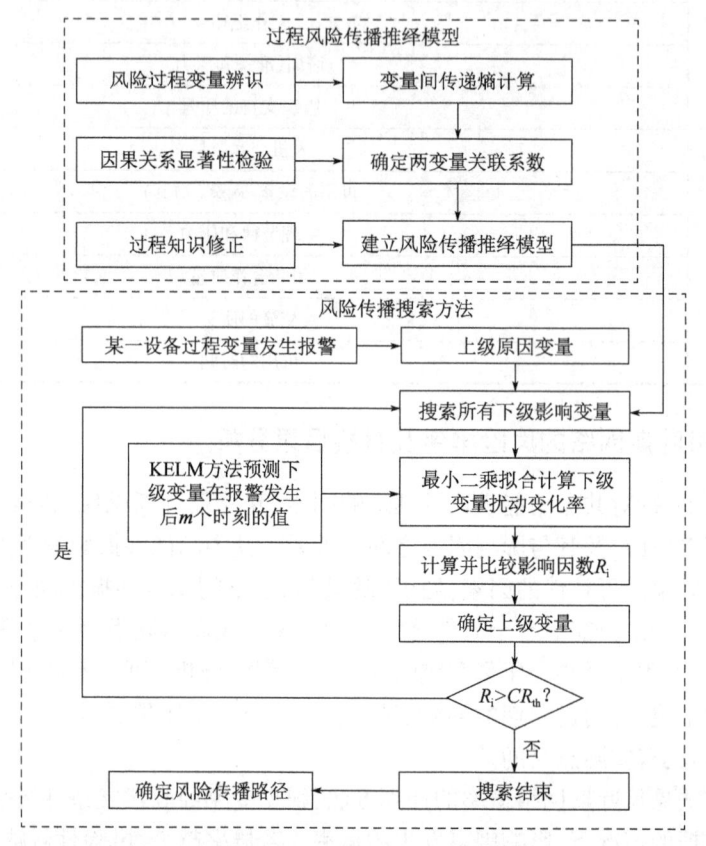

图7-9 风险传播路径自适应分析方法流程图

首先基于传递熵方法分析不同过程变量间的非线性关联关系及传播方向,建立过程风险传播推绎模型。为量化过程风险因果推理机制,基于各过程变量间的关联程度及变化趋势信息,提出一种基于核极限学习机的风险传播自适应搜索方法,辨识风险传播路径,从而有助于及时通过预控策略防止关联报警相继发生,提升报警系统的有效性,保障工业过程的安全运行。

一、传递熵与核极限学习机

传递熵分析法是一种基于概率分布、信息熵及统计方法得出时间序列间因果性的方法,可用于分析过程监控变量间的非线性相关关系及两变量间信息传递的方向。核极限学习机方法可用于实现过程监控变量的时间序列预测。下面分别介绍两种方法的基本原理。

(一)传递熵分析法

信息熵是信息论中用于度量信息量的一个概念,其定义为:

$$H_X = -\sum_x p(x) \log_2 p \tag{7-9}$$

式中，$p(x)$ 表示变量 X 的概率分布。

两个变量 X 和 Y 的信息熵大小可用联合熵表示，其定义为：

$$H_{XY} = -\sum_{x,y} p(x,y) \log_2 p(x,y) \tag{7-10}$$

式中，$p(x,y)$ 为 X 和 Y 的联合概率分布。

互信息是信息论中用于表示信息之间相关性的一个概念，可看作一个随机变量中包含的关于另一个随机变量的信息量，其定义为：

$$\begin{aligned} I_{XY} &= H_X + H_Y - H_{XY} \\ &= -\sum_x p(x)\log_2 p(x) - \sum_y p(y)\log_2 p(y) + \sum_{x,y} p(x,y)\log_2 p(x,y) \\ &= \sum_{x,y} p(x,y) \log_2 \frac{p(x,y)}{p(x)p(y)} \end{aligned} \tag{7-11}$$

但互信息仅能表示两变量间关联性的大小，而无法体现两变量间信息传递的方向。为了准确度量动态过程中随机变量之间的关联性及传播方向，在信息熵的基础上，提出了传递熵分析法。

变量 Y 到变量 X 的传递熵 $T_{Y \to X}$ 定义为：

$$\begin{aligned} T_{Y \to X} &= \sum_{x,y} p(x_{n+1}, \boldsymbol{x}_n^k, \boldsymbol{y}_n^l) \log_2 \frac{p(x_{n+1} \mid \boldsymbol{x}_n^k, \boldsymbol{y}_n^l)}{p(x_{n+1} \mid \boldsymbol{x}_n^k)} \\ &= \sum_{x,y} p(x_{n+1}, \boldsymbol{x}_n^k, \boldsymbol{y}_n^l) \log_2 \frac{p(x_{n+1}, \boldsymbol{x}_n^k, \boldsymbol{y}_n^l) p(\boldsymbol{x}_n^k)}{p(x_{n+1}, \boldsymbol{x}_n^k) p(\boldsymbol{x}_n^k, \boldsymbol{y}_n^l)} \\ &(\boldsymbol{x}_n^k = x_n, x_{n-1}, \cdots, x_{n-k+1}; \boldsymbol{y}_n^l = y_n, y_{n-1}, \cdots, y_{n-l+1}) \end{aligned} \tag{7-12}$$

式中，$\boldsymbol{x}_n^k$ 是由变量 x 当前及过去的 k 个测量值组成的向量；$\boldsymbol{y}_n^l$ 是由变量 Y 当前及过去的 l 个测量值组成的向量；联合概率密度函数 $p(x_{n+1} \mid \boldsymbol{x}_n^k, \boldsymbol{y}_n^l)$ 考虑了 X 与 Y 的相互作用及其随时间变化的动态特征；根据贝叶斯方程，可将条件概率密度函数 $p(x_{n+1} \mid \boldsymbol{x}_n^k, \boldsymbol{y}_n^l)$ 表示为 $\frac{p(x_{n+1}, \boldsymbol{x}_n^k, \boldsymbol{y}_n^l)}{p(\boldsymbol{x}_n^k, \boldsymbol{y}_n^l)}$，$p(x_{n+1} \mid \boldsymbol{x}_n^k, \boldsymbol{y}_n^l)$ 表示已知 $\boldsymbol{x}_n^k$ 及 $\boldsymbol{y}_n^l$ 发生时未来值 x_{n+1} 出现的概率。

Y 到 X 的传递熵实质为 Y 的信息对于 X 不确定性大小的改变。由于传递熵主要依据变量间的信息量传递，无须假设变量之间有特定形式的关系，因此具有比格兰杰因果性更好的适用性，尤其是对于具有非线性特征的工业过程变量。

(二) 核极限学习机

核极限学习机(kernel extreme learning machine, KELM)是极限学习机(extreme learning machine, ELM)的扩展版本，可用于解决多种回归及多分类问题。

ELM 是一种单隐层前馈神经网络学习算法，只需设置网络的隐层节点数，运行过程中无须调整网络的输入权值及隐层节点偏置，并可产生唯一的最优解，故 ELM 学习速度较快且泛化性能更好。

ELM 网络模型如图 7-10 所示,假设有 W 个训练样本 $\{(x_j, u_j)\}_{j=1}^{W}$,$x_j = [x_{j1}, x_j, \cdots, x_{j_z}]^T$ 为一个 z 维输入样本,u_j 为其对应期望输出值,可将激活函数为 $g(x_j)$ 的 ELM 网络模型表示为:

$$\sum_{i=1}^{n_i} \beta_i g(\omega_i x_j + b_i) = o_j, j = 1, \cdots, W \tag{7-13}$$

式中,L 为隐层节点个数,$\omega_i = [\omega_{i1}, \omega_{i2}, \cdots, \omega_{iz}]^T$ 为第 i 个隐层节点的输入权重,β_i 为第 i 个隐层节点的输出权重,b_i 为第 i 个隐层节点的偏置,o_j 为 ELM 网络模型的实际输出值。

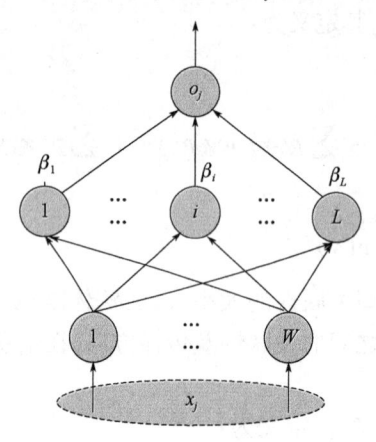

图 7-10 ELM 网络模型

ELM 网络学习的目标是使得输出的误差最小,即:

$$\sum_{i=1}^{L} \beta_i g(\omega_i x_j + b_i) = u_j, j = 1, \cdots, W \tag{7-14}$$

上式可由矩阵表示为:

$$H\beta = U \tag{7-15}$$

其中,$H = \begin{bmatrix} g(\omega_1 x_1 + b_1) & \cdots & g(\omega_L x_1 + b_L) \\ \cdots & \ddots & \cdots \\ g(\omega_1 x_W + b_1) & \cdots & g(\omega_L x_W + b_L) \end{bmatrix}_{W \times L}$ 为 ELM 的隐层输出矩阵;$\beta = [\beta_1, \cdots, \beta_L]^T$ 为输出权重矩阵;$U = [u_1, \cdots, u_W]^T$ 为期望输出向量。

采用最小二乘法求取最优权重向量 β^*,使得实际输出与期望输出差值的平方和最小,其解为:

$$\beta^* = H^\psi U \tag{7-16}$$

其中,H^ψ 是矩阵 H 的 Moore-Penrose 广义逆。

与 ELM 相比,KELM 具有更为理想的泛化能力和稳定性。KELM 将核函数引入到 ELM 中,设 ELM 的隐层节点数为 L,有 W 个训练样本 $\{(x_j, u_j)\}_{j=1}^{W}$,定义 KELM 核矩阵为:

$$\Omega = HH^T, \Omega_j = h(x_i) \cdot h(x_j) = K(x_i, x_j), i, j = 1, \cdots, W \tag{7-17}$$

核矩阵 Ω 替代 ELM 中的随机矩阵 HH^T,利用核函数将 Z 维输入样本映射到高维隐层特征空间。核函数 $K(x_i, x_j)$ 是核矩阵 Ω 中第 i 行第 j 列的元素,包括径向基核函数(radial basis function,RBF)和线性核函数等,通常选择 RBF 核函数,其表达式为:

$$K(x_i, x_j) = \exp[-\gamma(x_i - x_j)^2], \gamma > 0 \quad (7-18)$$

式中,γ 为核参数。

将参数 $\dfrac{I}{C}$ 添加到 HH^T 中的主对角线上,使其特征根不为零,可得权重向量 $\boldsymbol{\beta}^*$ 为:

$$\boldsymbol{\beta}^* = H^T \left(\frac{I}{C} + HH^T\right)^{-1} U \quad (7-19)$$

式中,I 为单位对角矩阵;C 为惩罚系数,用于权衡结构风险和经验风险之间的比例。

可得 KELM 模型的实际输出为:

$$f(x) = \begin{bmatrix} K(x_1, x_j) \\ \vdots \\ K(x_i, x_j) \end{bmatrix}^T \alpha \quad (7-20)$$

式中,$\alpha = (I/C + HH^T)^{-1} U$ 为 KELM 网络的输出权值。

二、风险传播推绎模型

现代工业过程复杂,设备众多,同一过程设备及相邻设备间的监控变量往往具有关联性。采用传递熵分析方法可分析不同风险过程变量间的关联关系,推断他们固有的因果关系,从而建立过程风险传播推绎模型,方法如下:

对于过程监控变量 X 和 Y,变量 Y 到 X 的传递熵 $T_{Y \to X}$ 的计算公式见式(7-12)。同样,可以求出变量 X 到 Y 的传递熵,两变量间的关联系数由式(7-21)确定:

$$\rho_{X,Y} = \begin{cases} T_{Y \to X}, & T_{Y \to X} - T_{X \to Y} > 0 \\ T_{X \to Y}, & T_{Y \to X} - T_{X \to Y} < 0 \\ 0, & T_{Y \to X} - T_{X \to Y} = 0 \end{cases} \quad (7-21)$$

若 $\rho_{X,Y} = T_{Y \to X}$,表示两变量间传播方向为 $Y \to X$;若 $\rho_{X,Y} = T_{X \to Y}$,表示两变量间传播方向为 $X \to Y$;若 $\rho_{X,Y} = 0$,表示两变量无因果关系。

因为关联系数由统计方法计算得到,每两个时间序列可得到一确定值,若 $T_{Y \to X}$ 与 $T_{X \to Y}$ 的差值过小将没有意义。因此有必要设置合适的阈值对两变量间因果关系的显著性水平进行检验。本文采用如下的假设检验方法。

选取多个相同长度的随机生成序列,令 $t_{X \to Y} = T_{X \to Y} - T_{Y \to X}$,通过式(7-22)计算每两个序列间的 $t_{X \to Y}$ 值,并求出所有 $|t_{X \to Y}|$($t_{X \to Y}$ 的绝对值)的均值 $\mu_{t_{X \to Y}}$ 和标准差 $\sigma_{t_{X \to Y}}$,通过式(7-22)计算阈值,判断两变量间因果关系的显著性。若关联系数没有通过显著性检验,表明两变量间不具备显著的因果关系。

$$|t_{X \to Y}| - \mu_{t_{X \to Y}} \geq 6 \sigma_{t_{X \to Y}} \quad (7-22)$$

通过生成 73 对长度为 500 的标准正态分布随机序列,计算可得 $\sigma_{t_{X \to Y}} = 0.038, \mu_{t_{X \to Y}} = 0.051$。

对于 N 个风险过程变量 $X_1, \cdots, X_N$,通过计算传递熵确定其中每两变量的关联系数及传播方向,并据此建立风险传播推绎模型,如图 7-11 所示。模型由有向弧和代表风险过程变量的节点组成。对于任意两过程变量 X_i 和 X_j,若 $t_{X_i \to X_j} > 0$,有向弧由 X_i 指向 X_j,即由上级原因变量指向下级影响变量,反之,则传播方向相反。

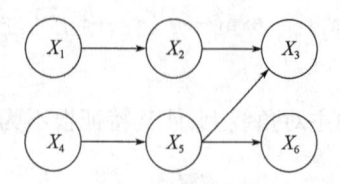

图 7-11 风险传播推绎模型示意图

最后结合过程知识检验传播路径的合理性,对模型进行适当修正。

三、风险传播搜索方法

风险传播搜索方法主要包括如下四个步骤:

(1)步骤1:相同的报警可能产生不同的风险传播路径。为了准确辨识风险传播路径,当某一设备的过程变量X_j发生报警时,将其作为上级原因变量,根据风险传播推绎模型搜索与其直接相连的同设备及其相邻设备中所有下级影响变量节点,例如,图7-11中的X_5报警,可搜索到其两个下级变量节点X_3和X_6。

(2)步骤2:若变量X_j在t_k时刻发生报警,对于X_j的各相关下级变量$X_i(i=1,2,\cdots,I$,其中I为下级变量个数),可通过式(7-23)计算变量X_i的扰动变化率(这里的扰动即指受某一变量报警影响的相关工艺波动),其值大小可近似反映各相关下级变量受上级变量影响产生的扰动程度。

其中,扰动变化率(disturbance rate,DR)定义如下:对于变量X_i,考虑以时刻t_k为中心,选择时间间隔为$[t_{\kappa-m},t_{\kappa+m}]$(时间序列长度为$2m+1$)的变量$X_i$的时间序列进行最小二乘线性拟合见式(7-23),令$xi_k=a_it_k+b_i, k=\kappa-m,\cdots,\kappa,\cdots,\kappa+m, t_k=1,\cdots,2m+1, i=1,\cdots,N$,$N$为过程变量个数,$xi_k$为预处理后的变量$X_i$在第$t_k$个时刻的测量值,所求斜率$a_i$绝对值的大小$\dot{a}_i$作为变量$X_i$的扰动变化率。

$$\begin{bmatrix} \sum_{k=\kappa-m}^{\kappa+m} 1 & \sum_{k=\kappa-m}^{\kappa+m} t_k \\ \sum_{k=\kappa-m}^{\kappa+m} t_k & \sum_{k=\kappa-m}^{\kappa+m} t_k^2 \end{bmatrix} \begin{bmatrix} a_i \\ b_i \end{bmatrix} = \begin{bmatrix} \sum_{k=\kappa-m}^{\kappa+m} xi_k \\ \sum_{k=\kappa-m}^{\kappa+m} t_k xi_k \end{bmatrix} \quad (7-23)$$

对变量X_i的预处理公式见式(7-24):

$$xi_k = \frac{\hat{xi}_k - xi_L}{xi_H - xi_L} \quad (7-24)$$

式中,$\hat{xi}_k$和xi_k分别为预处理前、后的变量X_i在第t_k个时刻的测量值,xi_L为变量X_i的低报警阈值,xi_H为变量X_i的高报警阈值。

变量X_i在t_{k+1}至t_{k+m}时刻的值通过KELM方法预测得到,以变量X_i在t_k时刻前一段时间内(t_s至t_k时刻)的历史数据构造KELM的训练样本,输入样本X_i^*和输出样本T_i分别为

$$X_i^* = \begin{bmatrix} xi_s & xi_{s+1} & \cdots & xi_{s+z-1} \\ xi_{s+1} & xi_{s+2} & \cdots & xi_{s+z} \\ \vdots & \vdots & \ddots & \vdots \\ xi_{\kappa-z} & \cdots & xi_{\kappa-2} & xi_{\kappa-1} \end{bmatrix}, \quad T_i = \begin{bmatrix} xi_{s+z} \\ xi_{s+z+1} \\ \vdots \\ xi_\kappa \end{bmatrix} \quad (7-25)$$

式中，z 为输入样本维数，样本个数为 $W = \kappa - z - s + 1$，$xi_l(l = s, s+1, \cdots, \kappa)$ 为变量 X_i 在第 t_l 时刻的值。

(3) 步骤3：通过式(7-21)计算两过程变量 X_i 和 X_j 间的关联系数，通过式(7-23)计算变量 X_i 的扰动变化率，基于所求关联系数和扰动变化率，根据式(7-26)计算上级变量 X_j 对各下级变量 X_i 的影响因数 R_i，比较影响因数 R_i 的大小，将影响因数最大值对应的下级变量作为其下级影响变量。

$$R_i = \left(\frac{1 - e^{-\alpha|\dot{\alpha}_i|}}{1 + e^{-\alpha|\dot{\alpha}_i|}} \right) \rho_{X_i, X_j} \quad (7-26)$$

式中，α 是调整参数，本文设为 10^2；ρ_{X_i, X_j} 和 $\dot{\alpha}_i$ 分别表示两变量 X_i 和 X_j 间关联系数和下级变量 X_i 的扰动变化率；R_i 作为一个影响因数，用于确定下级影响变量。

下级变量的影响因数 R_i 越大，其受上级变量变化的影响越大。通过 R_i 的大小可以比较上级变量对各相关下级变量产生扰动的影响大小，将 R_i 的最大值对应的下级变量作为其下级影响变量。若所求影响因数过小，说明该变量的时间序列数据趋于平稳，并未受到上级变量影响。因此，可根据专家经验及历史数据统计设置阈值 R_{th}，若 R_i 值小于预设阈值 R_{th}，将不考虑该下级变量。

(4) 步骤4：重复步骤2和步骤3，依次确定可能受到风险影响的各设备过程变量，并确定最可能的风险传播路径。

思考题

1. Pearson 相关系数与 Spearman 相关系数有哪些差异？
2. 简述异常工况智能推理溯源方法及实施步骤。
3. 现有的复杂工业系统故障溯源方法存在哪些不足？
4. 简述基于格兰杰因果关系检验的炼化系统故障溯源方法。
5. 简述利用格兰杰因果关系检验进行油气生产系统故障溯源的步骤。
6. 简述功能共振事故模型基本理论。
7. 简述 BN-FRAM 方法基本理论共同性能条件评价等级及说明。
8. 基于传递熵与核极限学习机理简述如何防止关联报警的产生及过程报警泛滥现象的出现。

第八章 数据驱动的异常工况在线监测与识别

第一节 统计过程控制

一、基本统计概念

统计过程控制(statistical process control,SPC)是利用统计学的原理对制造过程中的产品品质、安全、健康、可靠性等进行控制,以保障品质合格、运行安全、设施可靠(在有大量监控数据产生的地方都可使用)。要了解统计过程控制(SPC)就要对基本统计有清晰的认识。

统计学(statistics)是一门通过收集、整理、展示、分析解释数据等手段,由样本推论母体群体,能够在不确定的情况下作决策的科学方法和决策工具。统计学用到了大量的数学及其他学科的专业知识,其应用范围几乎覆盖了社会科学和自然科学的各个领域。

本章中涉及的统计量有:全距(range),算术平均数(arithmetic mean),中位数(median),众数(mode),方差/变异(variance),标准差(standard deviation)。

(1)全距 R:全距是指一个变量数列中最大标志值与最小标志值之差。因为它是数列中两个极端值差,故又称为极差。

$$R = R_{max} - R_{min} \tag{8-1}$$

(2)算术平均数 $\bar{x}$ 的计算公式如下:

$$\bar{x} = \frac{\sum_{i=1}^{n} f_i x_i}{n} \tag{8-2}$$

(3)中位数 M_d:将总体单位数量标志的各个数值按照大小顺序排列,居于中间位置的那个数值称为中位数。当数列项数 n 为奇数时,数列中只有一个居中的标志值,该标志值就是中位数。当 n 为偶数时,数列中有两个居中的标志值,中位数便是中间两个标志值的简单算术平均数。

(4)众数 M_o:众数是总体中出现次数最多或最普遍的标志值,即频次或频率最高的标志值。数列中最常出现的标志值说明该值最具有代表性。

(5)方差/变异 σ^2 的计算公式如下:

$$\sigma^2 = \frac{\sum_{i=1}^{n} f_i (x_i - \bar{x})^2}{n-1} = \frac{1}{n-1} [(x_1 - \bar{x})^2 + (x_2 - \bar{x})^2 + \cdots + (x_n - \bar{x})^2] \tag{8-3}$$

(6)标准差 σ 的计算公式如下:

$$\sigma = \sqrt{\frac{\sum_{i=1}^{n} f_i (x_i - \bar{x})^2}{n-1}} = \sqrt{\frac{1}{n-1}[(x_1 - \bar{x})^2 + (x_2 - \bar{x})^2 + \cdots + (x_n - \bar{x})^2]}$$

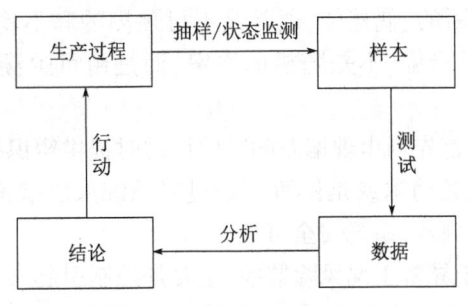

(8-4)

二、数据的收集与整理

数据的收集与整理过程如图 8-1 所示。

图 8-1 数据的收集与整理

产品的尺寸、状态监测量各不相同,但它们形成一个模型,若稳定,可以描述为一个分布(如正态分布),分布可以通过位置、分布宽度、形状三种因素(图 8-2)或这些因素的组合来加以区分。

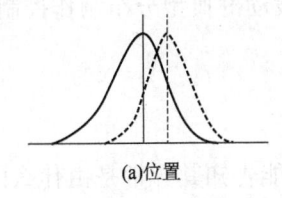

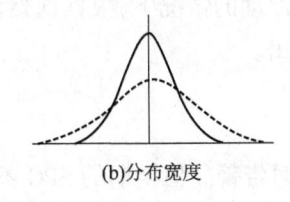

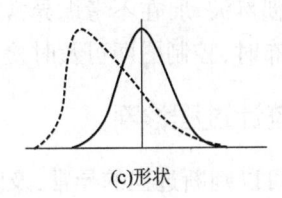

(a)位置　　(b)分布宽度　　(c)形状

图 8-2 三种因素示意

三、过程偏差与过程控制

过程偏差又称变差、变异,指在输入(物料)、过程(生产/操作)、输出(产品)、反馈(测量/检验)几个环节中出现的差异。一般包含以下几项:

(1)输入物料(如含水来油):不同批次之间的差异、批次内的差异、随时间产生的差异、随环境产生的差异。

(2)生产/操作:设备及工装夹具的差异、随时间而产生的磨损和漂移等、操作工之间的差异(如手工操作的过程)、设置的差异、环境的差异。

(3)测量系统的偏差,有以下几个统计:传感器/量具的精确度(偏差),指测量观察平均值与真实值(基准值)的差异,真实值由更精确的测量设备所确定(标定);量具重复性,是由一个操作者采用一种测量仪器,多次测量同一零件的同一特性时获得的测量值偏差;量具再现性,是由不同的操作者,采用相同的测量仪器测量同一零件的同一特性时测量平均值的变差;量具稳定性,是同一测量系统在不同时间测量同一零件时,至少两组测量值的总偏差。

(4)对于所有的过程输出,都有两个主要统计:对中性,指由过程的平均值至最近的阈值的距离;偏差(波动),指过程的分布宽度。

过程偏差分两种类型。特殊原因偏差(机遇性原因,special cause):过程中变异因素不在统计的控制状态下,其产品特性没有固定的分布。普通原因偏差(共同原因/非机遇性原因,common cause):过程中变异因素是在统计的控制状态下,其产品特性有固定的分布。

普通原因偏差影响过程中每一个参量,在控制图上表现为随机性、没有明确的图案,但遵循一个分布,由所有不可追溯的小偏差源组成。通常需要采取系统措施来减少普通原因偏差。特殊原因偏差是间断的、偶然的,通常是不可预测的和不稳定的偏差,在控制图上表现为超出控制限的点、链或趋势,不是随机的图案,而是由可追溯的偏差源造成,该偏差源可以纠正。

过程控制的作用有三:首先当出现偏差的特殊原因时提供辨识指标或信号,从而对这些特殊原因采取适当的措施(或是消除或是保留);通过对系统采取措施从而减少普通原因偏差;提高过程能力,使产品符合规范、系统安全可控。

将统计过程控制应用于异常工况风险监控,主要是控制引起参数变化(成为异常工况)的因素。产品质量(或过程安全可靠性水平)被定义为过程输出。对过程进行控制就是对过程输入进行调控,以保证过程输出的精度。

系统状态的过程偏差源于:系统因素,属于非受控状态,需要找出异常因素并消除其对过程的影响;仅由偶然因素导致。

分析偶然波动,在不考虑异常波动的情况下,根据偶然波动的典型分布制作控制图,当出现异常分布时,控制图即可及时检出。

四、统计过程诊断

SPC 可以判断过程的异常,及时告警。但早期的 SPC 不能告知其异常是由什么因素引起的,发生于何处,即不能进行诊断。1980—1982 年我国著名质量管理专家、北京科技大学张公绪教授提出选控图及两种质量诊断理论,突破了休哈特的 SPC 理论,使 SPC 升级到统计过程诊断 SPD。SPD 不仅能预警,而且能诊断,为及时纠正提供了有力保障。

每个过程可以分类如下:(1)受控或不受控;(2)是否满足(安全、质量、可靠性等)要求。具体分类见表 8-1。

表 8-1 过程分类

满足要求	受控	不受控
符合(合格)	1 类	3 类
不符合(不合格)	2 类	4 类

1 类(符合要求,受控):是理想状况。为持续改进可能需要进一步减少偏差。

2 类(不符合要求,受控):存在过大的普通原因偏差。短期内进行 100% 检测以保障客户不受影响。必须进行持续改进找出并消除普通原因的影响。

3 类(符合要求,不受控):有相对较小的普通原因及特殊原因偏差。如果存在的特殊原因已经明确,但消除具体影响不太经济,客户可能接受这种过程状况。

4类(不符合要求,不受控):存在过大的普通原因及特殊原因的偏差。需要进行100%检测以保障客户利益。必须采取紧急措施使过程稳定,并减小偏差。

过程控制状态可分为:统计控制状态及技术控制状态(表8-2)。

表8-2 过程控制状态分类

技术控制状态 \ 统计控制状态	是	否
是	Ⅰ	Ⅱ
否	Ⅲ	Ⅳ

(1)状态Ⅰ:统计稳态与技术稳态同时达到,最理想。
(2)状态Ⅱ:统计稳态未达到,技术稳态达到。
(3)状态Ⅲ:统计稳态达到,技术稳态未达到。
(4)状态Ⅳ:统计稳态与技术稳态均未达到,最不理想。

状态Ⅳ必须加以调整,使之逐步达到状态Ⅰ。其途径有二:
(1)状态Ⅳ——状态Ⅱ——状态Ⅰ。
(2)状态Ⅳ——状态Ⅲ——状态Ⅰ。

具体途径由技术经济分析决定。从计算 CP 值上讲,应先达到状态Ⅲ,但有时为了更加经济,也有宁可保持在状态Ⅱ的。但在生产线的末道工序一般以保持状态Ⅰ为宜。分析用控制图的调整过程即是质量不断改进的过程。

五、控制图

控制图(control chart)是对过程质量(包括健康状态、安全状态、可靠性等)加以测定、记录从而进行控制管理的一种用科学方法设计的图。控制图组成包括中心线、上下控制限以及按时间顺序抽取的样本统计量数值的描点序列(图8-3)。图中的 UCL 为上控制限,CL 为中心线,LCL 为下控制限。

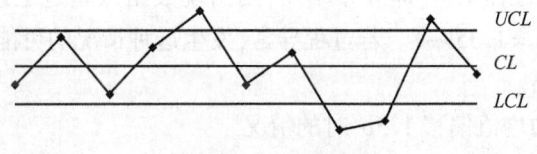

图8-3 控制图

控制限与规格限:控制限通常由过程控制人员根据历史数据或实验数据计算得出;规格限通常由设计给定,或由客户规定,客户规格限通常超出控制限之外。

单变量统计过程控制只考虑单一变量的变化幅度,不涉及多个质量指标间的相互关联关系。单变量控制图(如 Shawhart 图、累积和图及 EWMA 图等)常用于监测少量的过程变量及与质量或可靠性等有关的过程变量。

在实际生产中,衡量产品质量指标的测量变量可能不只有一个,而这些变量之间往往是相互关联的。在这种情况下,对这些变量单独进行统计控制往往会导致生产过程中的异常情况不容易被确认,统计分析的结果得不到明确的解释,甚至会误导操作人员。

(一)控制图的形成

将通常的正态分布图转个方向,使自变量增加的方向垂直向上,将 μ、$\mu+3\sigma$ 和 $\mu-3\sigma$ 分别标为 CL、UCL 和 LCL,这样就得到了一张控制图(图8-4)。

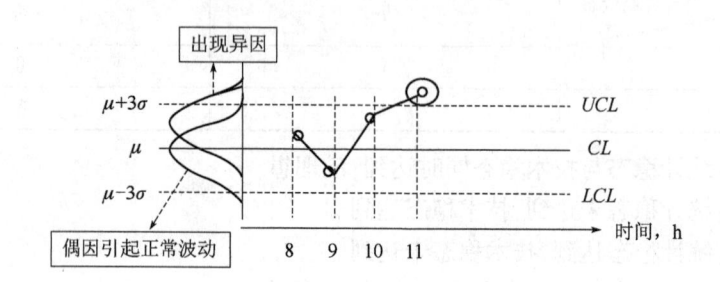

图8-4 控制图形成

虽然控制图由正态分布转化而来,但由于二项分布、泊松分布在样本量较大时近似正态分布,因此,控制图对典型分布均适用。

样本数据的种类如下:

(1)计量值型数据:尺寸、重量、化学成分、电压等以物理单位表示、具有连续性的数据,为连续型随机变量。

(2)计数值型数据:以特性分类、计算具有相同特性的个数,为间断性数据,例如腐蚀坑数、停机次数等。

离散型随机变量是统计产品的件数或点数的表示方法。

(二)控制图原理的解释

(1)第一种解释:若过程正常,即分布不变,则出现数据点超过上或下控制限情况的概率只有1‰左右(2.7‰÷2 = 1.35‰)。若过程异常,发生这种情况的可能性很大,其概率可能为1‰的几十倍乃至几百倍。

例如:当正态分布的均值偏移 1.5σ 时的情况。

不合格品率 $p = 1 - \Phi(1.5) + \Phi(-4.5) = 2 - \Phi(1.5) - \Phi(4.5) = 0.06681$。根据小概率事件原理,即小概率事件在一次试验中几乎不可能发生,因此,若发生即可判断异常。结论:点出界即判异。控制图实际上是假设检验的一种图上作业,在控制图上每描一个点就是做一次假设检验。

(2)第二种解释:偶然波动与异常波动都是产品质量的波动,假定在过程中,异常波动已经消除,只剩下偶然波动(正常波动)。根据这一正常波动,应用统计学原理设计出控制图相应的控制界限,当异常波动发生时,描点就会落在界外。因此描点频频出界就表明存在异常波动。控制图上的控制界限就是区分偶然波动与异常波动的科学界限。根据上述解释,可以说休哈特控制图即常规控制图的实质是区分偶然因素与异常因素两类因素。

(三) 控制图的作用及错误措施

1. 作用

(1) 应用控制图对生产过程进行监控,发现数据点出现非随机排列,显然过程有问题,故异因刚一露头,即可发现,于是可及时采取措施加以消除,及时预防。

(2) 控制图上数据点突然出界,显示异常。这时必须查出异因,采取措施,加以消除。

(3) 控制图可以区分普遍原因偏差和特殊原因偏差;减少普遍原因偏差需要改变产品或过程的设计;减少特殊原因偏差要求立即采取措施(消除故障、误操作或改善设备退化状态)。

(4) 及时告警。控制图本身不能起到预防作用。必须通过全员参与,运用控制图"查出异因,采取措施,保证消除,纳入标准,不再出现",才能真正起到预防的作用。

2. 使用时错误措施

(1) 试图通过持续调整过程参数来固定普通原因偏差,称为过度调整,结果会导致更大的过程偏差,造成输出质量下降;

(2) 试图通过改变设计来减少特殊原因偏差往往解决不了本质问题,会造成时间和金钱的浪费,并恶化系统运行风险。

(四) 控制图的种类

1. 计量型数据的控制图

(1) $\bar{X} - R$ 图(均值—极差图,或称平均数—全距控制图)。

$\bar{X} - R$ 图针对计量数据,其控制对象通常为长度、重量、强度、纯度、时间、收率和生产量等计量值的场合,是最常用最基本的控制图。控制图主要用于观察正态分布的分散或变异情况的变化。

(2) $\bar{X} - S$ 图(均值—标准差图)。

$\bar{X} - S$ 图应用领域同 $X - R$ 控制图,只是用标准差 S 图代替极差 R 图。极差计算简便,R 图应用广泛,但当样本量 $n > 10$ 时,应用极差估计总体标准差 σ 的效率降低,需要应用 S 图来代替 R 图。鉴于电脑的普及,可以替代复杂计算,S 图将得到越来越广泛的使用,该法反映数据信息较全面。

(3) $X - MR$ 图(单值—移动极差图)。

$X - MR$ 图多用于对每一个产品都进行检验,采用自动化检查和测量的场合;取样费时、昂贵的场合;以及如化工等气体与液体流程式过程、产品均匀的场合。获得信息少,灵敏度差。

(4) $Me - R$ 图(中位数—全距控制图)。

$Me - R$ 图应用领域同 $X - R$ 控制图,只是用中位数 Me 图代替均值 $\bar{X}$ 图。由于中位数确定比均值更简单,所以多用于现场需要把测定数据直接记入控制图进行控制的场合。为了简便,应用时通常将样本数 n 定为奇数。电脑的应用使 $Me - R$ 控制图的应用也逐渐减少。

2. 计数型数据的控制图

(1) P 图(不合格品率图,P-chart)。

P 图通常用于控制不合格品率、交货延迟率、缺勤率、差错率等计数质量指标的场合。

当根据多种检查项目综合起来确定不合格品率时,控制图显示异常后往往难以找出异常的原因。因此,使用 P 图应选择重要的检查项目作为判断不合格品的依据。

(2) NP 图(不合格品数图,NP-chart)。

NP 图用于控制对象不合格品数的场合。设 n 为样本量,p 为不合格品率,则 np 为不合格品数。这里要求 n 不变,否则 NP 图会呈现凹凸状。

(3) C 图(不合格数图,C-chart)。

C 图用于控制一部机器、一个部件、一定的长度、一定的面积或任何一定的单位中所出现的不合格数目,如布匹上的疵点数、铸件上的砂眼数、机器设备的不合格数或故障次数、电子设备的焊接不良数、传票的误记数、每页印刷错误数和差错次数等等。

(4) U 图(单位产品不合格数图,U-chart)。

当样品规格有变化时则应换算为平均每单位的不合格数后再使用 U 控制图。例如,在制造厚度为 2mm 的钢板的生产过程中,一批样品的面积是 $2m^2$,下一批样品的面积是 $3m^2$ 的,这时就应都换算为平均每平方米的不合格数,然后再对其进行控制。

(五) 控制图步骤

1. $\bar{X}-R$ 控制图

1) 特点

$\bar{X}-R$ 是 SPC 计量值部分最重要、最常用的控制图之一,可以使我们很好地了解生产过程的进展状态(发展趋势),是工业界最常用的计量值控制图。数据可以合理分组时的分析或控制,过程平均使用 X_{bar} 图,过程偏差使用 R 图。

分组技术是控制图中最重要的组成部分。休哈特的分组原则是相似的数据放在一组。例如,按操作工分组,验证操作工之间的不同;按设备分组,验证设备之间的不同。分组的目的是让组内仅包含普通原因引起的偏差,让所有特殊原因引起的偏差放在组间。

2) 分类

$\bar{X}-R$ 图分为以下两种:

(1) 解析控制图:根据实际测量出来的数据,计算出控制图上下限之后画出。用途:主要用来对过程状态监测参数进行测定和监控,以了解在现有环境中过程是否发生异常工况、过程故障以及操作失误等。

(2) 过程控制图:根据之前的历史数据,也可以根据经验或相似的各项标准,作为今后控制图的控制界限——动态安全阈值的确定。用途:以之前较好或标准的控制界限来衡量近期的安全状况。

3) 具体步骤

(1) 收集数据:选择子组大小(如 $n=5$)、频率和子组数量 K。频率:子组间的时间间隔;子组数:包含 100 个或更多单值读数的 25 个或更多子组的数据。

(2)建立控制图并记录原始数据。
(3)计算每个子组的平均值 $\bar{X}$ 和极差 R。
(4)选择控制图的刻度。
(5)将平均值和极差画到控制图上。
(6)计算控制限:计算极差的平均值和过程参量的平均值。
(7)根据公式计算控制限。
(8)在控制图上画出中心线及控制限。
4)控制限计算方法
(1)查表法。

$$\bar{\bar{x}} = \frac{\bar{x}_1 + \bar{x}_2 + \cdots + \bar{x}_k}{K} \tag{8-5}$$

$$\bar{R} = \frac{R_1 + R_2 + \cdots + R_k}{K} \tag{8-6}$$

$$UCL_R = D_4 \bar{R} \tag{8-7}$$

$$LCL_R = D_3 \bar{R} \tag{8-8}$$

$$UCL_{\bar{x}} = \bar{\bar{x}} + A_2 \bar{R} \tag{8-9}$$

$$LCL_{\bar{x}} = \bar{\bar{x}} - A_2 \bar{R} \tag{8-10}$$

其中,A_2、D_3、D_4 为取决于子组大小的常数,可从表 8-3 中查出。

表 8-3 系数

N	1	2	3	4	5	6	7	8	9	10
A_2		1.880	1.023	0.729	0.577	0.483	0.419	0.373	0.337	0.308
D_3		—	—	—	—	—	0.076	0.136	0.184	0.223
D_4		3.267	2.547	2.282	2.114	2.004	1.924	1.864	1.816	1.777
N	11	12	13	14	15	16	17	18	19	20
A_2	0.285	0.266	0.249	0.235	0.223	0.212	0.203	0.194	0.187	0.180
D_3	0.256	0.283	0.307	0.338	0.347	0.363	0.378	0.391	0.403	0.415
D_4	1.774	1.717	1.693	1.672	1.653	1.637	1.622	1.608	1.597	1.585

(2)计算法。
将数据列表,并计算各组数据的平均数 X_i 及全距 R_i:

$$X_i = \frac{每组量测数值总和}{每组样本值} \tag{8-11}$$

$$R_i = 每组中最大值 - 每组中最小值 \tag{8-12}$$

计算出平均数和全距的中心线与控制上、下限。
平均数和全距的中心线：

$$XCL = \frac{\bar{x}_1 + \bar{x}_2 + \cdots + \bar{x}_k}{K} \tag{8-13}$$

$$RCL = \frac{R_1 + R_2 + \cdots + R_k}{K} \tag{8-14}$$

补充说明：3σ 原则；
计算出标准差：X_σ、R_σ；
计算平均数和全距的控制上、下限：

$$\begin{cases} XUCL = XCL + 3X_\sigma \\ XLCL = XCL - 3X_\sigma \\ RUCL = RCL + 3R_\sigma \\ RLCL = RCL - 3R_\sigma \end{cases} \tag{8-15}$$

计算 3σ 原则即控制图的 UCL、CL、LCL 分别为：

$$UCL = \mu + 3\sigma, CL = \mu, LCL = \mu - 3\sigma \tag{8-16}$$

式中，μ、σ 为统计量的总体参数。
注意：
①总体参数不能精确得知，但可通过样本统计量加以估计。
②规范限不能用作控制限。规范限用以区分合格与不合格，控制限则用以区分偶然波动与异常波动。通常控制限要严于规范限。

5）控制限解释
(1) 分析极差图（R 图上的数据点）。
(2) 识别并标注特殊原因（R 图）。
(3) 重新计算控制限（R 图）。
(4) 分析平均值图（X_{bar} 图）上的数据点。

(5) 识别和标注特殊原因(X_{bar}图)。

(6) 重新计算控制限(X_{bar}图)。

(7) 为继续控制延长控制限。

(8) 控制的最终概念(控制图用于持续的过程控制)。

2. $\bar{X} - \sigma$ 控制图

1) 意义

当每组样本数较大($n > 10$)时,全距 R 容易受个别值影响较大,而标准差相对较小,所以 σ 成为过程变异性更有效的指标,此时一般用 $\bar{X} - S(\sigma)$ 代替 $\bar{X} - R$。

2) 制图的区别之处

(1) 计算每组数据的 $\bar{X}_{\text{bar}}$ 及 $\sigma(S)$;

(2) 计算控制中心线;

(3) 计算控制上、下限。

3) 制图的相同之处

(1) 同样分为计算法及查表法;

(2) 图形分析与 $\bar{X} - R$ 基本相同。

3. $Me - R$ 控制图

1) 优点

可产生与 $\bar{X} - R$ 图相同的作用(结论),中位数易于使用,并不要求很多计算,使车间工人易于接受控制图方法。

2) 缺点

中位数在统计意义上没有均值理想。

3) 图形制作及分析

(1) 中位数的算法:先将数据按大小顺序排列,再取一个中间的数据。

(2) 计算控制中心线及控制上、下限。

中心线:取各组中位数的平均值 $X_m = X_m CL$,中位数控制图标准差为 $X_{m\sigma}$,则

$$\begin{cases} X_m UCL = X_m CL + 3X_{m\sigma} \\ X_m LCL = X_m CL - 3X_{m\sigma} \end{cases} \tag{8-17}$$

$Me - R$ 控制图的图形分析同 $\bar{X} - R$ 控制图。

4. $\bar{X} - MR$ 图

1) 特点

以不分组的方式描点作控制图,要求每次或每组的样本数为 1。在计量值中,当每次取样数为 1 时,不能用前三种控制图。$\bar{X} - MR$ 图使用场合如下:

(1) 一次只能收集到一个样本数据,如损耗率;

(2) 过程的品质极为均匀,不需要多取样本,如液体浓度、pH 值等;

(3)取得测定值既费时,成本又高,如复杂的化学分析及破坏性试验等。

注意:$X-MR$图在检查过程变化时不如$\overline{X}-R$图敏感;$X-MR$图不能区分过程的零件间重复性,因此在很多情况下最好还是使用常规的、子组样本容量较小的$\overline{X}-R$图。

2)图形制作及分析

移动全距的计算:$R_i = |X_i - X_{i-m}|$;当$i - m < 1$时,$R_i = |SL - X_i|$。

(1)移动位置值m:指组距R_i要用当前一个数据减去前面第n个位置的数据。通常是由产品的相关性来定的。

(2)计算各中心线及控制上、下限。

$X-MR$图的图形分析同$\overline{X}-R$分析方法。

(六)案例分析

某电子厂对每批芯片研磨制程进行管制,其厚度规格化为$3 \pm 0.1u$,希望建立管制图,以在量产时对制程上的厚度进行有效的管制。因同一批产品差异很小,所以每一批次取一个样,测量记录见表8-4。

表8-4 芯片测量记录

序号	检验时间	量测值	移动全距
1	2001/11/1 PM 03:23:27	2.95	0.05
2	2001/11/2 PM 03:23:56	3.04	0.09
3	2001/11/3 PM 03:24:03	3.01	0.03
4	2001/11/4 PM 03:24:09	2.97	0.04
5	2001/11/5 PM 03:24:16	3.07	0.10
6	2001/11/6 PM 03:24:21	3.05	0.02
7	2001/11/7 PM 03:24:26	3.09	0.04
8	2001/11/8 PM 03:24:33	3.08	0.01
9	2001/11/9 PM 03:24:40	3.01	0.07
10	2001/11/10 PM 03:24:56	3.06	0.05
11	2001/11/11 PM 03:25:00	3.02	0.04
12	2001/11/12 PM 03:25:09	2.98	0.06
13	2001/11/13 PM 03:25:12	2.96	0.02
14	2001/11/14 PM 03:25:20	2.97	0.01
15	2001/11/15 PM 03:25:26	2.92	0.05

管制图与控制图如图8-5及图8-6所示。

检验站别：PQC-1							页次：1/1页						
产品名称：211芯片			产品编号：B34223-221				管制特性：厚度				分析时间：2001/11/1~2001/11/15		
样本数：1			规格上限：3.1				规格下限：2.9				规格水准：3		
	USL	SL	LSL	XUCL	XBAR	XLCL	RmUCL	RmBAR	RmLCL	Ca	Cp	Cpk	PPM	
	3.1	3	2.9	3.141	3.012	2.883	0.123	0.045	0	0.12	0.638	0.621	23054	
组数	1	2	3	4	5	6	7	8	9	10	11	12	13	14	15
X值	2.95	3.04	3.01	2.97	3.07	3.05	3.09	3.08	3.01	3.06	3.02	2.98	2.96	2.97	2.92
全距	0.08	0.05	0.07	0.1	0.11	0.1	0.198	0.07	0.2	0.1	0.2	0.4	0.03	0.05	0.02
标准差	0.05	0.09	0.03	0.04	0.10	0.02	0.04	0.01	0.07	0.05	0.04	0.06	0.02	0.01	0.05

图 8-5 X-MR 管制图

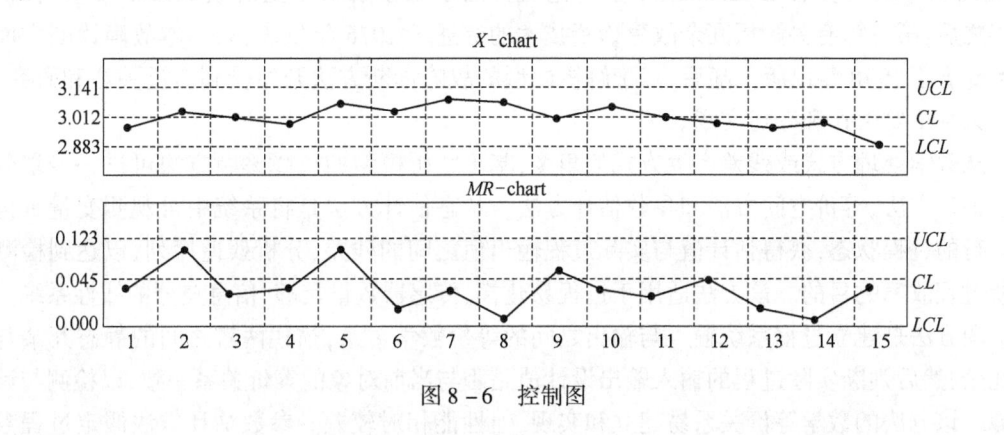

图 8-6 控制图

第二节 异常工况识别的多元统计方法

一、状态监测与故障诊断原理

状态监测是对工业过程运行状态异常的判别，是故障诊断的起点和基础。状态监测是指了解和掌握设备的运行状态，包括采用各种检测、测量、监视、分析和判别方法，结合系统的历史和现状，考虑环境因素，对机组运行状态进行检测，判断其是否处于正常状态，并为机组的故障分析、合理使用和安全工作提供信息和准备数据。故障诊断是根据状态监测所获得的信息，结合已知的结构特性和参数以及环境条件、该设备的运行历史（包括运行记录和曾发生过的故障及维修记录等），对设备可能要发生的或已经发生的故障进行预报、分析和判断，确定故障的性质、类别、程度、原因和部位，指出故障发生和发展的趋势及其后果。

工业过程的故障诊断是以检测到的工业过程运行状态信息为前提的。因此，一般所讲的工业过程故障诊断技术，往往将状态监测和故障诊断放到一起。国内外学者对工业过程故障诊断理论与方法进行了广泛的研究。早期，根据德国故障诊断权威 P. M. Frank 教授的观点，故障诊断方法可以划分为基于知识、基于解析模型和基于信号处理三种。而后，随着科学技术的不断更新发展,各种新的故障诊断方法层出不穷,于是有学者将前人工作进行归纳总结,形成了目前常用的分类方式:基于解析模型的方法、基于知识的方法和数据驱动的方法。

(一) 基于解析模型的方法

基于解析模型的方法发展最早,其主要依据是数学模型。解析模型方法需要深层次地认识过程内部机理和知识,硬件冗余被替换为解析冗余,从而建立精确的输入输出模型。利用过程对象的实际测量值与解析模型获得的系统知识之间的残差,描述过程实际运行与系统表达的差异性,从而进行过程的故障检测与诊断。1971 年,麻省理工学院 Beard 的博士论文以及 Mehra 和 Peschon 发表在 *Automatica* 上的论文开启了基于解析模型的故障诊断技术的研究。几年之后,第一篇有关解析冗余故障诊断技术的综述于 1976 年发表,第一本故障诊断方面的学术专著于 1978 年出版。随后,基于解析模型的故障诊断方法开始受到广泛关注和研究,涌现出大批重要著作和综述文章。

从数学处理方式或残差产生方式的角度,基于解析模型的故障诊断方法可进一步划分为状态估计方法、等价空间方法和参数估计方法。状态估计方法是将系统中可观测变量重构当前运行的过程状态,获得估计值与实际过程输出值之间的残差,分析残差序列,以达到检测与诊断过程故障的目的。该方法适用于过程易建模、传感器数量足够、信息充分的线性系统。等价空间方法是建立过程系统输入与输出之间的等价数学关系,描述两者之间的静态冗余与动态冗余,然后判断实际过程的输入输出设计值是否与当前对象的等价关系一致,以检测与诊断故障。该方法的数学等价关系易建立和实现,但性能相对较差。参数估计方法假定过程参数变化会引起模型参数变化,因此可统计模型参数变化特性以进行故障检测与诊断。目前应用比较广泛的参数估计方法有扩展卡尔曼滤波器方法、自适应卡尔曼滤波器方法、极大似然参数估计方法等。随着工业过程越来越大型化、复杂化,可以对各个小型子系统建立精确模型,然后将这些子模型组合形成整个系统的近似模型,但由于忽视了子系统之间的关联,会影响到整个系统模型的性能。

解析模型方法要求深度认识过程的机理结构,建立精确的定量数学分析模型,主要应用在航空业、精密加工业等具有标准执行器设备、易获得丰富过程知识的工业领域。解析模型方法将过程物理知识与控制系统相结合,取得了一定的过程控制成果。但是,由于过程复杂、多变量非线性和生产条件频繁变化等因素,无法获得具体而详细的系统先验知识。而且,建立强耦合变量的大规模系统模型也需要承担较大成本。此外,由于实际过程系统受噪声、外界扰动等不确定因素的影响,使解析模型失效,限制了该方法的应用。

(二) 基于知识的方法

基于知识(知识被定义为过程输入输出、不正常模式、故障特征、操作约束、评价等)的诊断方法因能将过程知识尤其是故障知识与相关推论结合起来而适合于故障诊断。基于知识的方法不需要系统的数学模型,过程中各个单元之间的连接关系由先验知识进行定性描述,然后根据该构造关系实现故障的识别与诊断。由于该方法依赖于先验知识,只适用于有大量生产经验和专家知识的场合,导致该类方法通用性较差。目前该类方法大多应用于输入、输出和状态数相对较小的系统。东北大学柴天佑团队将基于知识的诊断方法划分为因果分析、专家系统、模式识别三类方法。

(1)因果分析:基于故障症状关系的因果模型,包括符号定向图 SDG、症状树 STM 方法等。

(2)专家系统:用来模拟专家诊断故障时的推理,作为解释器,有基于规则的、基于案例的方法等。

(3)模式识别:利用数据模式和故障类之间的关系进行诊断,如贝叶斯分类器、神经网络分类,通过输入故障症状和输出故障原因进行诊断。

以上各类基于知识的诊断方法都可归结为通过历史操作及过程理解获得的事实、规则、启发信息进行诊断。从搜索方式角度,可分为与正常操作集不匹配以及与已知异常症状匹配两种。该类方法的优势在于无须得到过程的详细数学模型,且使用过程中方便加入过程知识及故障知识,擅长建立故障特征空间及故障类空间的关系,更适于故障诊断且结论易于理解。但构造一个大系统的故障模型需要付出巨大的努力,因此,该类方法大多应用于输入、输出和状态数相对较小的系统。由于该方法依赖于先验知识,只适用于有大量生产经验和专家知识的场合,导致该类方法通用性较差。

(三)数据驱动的方法

数据驱动的故障诊断方法是目前研究的一个热点问题。这类方法其实也是一种基于知识的方法,因此它具有基于知识方法的优点。只是这里的知识不同于专家经验等定性的知识,它指的是工业过程中收集到的海量数据。数据驱动方法无需系统精确模型的先验知识,通过分析处理过程数据,挖掘出数据内部包含的信息,以此获得工业过程的运行状态实现故障诊断。

随着互联网、物联网技术的发展和工业智能化水平的提高,大量过程数据、传感器参数、工艺数据等的观测、采集和存储变得越来越便利快捷。这些数据可以反映过程温度、流速、组分、压力等参数和过程运行状态信息,为过程建模提供数据支持。而且,模式识别、信号处理、机器学习、统计理论、数据挖掘等技术为数据驱动方法的发展提供了理论指导。近年来,数据驱动方法日益成为过程控制领域的研究热点,受到国内外学者的关注。目前,基于数据驱动的故障检测与诊断技术受到了高度重视,其系统理论和方法的研究正在向深层次发展。数据驱动的方法主要有:统计分析方法,如主成分分析方法(PCA)、偏最小二乘法(PLS)、费舍尔判别分析方法(FDA)等;信号处理方法,如小波变换、谱分析等;还有基于定量的人工智能方法,如支持向量机、隐马尔科夫模型等。随着现代测量技术与数据存储技术的飞速发展,各类工业过程中都积累了大量的数据,因此数据驱动的方法具有很强的通用性。信号处理利用不同时刻的采样信号中蕴含的过程信息,通过信号分析与处理,提取与故障相关的信号时域或频域特征(例如利用幅值变化、相位漂移等方法确定过程的状态),进行故障检测与诊断。信号处理的方法主要包括小波分析、S 变换、希尔伯特—黄变换等方法。

基于定量的人工智能方法不需要定量数学模型,利用人工智能技术即通过教计算机如何学习、推理和决策等实现故障诊断,运用的知识包含系统结构知识、经验规则知识、工作状态知识、环境知识等。典型代表有基于人工神经网络的方法、基于支持向量机的方法和基于模糊逻辑的方法。

基于统计分析的方法可以分为单变量统计方法和多变量统计方法,其中后者是故障诊断主要的应用方法。随着工业规模的壮大,测量变量不断增多,且变量之间内在的耦合和关联关系日渐复杂,多元统计方法应运而生。多元统计方法,也称为多元统计过程控制(MSPC)方法,包括主成分分析方法(PCA)、偏最小二乘法(PLS)、费舍尔判别分析方法(FDA)、独立成分分析(ICA)等常用方法。这类方法针对高维冗余的历史数据,利用线性映射函数,将代表过程状态的主要变量投影到低维空间,达到降维目的的同时,消除变量之间的共线性。多元统计方法主要借助于统计理论,分析过程的历史数据,挖掘数据中隐含的过程信息,提取样本的控制统计量,并与正常训练数据估算出的统计指标进行对比,从而检测出当前系统运行的异常状态。多元统计方法的思路是:假设数据呈独立同分布,利用多元函数将正常操作的历史数据张成的高维原始空间,分解成装载矩阵张成的低维空间和残差空间两个子空间;在这两个子空间计算统计量,反映过程数据的某些主要特征;在实时监控时,利用多元统计模型分析实时数据,根据一维监控图实现可视化过程监控。PCA方法应用最为广泛,大多数监控策略都是在该方法的基础上改进和扩展的。

此外还有一些常用的统计机器学习方法,如高斯混合模型(GMM)、支持向量机(SVM)、慢特征分析方法、相对变化分析等。利用过程系统中采集的正常及故障数据(包括历史输入输出数据、过程采样数据、执行器记录数据等),训练机器学习方法,实施故障检测与诊断。这些学习方法所使用的样本通常要求具有完备性与代表性,而大规模工业过程中难以完全获取各种故障数据,导致其应用受到了局限。同时,传统的MSPC方法在故障检测与诊断时,往往对过程数据设置一些基本假设,如数据高斯分布假设、过程线性假设、过程运行单一模态假设等,然而,大部分复杂的工业过程难以满足这些理想的假设条件,以致MSPC方法会产生较多的误报或漏报。近年来,通过对这些假设条件进行深入研究,在传统MSPC方法的基础上提出了一系列方法,极大地推动了MSPC方法的进步。

二、多元统计概述

随着电子技术和计算机应用技术的飞速发展,现代工业过程大都具有完备甚至冗余的传感测量装置,可以在线获得大量的过程数据,譬如浓度、压力、流量等测量值。这些过程数据中蕴含着关于生产过程运行状态及最终产品质量的有用信息。由于基于数据的统计分析和建模方法不需要精确的过程数学模型,使得很多数据驱动的分析方法在实际工业生产中得到了广泛的认可和推广应用。但在分析工业生产过程数据的同时,必须充分地考虑其如下几个主要特点:

(1)数据的高维度。现代工业过程一般拥有几十至几百个测量变量,而且数据采集系统的采样速度以及工业计算机的运行速度也日新月异地增长。这就意味着在短时间内,生产过程将产生成千上万的过程数据。这使得在提取有用信息的同时尽可能地降低数据的维数成为现代工业过程基于数据的建模方法的一个迫切要求。

(2) 测量变量之间的相关性。过程变量的外部特征决定于过程的内部运行机制。由于过程往往是由几个主要的机理方程所驱动,过程变量之间并非独立无关,而是遵从一定的运行机理,体现出复杂的耦合关系,即变量之间存在相关性。这使得传统的基于原始过程测量信息的状态评价和故障诊断方法难以奏效。

(3) 数据的非线性。工业过程往往展现出非线性行为,变量之间的关系用线性函数去近似无法得到满意的结果。因此,在针对工业生产过程的运行状态评价和监测中还需要考虑过程变量之间的非线性关系。

(4) 数据的非高斯性。工业过程中的测量变量往往会受到各种噪声源的影响,使工业过程数据难以精确地服从高斯分布。由于非高斯分布数据的高阶统计量中仍然可能蕴含着反映过程运行状态的重要信息,使得针对高斯分布数据的分析方法无法完整地提取过程数据中与运行状态密切相关的过程信息,从而影响状态监控的准确性和可靠性。

(5) 非平稳特性。受设备老化、变工况、未知扰动和人为干扰等因素影响,实际工业过程中的变量往往呈现非平稳特性。对于非平稳过程,故障信号极易被非平稳信号的正常变化趋势所掩盖,无法满足对故障检测的灵敏性要求。针对非平稳过程的故障检测及诊断极具挑战性。

(6) 多模态特性。由于外界环境和条件的变化、生产方案变动,或是过程本身固有特性等因素,导致一些连续工业生产过程具有多个稳定工况,称为多模态过程。相比于具有单一稳定工况的连续过程,多模态过程还具有一些特有的属性:

①多模态过程具有多个稳定工作点,不同的工作点对应着不同的稳定模态,且不同的稳定模态之间由不同的过渡模态连接。

②稳定模态是指在一段生产过程中运行状态相对平稳,且过程变量的相关关系并不随着操作时间时刻变化的模态,是生产过程中的主要生产状态,同时也是决定产品质量和企业综合经济效益的关键模态。

③过渡模态是生产过程中衔接一个稳定模态与另外一个稳定模态的暂态过程,是过程相关关系具有较复杂动态特性的模态。过渡模态对生产效率影响较大,且在该期间生产的产品通常为不合格品甚至是废品。实际生产过程中希望尽可能缩短此模态。

摆在过程操作人员面前的是很多过程变量同时在错综复杂地变化着。在这种情况下,操作人员往往很难及时对工业过程状态做出正确的判断。如能将很多相关的过程变量压缩为少数的独立变量,那么过程操作人员则有可能从少数几个独立变量的变化中,较容易地找出引起过程变量错综复杂变化的真正原因。上述问题一直存在于基于测量数据的统计过程分析和建模方法中,这种迟滞不前的状况持续到 20 世纪 80 年代末,以 PCA、PLS、ICA、FDA 和典型对应分析(canonical correspondence analysis,CCA)等多元统计技术为核心的多元统计建模方法揭开基于状态监测、故障识别及质量预报的新篇章。多元统计状态监测的主要目标是快速准确地检测生产过程中出现的异常工况。生产过程的在线监测和故障诊断不仅可以为过程工程师提供有关过程运行状态的实时信息、排除安全隐患、保证产品质量,而且可以为生产过程的优化和产品质量的改进提供必要的指导。

三、多变量统计过程监控

将过程监控技术应用到生产中,可以大大降低故障的发生率,减少不合格产品的出现,达到降低生产成本的目的。过程监控是以状态评价系统故障检测与诊断技术为基础发展起来的一个边缘性学科,其目的是监督评价系统的运行状态,不断检测生产过程的变化和故障信息,并对故障系统的异变幅度做出定量分析,如故障类型、发生时间、幅度大小、具体表现形式、影响程度、作用方式等,使系统操作员和维护人员不断了解过程的运行状态,帮助这些人员做出适当的补救措施,以消除过程的不正常行为,防止灾难性事故的发生,减少产品质量的波动等。

广义的统计过程监控包括三个阶段的工作。第一阶段的具体工作有数据采集、筛选、滤波、矩阵表示以及数据标准化等;第二阶段要先确定建模数据,即选择正常操作条件(NOC)下的过程数据,然后根据数据的特点进行统计建模并确定统计控制限;最后是统计模型的应用阶段,比如在线运行状态评价、异常检测、故障诊断、过程改进等。

统计过程监控的主要目标是快速准确地检测到生产过程中出现的异常工况,即过程偏离理想工作状态时的工况,偏离的幅值以及这种异常状态发生并延续的时间。基于统计方法的故障诊断则是在监测程序发现过程异常状态时,根据过程测量值偏离正常状态的变化幅值和变化了的变量相关性,给出导致这一异常工况的主导过程变量。对生产过程的在线监测和诊断不仅可以为过程工程师提供有关过程运行状态的实时信息、排除安全隐患、保证产品质量,而且可以为生产过程的优化和产品质量的改进提供必要的指导和辅助。统计过程监控方法所依托的主要理论是以主成分分析法(PCA)、偏最小二乘法(PLS)、费舍尔判别分析法(FDA)等为核心的多变量统计投影方法。后面将简略介绍PCA、PLS、FDA等的主要原理以及基于PCA的统计过程监测方法中所涉及的若干问题。

四、数据的标准化处理

数据标准化是基于过程数据建模方法的一个重要环节。一个好的标准化方法可以很大程度上突出过程变量之间的相关关系,去除过程中存在的一些非线性特性,剔除不同测量量纲对模型的影响,简化数据模型的结构。数据标准化通常包含两个步骤:数据的中心化处理和无量纲化处理。

数据的中心化处理是指将数据进行平移变换,使得新坐标系下的数据和样本集合的重心重合。对于数据阵 $X(n \times m)$,数据中心化的数学表示式如下:

$$\tilde{x}_{i,j} = x_{i,j} - \bar{x}_j (i = 1, \cdots, n; j = 1, \cdots, m) \tag{8-18}$$

$$\bar{x}_j = \frac{1}{n} \sum_i x_{i,j} \tag{8-19}$$

式中,n 是样本点个数;m 是变量个数;i 是样本点索引;j 是变量索引。

中心化处理既不会改变数据点之间的相互位置,也不会改变变量间的相关性。

过程变量测量值的量程差异很大,比如注塑过程中机桶温度的测量值往往在几百摄氏度,而螺杆位移的量程只有几厘米。若对这些未经过任何处理的测量数据进行主成分分析,很显然在几百摄氏度附近变化的温度测量值左右着主成分的方向,而实际上这些温度仅变化了3~5℃,相对于其量程来说并不是很大的变化。在工程上,这类问题称为数据的假变异,并不能真正反映数据本身的方差结构。为了消除假变异现象,使每一个变量在数据模型中都具有同等的权重,数据预处理时常常将不同变量的方差归一实现无量纲化,如下式:

$$\tilde{x}_{i,j} = x_{i,j}/s_j (i = 1,\cdots,I; j = 1,\cdots,J) \tag{8-20}$$

其中

$$s_j = \sqrt{\frac{1}{I-1}(x_{i,j} - \bar{x}_j)^2}$$

在数据建模方法中,最常用的数据标准化则是对数据同时作中心化和方差归一化处理:

$$\tilde{x}_{i,j} = \frac{x_{i,j} - \bar{x}_j}{s_j}(i = 1,\cdots,I; j = 1,\cdots,J) \tag{8-21}$$

五、多元统计方法

(一)主成分分析法

1. 简介

主成分分析(PCA)是一种多变量统计分析方法,其主要思想是通过线性空间变换求取主成分变量,将高维数据空间投影到低维主成分空间。由于低维主成分空间可以保留原始数据空间的大部分方差信息,并且主成分变量之间具有正交性,可以去除原数据空间的冗余信息,主成分分析逐渐成为一种有效的数据压缩和信息提取方法,已在数据处理模式识别、过程监测等领域得到了广泛应用。

2. 原理

主成分分析的工作对象是一个二维数据阵 $X(n \times m)$,n 为数据样本的个数,m 为过程变量的个数。经过主成分分析,矩阵 X 被分解为 m 个子空间的外积和,即:

$$X = TP^T = \sum_{j=1}^{m} t_j p_j^T = t_1 p_1^T + t_2 p_2^T + \cdots + t_m p_m^T \tag{8-22}$$

式中,t_j 是 $(n \times 1)$ 维得分(score)向量,也称为主成分向量;p_j 为 $(m \times 1)$ 维负载(loading)向量,也是主成分的投影方向;T 和 P 则分别是主成分得分矩阵和负载矩阵。主成分得分向量之间是正交的,即对任何 i 和 j,当 $i \neq j$ 时满足 $t_i^T t_j = 0$。负载向量之间也是正交的,并且为了保证计算出来的主成分向量具有唯一性,每个负载向量的长度都被归一化,即 $i \neq j$ 时,$p_i^T p_j = 0$,$i = j$ 时,$p_i^T p_j = 1$。

式(8-22)通常被称为矩阵 X 的主成分分解,$t_j p_j^T (j = 1,\cdots,m)$ 实际上是 m 个正交的主成分子空间,这些子空间的集合构成了原来的数据空间 X。若将式(8-22)等号两侧同时右乘 p_j 可以得到式(8-23),称为主成分变换,也称作主成分投影:

$$\begin{cases} t_j = X p_j \\ T = XP \end{cases} \tag{8-23}$$

即每一个主成分的分向量 t_j 实际上是矩阵 X 在负载向量 p_j 方向上的投影。

有很多方法可以确定合适的主成分个数,其中主成分累计贡献率法和交叉检验法最为常用。另外求取主成分负载向量的两种常见方法,一种是数值方法——奇异值分解法(SVD),另一种是迭代运算方法——NIPALS 算法。

3. 主元的选取

选择合适的主元个数是建立主成分分析方法模型的关键之一。主元个数的多少直接关系到所建立主元模型质量的好坏。若选取的主元个数过多,则会将待处理的过程数据中的测量噪声过多地引入主元模型中,这势必会增大主元模型的偏差,从而增加采用主成分分析方法进行数据处理的误差;若选取的主元个数过少,则会对过程数据的解释能力不足,使过程数据中较多的有用信息丢失,此时得到的主元模型存在着严重失真,采用这种主元模型进行数据处理,不仅结果会出现较大误差,甚至有可能得到错误的结果。

关于主元选取的方法目前已有很多种,其中比较常见的方法有:交叉检验(cross validation)方法、主成分累计贡献率方法、赤池信息量准则、最小化传感器重构误差和能量百分比(energy percent)方法等。交叉检验方法就是将过程数据分成两部分,其中一部分数据用来建立主元模型,另外一部分数据用来检验所建立的主元模型。具体来说就是首先通过试选选出不同的主元个数,建立与之相对应的几个主元模型,然后将检验数据输入到这些主元模型中进行测试,进而从中选出对应测试误差最小的那个主元模型,误差最小的主元模型中的主元个数就是最佳主元个数。

主成分贡献率是一种用于衡量主成分分析结果的指标,它可以帮助理解原始数据中的变异情况。在主成分分析中,将原始数据映射到一个新的空间,通过计算每个主成分的贡献率,可以了解每个主成分对总变异的贡献程度。

主成分分析是一种常用的数据降维技术,通过将原始数据映射到少数几个主成分上,可以减少数据的维度,提取出最重要的信息。在进行主成分分析时,首先计算数据的协方差矩阵,然后对协方差矩阵进行特征值分解,得到特征值和特征向量。特征值表示了数据在相应特征向量方向上的方差,特征向量表示了数据在新空间中的投影方向。主成分贡献率的计算公式如下:

$$主成分贡献率 = 特征值/总特征值之和$$

其中,总特征值之和等于所有特征值的和。主成分贡献率可以衡量每个主成分对总变异的贡献程度,数值越大表示该主成分解释的变异越多。

主成分贡献率的计算可以帮助确定选择多少个主成分来表示原始数据。通常情况下,选择主成分贡献率大于某个值(比如80%)的主成分作为表示原始数据的主要成分。选择合适的主成分数目可以在保留足够信息的同时,减少数据的维度,简化后续分析过程。

举个例子来说明主成分贡献率的计算过程。假设有一组包含身高、体重和年龄的数据,我们想要将这些数据映射到一个二维空间中。首先计算数据的协方差矩阵,得到特征值和特征向量。假设特征值分别为 10、5 和 1,总特征值之和为 16。那么第一个主成分的贡献率为 $10/16 = 0.625$,第二个主成分的贡献率为 $5/16 = 0.3125$。根据主成分贡献率,我们可以选择保留第一个主成分,因为它解释了总变异的 62.5%。

在主成分分析中,首先应保证所提取的前几个主成分的累计贡献率达到一个较高的水平,其次对这些被提取的主成分必须都能够给出。

4. 存在的问题

主成分的解释含义一般多少带有点模糊性,不像原始变量的含义那么清楚、确切,这是变量降维过程中不得不付出的代价。因此,提取的主成分个数 m 通常应明显小于原始变量个数 p(除非 p 本身较小),否则维数降低的"利"可能抵不过主成分含义,不如原始变量清楚的"弊"。如果原始变量之间具有较高的相关性,则前面少数几个主成分的累计贡献率通常就能达到一个较高水平,也就是说,此时的累计贡献率通常较易得到满足。

主成分分析的困难之处主要在于要能够给出主成分的较好解释,所提取的主成分中如有一个主成分解释不了,整个主成分分析也就失败了。主成分分析是变量降维的一种重要、常用的方法。简单来说,该方法要应用得成功,一是靠原始变量的合理选取,二是靠"运气"。

(二)偏最小二乘法

偏最小二乘法的提出是为了解决传统多变量回归方法在数据共线性和小样本数据在回归建模方面的不足。除此之外,PLS 方法还可以实现回归建模、数据结构简化和两组变量间的相关分析。偏最小二乘法回归主要用于解决多对多的线性回归分析问题,尤其是变量之间存在多重相关性、变量多但样本容量小、异方差等问题时,使用最小二乘法回归具有经典线性回归无法比拟的优势。偏最小二乘法回归的分析过程集中了主成分分析、典型相关分析、线性回归分析等多种方法的特点,所以对问题的分析更加深入,提供的信息更加丰富,获得的结果更加合理。

偏最小二乘的工作对象是两个数据阵 $\boldsymbol{X}(n \times m_x)$ 和 $\boldsymbol{Y}(n \times m_y)$,譬如工业过程中的过程变量和质量变量测量值,其中 n 是样本个数,m_x 是过程变量个数,m_y 是质量指标个数。与成分提取方法不同,PCA 是针对一个数据表进行分析,提取出其中的主要成分信息,而 PLS 所追溯的是两张数据表相互之间的因果关系,从中揭示现象与结果之间的隐含规律。

偏最小二乘的出现是为了解决传统的多变量回归方法在以下两个方面的不足。

(1)数据共线性问题。在第一节中曾提到,现代工业过程的测量变量之间存在一定程度的相关性,即变量和变量之间存在耦合关系。变量间的这种相关关系会导致预测矩阵的协方差矩阵 $\boldsymbol{\Sigma} = \boldsymbol{X}^{\mathrm{T}}\boldsymbol{X}$ 是一个病态矩阵,这将降低最小二乘回归方法中回归参数 $\hat{\boldsymbol{\Theta}} = (\boldsymbol{X}^{\mathrm{T}}\boldsymbol{X})\boldsymbol{X}^{\mathrm{T}}\boldsymbol{Y}$ 的估计精度,从而造成回归模型的不稳定。

(2)小样本数据的回归建模,尤其是样本个数少于变量个数的情况。一般统计参考书上介绍,普通回归建模方法要求样本点数目是变量个数的两倍以上,而对于样本点个数少于变量个数的情况则无能为力。

偏最小二乘相当于多变量回归、主成分分析和典型相关分析三者的有机结合,它能够有效解决上面提到的两个问题,同时可以实现回归建模、数据结构简化和两组变量间的相关分析,给多变量数据分析带来极大的便利。

PLS 模型包括外部关系(类似于对矩阵 $\boldsymbol{X}$ 和 $\boldsymbol{Y}$ 分别进行主成分分解)和内部关系(类似于 $\boldsymbol{X}$ 和 $\boldsymbol{Y}$ 的潜变量之间实现最小二乘回归建模)。

外部关系:

$$\boldsymbol{X} = \boldsymbol{TP}^{\mathrm{T}} + \boldsymbol{E} = \sum_{a=1}^{A} t_a \boldsymbol{p}_a^{\mathrm{T}} + \boldsymbol{E} \tag{8-24}$$

$$\boldsymbol{Y} = \boldsymbol{U}/\boldsymbol{Q}^{\mathrm{T}} + \boldsymbol{F} = \sum_{a=1}^{A} u_a \boldsymbol{q}_a^{\mathrm{T}} + \boldsymbol{F} \tag{8-25}$$

内部关系:

$$\hat{u}_a = b_a t \quad (8-26)$$

式中,$b_a = t_a u_a / (t_a^T t_a)$,是 X 空间潜变量 t 和 Y 空间潜变量 u 的内部回归系数。

需要指出的是:在 PLS 算法中,偏最小二乘并不等于"对 X 和 Y 分别进行主成分分析,然后建立 t 和 u 之间的最小方差回归关系",为了回归分析的需要,它按照下列两个要求进行:

(1)t 和 u 应尽可能大地携带它们各自数据表中的变异信息;

(2)t 和 u 的相关程度应尽可能大。

这两个要求表明,t 和 u 应尽可能充分地代表数据表 X 和 Y,同时自变量的成分 t 对因变量的成分 u 又有很强的解释能力。因此,PLS 算法中,向量 t 和 u 通常被称为潜变量,而不是主成分。

在实际应用过程中,针对遇到的各种问题和情况,分别在原始的 PLS 算法基础上做了相应的发展改进。譬如针对样本数远大于过程变量数的情况及其相反情况,发展了 kernel PLS 算法,从而极大地提高了运算效率。

(三)独立成分分析法

独立成分分析(ICA)方法最早是针对"鸡尾酒会问题"提出来的。所谓的"鸡尾酒会问题"本身是语音识别问题,是指如何从酒会混乱嘈杂的声音中,摒除不关心的声音,有效提取所关心对象声音的一类问题。最初 ICA 在语音识别领域并未受到广泛关注,真正受到广泛关注是由于盲源分离(blind source separation,BSS)问题的出现。盲源分离问题是指不需要先验知识信息,仅通过输出数据便能处理输入系统数据的一类问题。ICA 是处理盲源分离问题的一种分离方法,是一种从源信号中分离出独立成分的技术。

随着国内外专家对 ICA 方法的关注,ICA 方法的研究及应用有了新的进展。ICA 实际上是一个优化问题,根据不同的判据优化方法延伸出许多不同的 ICA 方法,例如基于信息极大化原理的 ICA 方法(简称 Infomax 方法),基于最大似然估计(maximum likelihood estimation,MLE)判据、互信息极小化(minimization of mutual information,MMI)判据的优化方法,以及极大峰值法(maxkurt)和雅可比法等方法。

最为常见的快速独立成分分析(fast independent component analysis,FastICA)方法是基于负熵最大化的 FastICA。与其他 ICA 方法相比,FastICA 方法拥有许多优良的特性:

(1)收敛速度比普通的 ICA 方法快;

(2)不需要选择步长,易于使用;

(3)能够直接找到任何非高斯分布的独立成分;

(4)独立成分能一个个估计,这在探索性数据分析里非常有用,如果仅需估计一些独立成分,将极大地减少计算量;

(5)具有很多神经算法都有的并行、分布、计算简单和要求内存小等特点。

FastICA 方法由于具有以上优点,被广泛应用于很多领域。

(四)费舍尔判别分析法

作为一种灵活、简单的线性判别分析方法,费舍尔判别分析(FDA)自提出以来就受到了持续关注并被广泛用于模式识别过程监测、故障诊断等领域。通过将原始高维数据映射到某一个或几个判别方向上，FDA 可以达到将各类数据在低维空间互相分离的目的。为了提取最优的判别方向，需要保证投影后各类数据之间尽可能地分离，同时各类数据内部要尽可能地接近。

FDA 分析的对象是 C 个不同类，每个类的数据集合为 $X_c(N_c \times J)$，$c \in [1,C]$，其中，N_c 为每个类的样本数，J 为变量个数。定义类间散度矩阵 S_b 和类内散度矩阵 S_w 如下：

$$\begin{cases} S_b = \sum_{c=1}^{C} N_c (\bar{x}_c - \bar{x})^T (\bar{x}_c - \bar{x}) \\ S_w = \sum_{c=1}^{C} \sum_{x \in x_h^c} (\bar{x} - \bar{x}_c)^T (\bar{x} - \bar{x}_c) \end{cases} \quad (8-27)$$

式中 $\bar{x}_c$ ——类 c 的均值；

$\bar{x}$ ——所有类的样本均值；

S_w ——每个类的类内散度矩阵的和，衡量类内样本相对于总体的偏离程度，体现类内样本的聚集程度；

S_b ——衡量每个类之间的分离程度。

$$J(\boldsymbol{\beta}_k) = \max \left(\frac{\boldsymbol{\beta}_k^T S_b \boldsymbol{\beta}_k}{\boldsymbol{\beta}_k^T S_w \boldsymbol{\beta}_k} \right)$$

$$\boldsymbol{\beta}_k^T S_w \boldsymbol{\beta}_k = 1 \quad (8-28)$$

式中 $\boldsymbol{\beta}_k$ ——所求的最优判别方向。

式(8-28)可简化为：

$$J(\boldsymbol{\beta}_k) = \max(\boldsymbol{\beta}_k^T S_w \boldsymbol{\beta}_k) \quad (8-29)$$

根据拉格朗日算法，如果矩阵 S_w 可逆，式(8-29)可以转化为特征根求解问题，得到如下的形式：

$$(S_w)^{-1} S_b \boldsymbol{\beta}_k = \lambda \boldsymbol{\beta}_k \quad (8-30)$$

根据特征根分解的含义，第一个特征向量 $\boldsymbol{\beta}_1$，对应于最大的特征值 λ_1，不同类的数据在该方向上具有最大的分离程度；类似地，第二个特征向量 $\boldsymbol{\beta}_2$，对应于次大的特征值 λ_2，不同类的数据在该方向上具有次之的分离程度；其余向量依次类推。一般来说，对于 C 个类，可以获得的最大的判别方向个数为 $C-1$ 个。

六、故障诊断方法

(一) 基于变量贡献图的故障诊断

当多元统计指标 T^2 和 SPE 超出了正常的控制限时，监测程序可以发出警告，提示过程出现了异常操作状况，但是却不能提供发生异常状况的原因。贡献图(contribution plot)作为一种故障诊断的辅助工具，能够从异常的 T^2 和 SPE 统计量中找到那些导致过程异常的过程变量，实现简单的故障隔离和故障原因诊断的功能。

针对主成分和残差子空间的两个统计量，有两种贡献图可用于故障诊断——T^2 贡献图和 SPE 贡献图。T^2 的定义式可展开如下：

$$T^2 = \frac{t_1^2}{\lambda_1} + \frac{t_2^2}{\lambda_2} + \cdots + \frac{t_A^2}{\lambda_A} \tag{8-31}$$

式中 t_i——第 i 个主成分的特征值,$i=1,2,\cdots,A$。

第 a 个主成分 t_a 对 T^2 的贡献可简单地定义为:

$$C_{t_a} = \frac{\frac{t_a}{\lambda_a}}{T^2}(a=1,\cdots,A) \tag{8-32}$$

对第 a 个主成分的贡献可由主成分得分的定义式反推,即:

$$t_a = \boldsymbol{x}^{\mathrm{T}} \boldsymbol{p}_a = [x_1,\cdots,x_m] \cdot \begin{bmatrix} p_{1,a} \\ \vdots \\ p_{m,a} \end{bmatrix} = \sum_{j=1}^{m} x_j p_{j,a} \tag{8-33}$$

因此,x_j 对 t_a 的贡献率定义为:

$$C_{t_a,x_j} = \frac{x_j p_{j,a}}{t_a}(a=1,\cdots,A;j=1,\cdots,m) \tag{8-34}$$

SPE 贡献图要比 T^2 贡献图更简单直观,根据 SPE 统计量的定义,每个过程变量对 SPE 的贡献为:

$$C_{\mathrm{SPE},x_j} = \mathrm{sign}(x_j - \hat{x}_j) \cdot \frac{(x_j - \hat{x}_j)^2}{\mathrm{SPE}} \tag{8-35}$$

其中,$\mathrm{sign}(x_j - \hat{x}_j)$ 用来提取残差的正负信息。

实际应用贡献图时,可以将式(8-34)和式(8-35)得到的变量贡献率向量标准化为模长为 1 的向量,然后用柱形图画出每个主成分对 T^2 的贡献以及每个变量对每个主成分的贡献,或者每个变量对 SPE 的贡献。对异常的 T^2 和 SPE 统计量贡献较大的那些过程变量受过程异常工况的影响比较显著,根据这些信息再辅佐以过程知识,可获取有价值的故障信息。

(二)基于重构的故障诊断

基于 PCA 模型,Dunia 和 Qin 提出了故障重构的思想,即从故障数据提取故障子空间(即故障方向)作为重构模型来纠正故障数据。其中,实施数据纠正恢复其正常部分的过程称为故障重构;通过故障重构识别故障原因的过程称为基于重构的故障诊断。基于该方法,从已知的故障集合中选取每一个故障子空间都进行一次故障重构;如果被选的故障子空间恰好是真实的故障方向,那么基于重构后的数据重新计算的监测统计量将落回到控制限内,由此可以确定故障原因。该方法是在大量统计数据的基础上完成的,关键是获取不同故障下的子空间模型。基于故障数据建模,比不利用故障数据的方法能更有效地捕获故障波动信息,从而实现更精确的故障诊断。通常 PCA 建模方法会用两个监测子空间、主成分子空间(PCS)和残差子空间(RS)来检测不同类型的过程波动。对应地,用到了两个不同的监测统计量 T^2 和 SPE 来反映每个子空间的异常变化。

七、PCA 和 PLS 的衍生方法及应用

PCA 和 PLS 等多元统计分析方法对建模数据有要求,即二维结构的数据矩阵及测量值的均值和方差不随时间变化。这个要求使得基于 PCA 和 PLS 的统计过程监测算法在连续稳定过程中得到广泛的应用,但是对于动态过程、非线性过程等却有一定局限性。因此,过程监控领域的研究人员针对不同的过程特性提出了若干基于 PCA 或 PLS 的衍生算法,比如动态 PCA/PLS、非线性 PCA/PLS、多模块 PCA/PLS,以及各种基于 PCA 或 PLS 模型的故障隔离和诊断算法等。

第三节　异常工况识别的特征选取方法

很大一部分过程工业的故障具有突发性,能迅速蔓延,导致悲剧发生。因而对于过程工业,诊断的实时性显得十分重要,人们希望能尽快检测、诊断出故障并及时采取相应措施,以避免事故的发生。而核化算法有一个关键步骤,也就是计算核矩阵。一般这部分计算时间约占整个算法运行时间的 70%,因而核矩阵的计算时间过长是所有核算法都需要面临的问题。如果能在算法执行之前先降低训练样本的维数 n,则可以降低核矩阵的计算时间,从而降低整个算法的计算复杂度,提高故障诊断的效率。另一方面,特征选取是故障诊断的关键步骤,直接影响故障诊断结果,未加入特征选取环节的故障诊断结果不能令人满意。

特征选取方法从原始空间选择子集,保留的是原始特征变量的组合。合理使用特征选取方法,不仅可以降低数据维数,减少计算量,还可以去除冗余信息,使故障诊断结果更可靠。一直以来,众多学者对此问题进行了大量的研究,提出了许多行之有效的方法。

已有的特征选取算法虽然取得了较好的效果,但存在以下问题:一是特征数量一般都是预先设定,这在实际系统中难以掌握;二是从结构上来说都没有考虑对候选群的初步筛选,增加了搜索复杂度;三是搜索方法中也没有考虑前后向增加或减少数量的一般确定规则,很难推广到实际系统。

一、基于能量差异的小波包特征选取

小波理论的原始思想可追溯到 20 世纪初,到 20 世纪 80 年代中后期小波理论进入了发展高潮。1989 年,Mallat 将计算机视觉领域内的多尺度分析的思想引入小波分析中,提出多分辨率分析(multi-resolution analysis,MRA)的概念,用多分辨率分析来定义小波,给出了构造正交小波基的一般方法和与 EFT 相对应的快速小波算法——Mallat 算法,并将它用于图像分析和完全重构。

小波分析的实质是对原始信号做一系列的滤波,它将信号投影到一组互相正交的基函数上。从频谱分析的角度看,小波变换是将信号分解成低频和高频两部分,在下一层的分解中,又对低频部分实施再分解。

Mallat 用多分辨率分析来定义小波,给出了构造正交小波基的一般方法,并形象地说明了小波的多分辨率特性。图 8-7 以一个三层分解来说明多分辨率的概念,这里 S 代表待分解的

信号,L 代表低频分量,H 代表高频分量,下角的阿拉伯数字代表分解的层数。

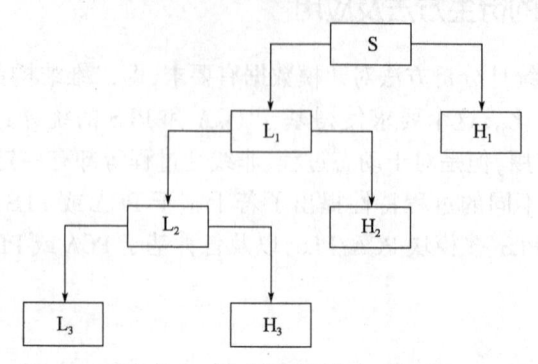

图 8-7 多分辨率分析结构图

从小波分解的结构可以看出,小波变换的频率分辨率随频率升高而降低。在高频段其频率分辨率较差,在低频段其频率分辨率较高,即对信号的频率进行指数等间隔划分。

与多分辨率分析不同,小波包变换将频带进行多层次划分,不仅分解低频部分,还对高频部分做进一步分解。其分解结构图如图 8-8 所示。

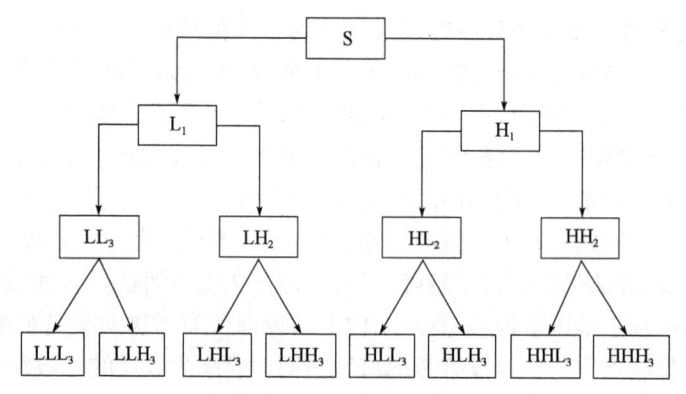

图 8-8 小波包分解树结构图

基于小波包特征选取算法用于故障诊断的具体实现流程图如图 8-9 所示。

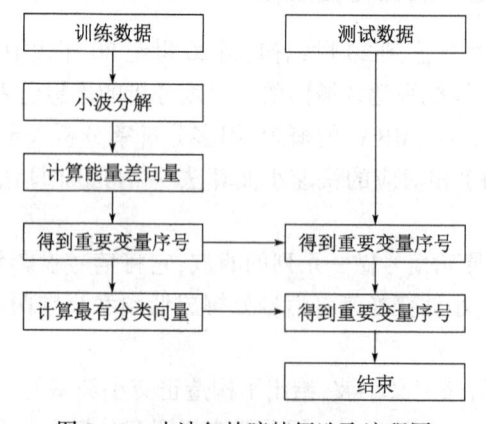

图 8-9 小波包故障特征选取流程图

需要说明,上述步骤是在小波函数和关键变量的个数已经确定的情况下在线故障诊断的步骤。

二、基于组合测度的特征选取

(一)基于 B 距离的特征选取

从理论上说,对于分类问题理想的准则应该是贝叶斯分类误差最小准则。但由于通常情况下数据的概率分布难以确定,导致贝叶斯分类误差难以计算和分析,所以几乎没有采用贝叶斯误差作为准则函数的特征提取方法。研究中通常计算某一可分性判据条件下的最小错误概率上界。常用的可分性判据包括平均马氏距离、马氏距离和 B 距离等。而平均马氏距离和马氏距离均可在 B 距离基础上简化而得。并且,由于类间 B 距离决定了贝叶斯分类误差的上界,在计算复杂度差别不大的情况下,基于 B 距离的特征提取是较好的特征提取方法。

B 距离是一个标量,其定义为:

$$B = \ln \int [p(x \mid \omega_i) p(x \mid \omega_j)]^{1/2} dx \tag{8-36}$$

其中,$p(x \mid \omega_i)$ 和 $p(x \mid \omega_j)$ 分别为类 ω_i 和 ω_j 的条件概率密度函数。B 距离测度是基于概率分布的距离判据,当概率分布密度属于某种参数形式的时候才能够写成便于计算的解析形式。对于绝大多数高维数据来说,如果将其线性投影到低维空间,则投影数据趋向于正态分布。因此,为了不失一般性,本节讨论多维正态分布的情况。

对于两类问题,按照积分运算可得到最终的 B 距离的表达式。设两类数据均服从高斯分布 $N(\boldsymbol{m}_1, S_1), N(\boldsymbol{m}_2, S_2)$,$B$ 距离为:

$$B = \frac{1}{8}(\boldsymbol{m}_2 - \boldsymbol{m}_1)^T \left(\frac{S_1 + S_2}{2}\right)^{-1}(\boldsymbol{m}_2 - \boldsymbol{m}_1) + \frac{1}{2}\ln \frac{|(S_1 + S_2)/2|}{\sqrt{|S_1||S_2|}} \tag{8-37}$$

可以直观地看出,B 距离体现了两个不同样本中分布的差异,这种差异既包含了不同类别分布均值的差异,同时也考虑了样本分布方差对分类的贡献,或者说 B 距离同时兼顾了一次与二次统计量。

对于两类数据,我们简单地分别计算每个训练样本的每个变量的 B 距离并比较,选择距离大的变量而舍弃距离小的变量。

(二)组合测度特征选取步骤

上面介绍的基于能量差异的小波包特征选取和基于 B 距离的特征选取是从不同的准则、角度提取出重要变量。经比较发现,两种方法可选取出一些相同的变量,当然也有不同;同时还发现,两种特征选取方法对于不同故障的识别能力也大有不同,如 B 距离特征选取算法对故障1很有效,而小波包特征选取算法对故障2更有效。为了综合两种方法的优点,提出基于两种方法组合的特征选取方法。需要说明,由于后面的仿真数据采用的是故障0、1、2共三类数据,因此在排序时,将两两数据分别对变量排序,以和作为每个变量的总排名依据。

图8-10为针对三类问题给出组合测度方法的故障诊断流程图。由于该方法仿真结果与小波包方法相比并无明显改进,因而本节以组合测度的结果作为候选集。

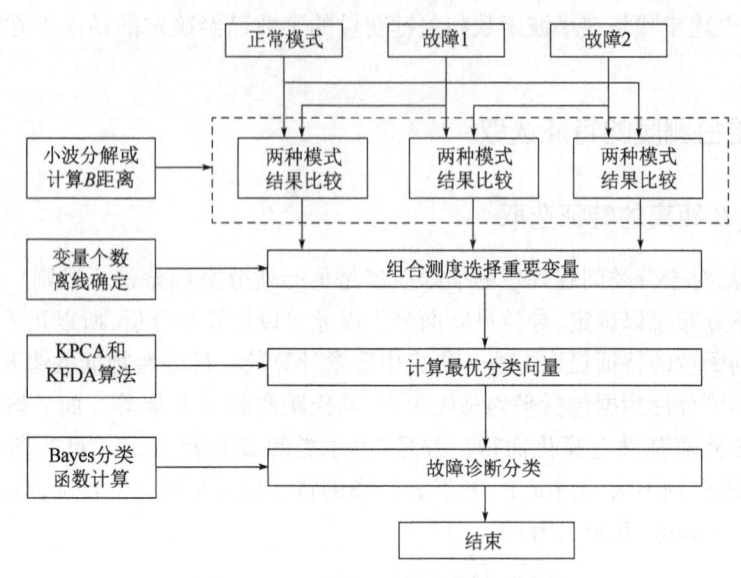

图 8-10 三类问题故障诊断流程图

三、显著性检验和优化准则结合的双向可增删特征搜索

除了根据故障正确分类率(优化准则)来选取特征,为了提高搜索效率,还将显著性检验和优化准则引入算法。结合采用前向、后向的双向可增删策略,不仅可提高搜索能力,还方便确定最终特征的个数。优化准则为特征选取后执行 KPCA、KFDA 及核 Bayes 分类函数的分类正确率,这里核函数仍然取高斯函数。

(一) t-检验

对于两种特征个数的情形,设核参数 $c = 50:50:2000$ 时正确分类率服从方差相同的正态分布,特征个数变化前后分别为:

$$x_1 \sim N(m_1, s^2), x_2 \sim N(m_2, s^2) \tag{8-38}$$

正确分类率的样本均值分别为 $\bar{x}_1, \bar{x}_2$,样本方差分别为 s_1, s_2。样本容量为 $n_1 = n_2 = 40$。记:

$$s_w^2 = \frac{(n_1-1)s_1^2 + (n_2-1)s_2^2}{n_1+n_2-2} = \frac{s_1^2+s_2^2}{2} \tag{8-39}$$

构造统计量:

$$t = \frac{\bar{x}_1 - \bar{x}_2}{s_w\sqrt{\frac{1}{n_1}+\frac{1}{n_2}}} \sim t(n_1+n_2-2) \tag{8-40}$$

现在,如果要判断特征个数增加时故障诊断的效果是否显著变好,则零假设 H_0 和备择假设 H_1 分别为:

$$H_0: m_1 - m_2 = 0, H_1: m_1 - m_2 > 0 \tag{8-41}$$

在显著性水平 α 下拒绝域为:

$$\frac{\bar{x}_1 - \bar{x}_2}{s_w\sqrt{1/20}} > t_\alpha(n_1+n_2-2) \tag{8-42}$$

(二) 具体实现步骤

以得到的特征集为候选子集,从中选取一个作为初始特征集合,再采用粗选与细选结合的方式。开始搜索时,只增加或减少使性能显著变好的变量,在增加后没有显著变好的情况下,将优化准则最大时对应的变量加入变量集合;最后再从集合中每次去掉一个直到优化指标变坏,实现流程如图 8-11 所示。

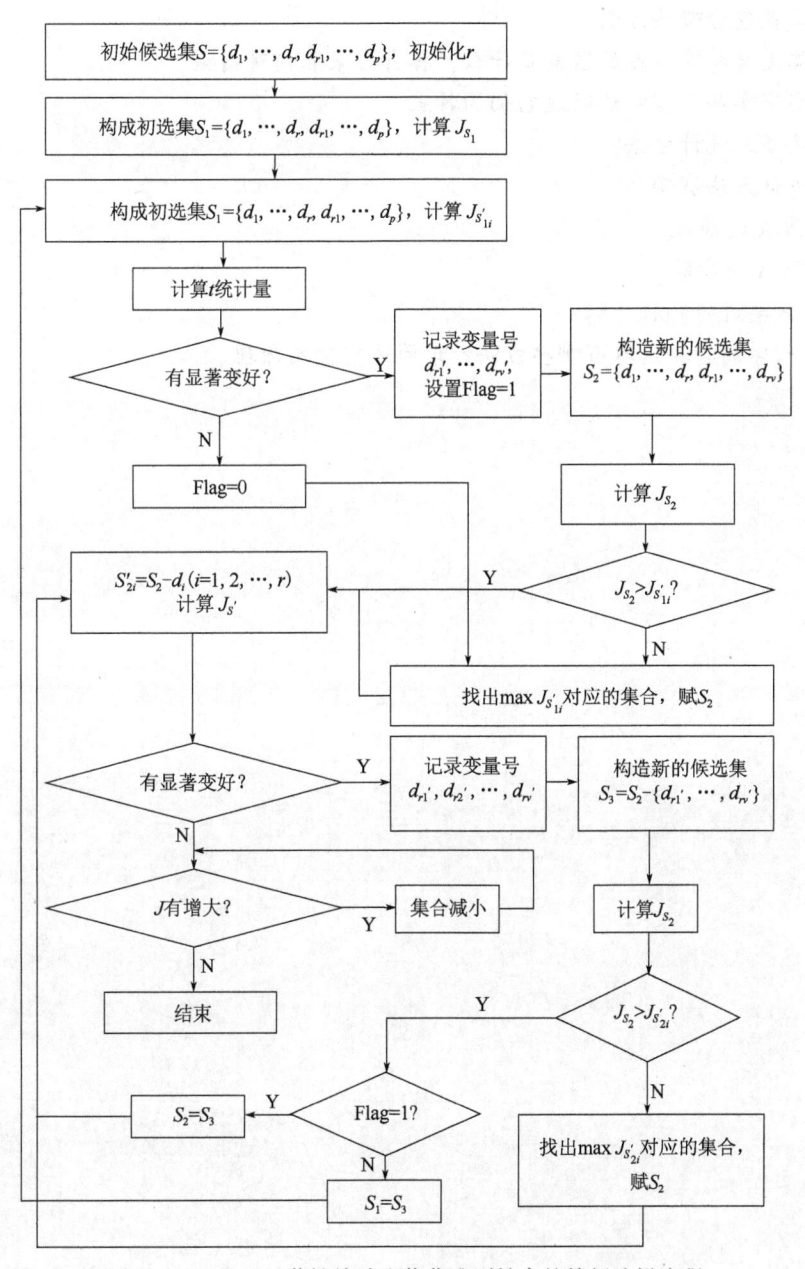

图 8-11 基于显著性检验和优化准则结合的特征选择流程

需要说明，可根据不同问题采用不同的显著水平，或者在搜索过程中在线调整其大小。

思考题

1. 简述什么是统计过程控制及其作用。
2. 控制限和规格限有何区别？
3. 过程偏差包含哪些方面？
4. 普通偏差与特殊偏差的区别是什么？各自应采取何种措施？
5. 控制图有哪些类型？请简述它们的特点。
6. 什么是多元统计方法？
7. 多元统计方法有哪些？
8. 简述 PCA 的原理。
9. 简述 PCA 的步骤。
10. 为什么要进行特征选取？
11. 本章所学的特征选取有哪些方法？请简述它们的原理。

第九章　风险预测预警方法

第一节　风险预测预警概述

在人们的日常生活与社会经济活动中,时刻要面临各种各样的"险情"。在我国夏朝就有了"天有四殃,水寒饥荒,其至无时,非务积聚,何以备之"等对风险的朴素描述。风险存在的普遍性及其与人们利益的紧密相关性,使得风险管理理论的研究得到了蓬勃发展。

一、风险的分类

由第一章可知风险的定义为,某一事件在一个特定的时段或环境中产生我们所不希望的后果的可能性。中国石化的安全生产风险评估矩阵作为一种对安全生产风险等级进行评估的标准量化计算工具,体现了中国石化所秉持的一种容忍性安全生产风险评估准则和目前广泛接纳的安全生产风险评估规范。风险等级矩阵按照严重风险程度从轻到特别重大依次划分为7个风险等级,分别是A、B、C、D、E、F和G。其中重伤事故风险矩阵标准等级实施办法执行原则为劳动部《关于重伤事故范围的意见》;重伤发生的危险以及可能性按照风险等级类别划分的重伤风险矩阵可以划分为8类,见表9-1。

表9-1　发生的可能性等级分级表

可能性分级	定性描述 (可能性评价的分级定性描述只能被作为初步评价的风险等级而进行使用,在进行设计阶段的评价风险或者准确地评价风险等级时,应采用定量描述)	定量描述 发生的频率 F(次/年)
1	类似的情况事件并未在石油和天然气行业中发生,且事故发生的概率极低	$F \leq 10^{-6}$
2	类似事件没有在石油石化行业发生过	$10^{-5} \geq F > 10^{-6}$
3	类似事件在石油石化行业发生过,但事故发生概率较低	$10^{-4} \geq F > 10^{-5}$
4	类似事件在石油石化行业发生过	$10^{-3} \geq F > 10^{-4}$
5	类似事件在本企业相似设备设施(使用寿命内)或相似作业活动中发生过	$10^{-2} \geq F > 10^{-3}$
6	在一个设备装置(使用寿命内)或相同作业活动中发生1次或2次	$10^{-1} \geq F > 10^{-2}$
7	在设备设施(使用寿命内)或相同作业中发生过很多次	$1 \geq F > 10^{-1}$
8	在设备设施或相同作业活动中经常发生(至少每年发生)	$F > 1$

二、风险预测与风险预警特点

(一) 风险预测

风险预测(risk prediction)是指对系统运行中可能出现的异常事件或异常结果进行预测并制订应对对策从而预防风险事件发生的一种措施。在掌握已有信息的基础上,按照一定的方法对未来进行推测,以达到提前了解事物或者系统发展的方向、过程和结果的目的。预测可以分为以下几个过程,见图9-1。

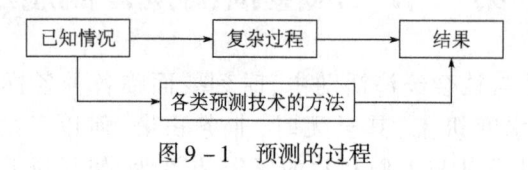

图9-1 预测的过程

风险预测是风险预警管理的重要组成部分,它是风险规避即风险控制的基础。风险预测的主要目的是使决策者了解风险发生的各种后果,并优化避免风险的决策。任何风险事件都是在内部和外部各种因素的综合作用下发生的。因此,需要对系统中的风险事件进行预测,综合考虑不确定的、随机的因素可能造成的事故和损失。

风险预测的方法主要有定性预测方法和定量预测方法。定性预测方法一般在历史统计资料缺乏的事件中应用得比较多,以逻辑判断为主,主要通过预测者掌握的有关信息和资料,并结合各种因素来判断事故未来的发展趋势,需要将其进行定量化。定量预测方法通常适用于有规律的、定量的风险预测,需要完整、准确的数据,同时需要具备数学、统计学和计算所必需的知识,精度要求相对较高。

下面针对不同类型的定量预测技术进行介绍,见表9-2。

表9-2 定量预测方法

方法	时间范围	适用范围	应做工作
直观预测法	短、中、长期	对缺乏历史统计资料和趋势面临转折的事件进行预测	需要大量的调查研究工作
一元线性回归预测法	短、中期	自变量和因变量之间存在线性关系	收集两个变量的历史数据
多元线性回归预测法	短、中期	因变量与两个或两个以上自变量之间存在着线性关系	为所有变量收集历史数据,是本次预测中最浪费时间的部分
非线性回归预测法	短、中期	自变量与因变量之间存在某种非线性关系	收集所有变量的历史数据,并用几个非线性模型计算
趋势外推法	中期到长期	当因变量用时间表示时	只需要因变量的历史资料,要了解各种趋势
贝叶斯预测法	短期	适用于表达和分析不确定性和概率性的事件,解决复杂设备不确定性和关联性引起的故障	需要多渠道收集资料以及专家参与,信息来自多种渠道,如设备手机、生产过程、测试过程、维修资料以及专家经验等

续表

方法	时间范围	适用范围	应做工作
时间序列分解法	短期	适用于一次性的短期测试或在使用其他方法前消除季节变动因素	只需要序列的历史数据
移动平均法	短期	不带季节变动的反复预测	只需要因变量的历史数据,但要确定最佳的权系数
指数平滑法	短期	具有或不具有季节变动的反复预测	只需要因变量的历史数据,是一切预测中最简单的方法
灰色预测法	短、中期	适用于时序的发展呈指数型变化	收集对象的历史数据
人工神经网络预测	短、中、长期	适用有各类时序的预测	需要收集大量数据资料作为样本,建立人工神经网络模型

(二) 风险预警

预警(early warning)是人们在总结以往事物或者系统发展规律的基础上得到现有事物或系统的发展规律,当得到可能发生警情的前兆时提前采取措施,控制事物的发展方向,以避免事故的发生,或提前采取措施,以减少事故发生后的损失程度。

风险预警(risk early warning)就是根据系统外部环境及内部条件的变化,对系统未来的风险或不利事件进行预测和预警。联合国减灾战略秘书处对风险预警的定义为:"通过确定的预案,向处于风险中的人们提供及时准确的信息,以便采取有效措施进行规避风险,并做好灾害应急准备"。

预警具有超前性、警示性、即时性、系统性等特点。风险预警的重点是预先做出警示和超前防范,改变过去那种事后型的救火式风险管理,为事前的预防管理。风险预警是系统的长期管理工作,需要通过对系统的各项活动进行动态跟踪监控,及时获得系统的风险状态。同时,风险预警管理应与实际活动中所积累的经验和实际情况进行不断完善和更新,以修正系统的缺陷,确保风险预警的敏感性和准确性。

三、风险预警和预测的关系

预测和预警从本质上具有一致性,都是根据历史和现实推测未来,为决策部门把握现状和未来。预警是在预测的基础上发展而来的。预测和预警有着本质的区别,预测是对未来发展方向的判断,预警是对未来发展状态的判断;预测指标覆盖范围全面,预警指标则选择比较关键的指标;预测的结果是一个数值,预警的结果是相应的风险等级,在预警前要设置相应的临界值。

总而言之,预警是特殊情况的预测,是对风险预测参与性的预报。风险预警不是从正面预测系统发展态势,而是从反面预测系统发展态势。也可以说预警是更高层次的预测。

第二节　故障诊断及故障预警

所谓故障，是指系统中至少一个特征或参数出现了较大偏差，超出了可接受的范围。此时系统的性能明显低于其正常水平，所以难以完成其预期的功能。故障诊断，有两种含义：一种是借助某些专用仪器进行检测，如对于压缩机等设备，就有"旋转机械振动检测仪"可以检测这类机械设备的运转是否正常；另一种是指由计算机利用系统的解析冗余完成工况分析，对生产是否正常和故障原因、故障程度等问题进行分析、判断，得出结论。故障大体可以分为三种：积累故障、偶发故障、早期故障。

故障诊断在化工领域的应用已有30多年的历史，国内外学者做了很多研究工作。化工过程的故障诊断方法主要分为基于定量模型、基于定性模型和基于过程历史数据三大类。故障诊断方法分类中，有些方法的属类是重叠的（如神经网络方法、事故树方法）。

一、基于数据的故障诊断方法

基于数据的故障诊断方法主要包括多元统计法（主成分分析、独立成分分析等）、解析模型法（参数估计法、状态估计法等）、基于信号处理方法（小波变换法、相关分析法等）。这些方法根据生产现场的数据对故障进行诊断，在不同领域有其各自的优势和成效。然而对于具有故障链式反应的复杂化工生产系统，无法有效地诊断故障成因。

针对化工生产过程复杂多变、非线性等特点，为降低误诊率和漏检率，提高诊断的准确性，专家学者尝试对多种方法进行优化，以便更适合化工过程的故障诊断。

（一）小波变换法

设化工过程数据信号为 $s(t)$：

$$s(t) = f(t) + e(k) \tag{9-1}$$

式中　$f(t)$——有用信号；

　　　$e(k)$——零均值高斯白噪声信号。

小波变换理论已经被许多学者所研究，而且应用领域广泛。简要来说，小波变换就是通过母函数 $\varphi(t)$ 所进行的缩放和跳转操作，建立了一系列连续小波变换函数 $\varphi_{a,b}(t)$，其表示如下：

$$\varphi_{a,b}(t) = a^{-\frac{n}{2}} \times \varphi\left(\frac{t-b}{a}\right)(a,b \in R, a \neq 0) \tag{9-2}$$

式中　n——维数；

　　　a——尺度因子；

　　　b——平移因子。

$a^{-\frac{n}{2}}$ 用以确保小波尺度能量保持不变，变化参数 b 能够将小波移动到不同的位置，通过对尺度因子 a 的缩放使得小波变换可以在多尺度下（通过改变 a）提取到局部信息（通过改变 b）。

Daubechies 小波系是一系列二进制小波的总称，具有去噪效果良好、运算简便的特点。在 Matlab 中记为 dbN，其中 N 为小波的序号，N 值可以取为 $2,3,\cdots,10$。该小波没有明确的解析表达式。小波函数 $\varphi_{a,b}(t)$ 与尺度函数 ϕ 的有效支撑长度为 $2N-1$。当 N 取 2 时便成了 Haar

小波。利用小波变换对故障数据进行处理,其分解示意图如图 9-2 所示。其中 S 为原始故障数据,$A_i(i=1,2,\cdots)$ 为分解出的低频段数据,$D_i(i=1,2,\cdots)$ 为分解出的高频段信号。根据工程实际情况,有用的信号总是处于低频率段,而噪声信号总是相对高频的。根据这个特点及小波变换对数据的逐层分解,可以将数据中的噪声有效去除。

小波去噪方法常用的有硬阈值法和软阈值法等。硬阈值法以下面这种方式处理数据——那些小波参数绝对值若大于阈值则保持不变,若小于阈值则设置为零:

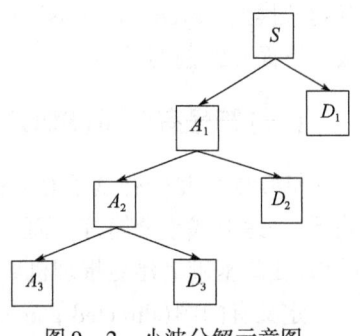

图 9-2　小波分解示意图

$$\hat{\omega}_{j,k} = \omega_{j,k} \quad |\omega_{j,k}| \geq T \tag{9-3}$$

软阈值法将低于阈值的小波参数设定为零,大于阈值的参数先保持不变,然后再做削减以使其趋向于零:

$$\hat{\omega}_{j,k} = \text{sign}(\omega_{j,k}) \cdot (|\omega_{j,k}| - T) \, |\omega_{j,k}| \geq T \tag{9-4}$$

通常情况下,在化工过程领域由软阈值方法得到的信号要优于通过硬阈值法得到的信号。

(二) 独立成分分析法

独立成分分析是基于信号高阶统计特性的分析方法,将独立成分分解出来的信号之间是相互独立的,它用于对过程数据的分析,能有效地提取特征信息。所谓的独立统计可通过概率密度的定义给出。对于两个随机变量 a 和 b,当且仅当随机变量的密度 $p(a,b)$ 可按下式分解时,称两个变量是相互独立的:

$$p(a,b) = p(a)p(b) \tag{9-5}$$

还可从另一个角度定义随机变量的独立性。如果两个随机变量 a 和 b 满足下式:

$$Cov(a,b) = E(ab) - E(a)E(b) = 0 \tag{9-6}$$

那么 a 和 b 不相关;如果有:

$$E(a^p b^q) - E(a^p)E(b^q) = 0 \tag{9-7}$$

对 p 和 q 为任意整数时都成立,那么 a 和 b 就是统计独立的。从这个定义中可以清楚地看到独立和不相关的关系。对于随机变量,如果满足独立条件,则变量之间必然不相关。但变量不相关,并不意味着他们之间相互独立。

二、基于解析模型的故障诊断方法

基于解析模型的故障诊断方法是发展得最早、研究得最为系统的一类故障诊断方法。所谓基于解析模型的方法,是在明确诊断对象数学模型的基础上,再按一定的数学方法对被测信息进行诊断处理。它的好处在于对未知故障有固有的敏感性;不足之处是通常难以获得系统模型。基于模型的故障诊断方法,具有代表性的包括符号有向图(signed directed graph,SDG)法、有向架模型(layered directed graph,LDG)法、Petri 网络法、小世界网络法以及人工神经网络方法。下面介绍前两种。

(一) 符号有向图(SDG)法

SDG 模型是一种基于有向图的模型,可以表达 HAZOP 分析中常见的偏差—原因—结果关系,表达形式十分简练。而且有向图作为一种基本数据结构,已经有相当多的相关理论研究成果,在此基础上建立推理机可以很方便地利用这些现有的成果。

定义有向图(directed graph,DG) $G=\{V,E\}$,其中 $V=\{v_i\}$ 表示节点集;$E=\{e_k\}$ 表示有向边集,有向边表示为 $e_k=(v_i,v_j)$(或 $e_k=v_i\rightarrow v_j$)。定向符号图从有向图发展而来。定义符号定向图 $G=\{V,E\}$,其中 $V=\{v_i\}$ 表示节点集,节点符号 $\varphi(v_i)\in S_V$(S 表示符号集);$E=\{e_k\}$ 表示定向边集,定向边 $e_k=(v_i,v_j)$ 且其符号 $\varphi(e_k)\in\{+,-\}$。

若 $S_V=\{+,0,-\}$ [$\varphi(v_i)\in\{+,0,-\}$ 分别表示超高、正常和超低状态],则相应的符号定向图为三状态(或称三级)SDG,记为 G_{SDG}^3。路径 $\varphi(v_i,v_j)\in\{+,-\}$,分别表示增量作用与减量作用。在 G_{SDG}^3 中,$\varphi(v_i,v_j)$ 为 + 表示 $v_i^{\pm}\rightarrow v_j^{\pm}$,$\varphi(v_i,v_j)$ 为 - 表示 $v_i^{\pm}\rightarrow v_j^{\mp}$。通常用实线代表增量作用,用虚线代表减量作用。

SDG 模型 Y 是有向图 G 与函数的组合,即 $\gamma=(G,\varphi)$。其中:(1)有向图 G 由四部分组成,$G=(V,E,\partial^+,\partial^-)$;(2)节点集合 $V=\{v_i\}$;(3)支路集合 $E=\{e_k\}$;(4)邻接关联符 $\partial^+:E\rightarrow V$(支路的起始节点)和 $\partial^-:E\rightarrow V$(支路的终止节点),该"邻接关系"分别表示每一个支路的起始节点 ∂^+e_k 和终止节点 ∂^-e_k;(5)函数 $\varphi:E\rightarrow\{+,-\}$,$\varphi(e_k)=\varphi(v_i,v_j)$ [$e_k=(v_i,v_j)\in E$] 称为支路 e_k 的符号。

(二) 有向架模型(LDG)法

SDG 模型有一个缺陷:它难以表达全部 HAZOP 引导词,并且难以表达复杂映射关系。LDG 模型是 SDG 模型的拓展,基本表达方式与 SDG 类似,但是在 LDG 模型里,所有的 HAZOP 关键词均可以被表示,同时所有相互影响关系都可以被描述。

一个 LDG 模型可以对应某个反应流程、某个单元操作、某个设备或是某个设备的一部分,它对应的内容可以有任意的粒度,取决于对应的推理策略。虽然 LDG 模型的形式并不复杂,但是建立一个 LDG 模型仍然需要深入了解被分析的对象。

建立 LDG 模型的一个有效方法是根据流程图分析和总结已有的知识和经验,这类知识可以由相关领域的专家提供,或通过查阅相关文献资料、询问现场技术人员等途径得到。将这些知识系统化、条理化地分类、总结之后就可以用来生成 LDG 模型。而已有的 HAZOP 分析报告作为一种经系统化整理过的知识,是建立 LDG 模型的良好知识来源。

应用软件技术中的面向对象的思想,新的 LDG 模型可以继承已经存在的 LDG 模型中的知识,新模型的建立仅仅需要添加新知识而已。基于这种机制,可以将常用的单元操作、设备等的 LDG 模型预先组织成一个模型库。其中包含了各种一般性和通用的知识,针对某个具体的研究对象,只要给其补充具体对象的特定知识就可以产生可用的 LDG 模型。而且基于这种机制,随着分析的增多,模型库也可以被扩展,换言之就是模型库具有自主学习能力。

三、多技术融合的故障诊断方法

由于炼化生产过程工艺的复杂性和设备间的耦合性,单一的故障诊断方法难以有效地诊断出复杂过程的故障,需要充分吸收其他方法的优点,克服传统诊断方法存在的困难,对故障进行综合判断,以解决复杂过程的故障诊断问题。一种融合五种智能方法(决策树、神经网络、K近邻、贝叶斯和支持向量机)的故障诊断系统已被发明,并应用于催化裂化单元。目前,融合多种故障诊断方法的综合诊断方法已经成为故障诊断研究的一个重要的发展趋势。

第三节 基于炼化装置故障传播理论

一、基于多级流模型的炼化装置故障传播路径研究

炼化生产过程是复杂动态工艺系统,一旦任何子系统或某部件发生故障,极易引发链式效应,造成更大范围的危害和影响。因此,对炼化装置的故障传播机理进行研究是很有必要的。确定故障传播路径能够及时地发现引发故障的根原因,提高故障诊断效率,降低石油炼制过程的整体风险。

现有的故障诊断预警方法并没有合理准确地分析故障传播机理,明确故障在系统内传播的路径。以 SDG 模型为代表的基于模型的故障诊断预警方法,虽然图形化地表达了节点间的影响关系,展示了故障传播网络,但其分析过程过于依赖专家知识和经验,分析过程比较随机,缺乏分析的规范性,易造成冗余和遗漏,不能准确地反映系统的故障传播路径。

基于多级流模型的故障传播路径的分析方法,首先分析炼化装置的工艺特点,建立炼化装置的多级流模型,在此基础上对故障在系统内传播的路径进行分析。

故障传播路径如图 9-3 所示,描述如下:根原因→间接原因→直接原因→变量偏离→传播偏离→报警。

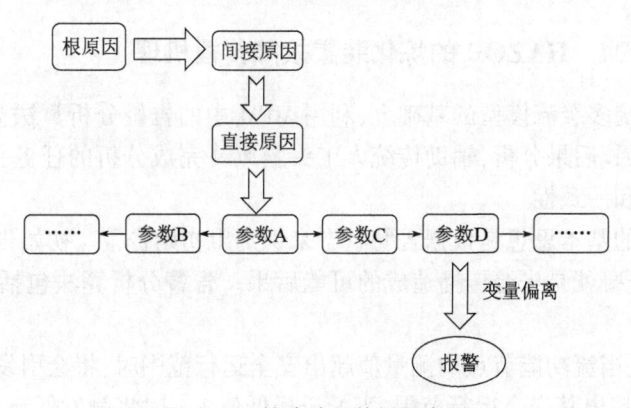

图 9-3 故障路径传播示意图

对于过程系统的事故来说,物质流和能量流是危险在系统中传播的主要途径。多级流模型把工艺系统抽象成各种流结构,把复杂的工艺过程简单化,借助 MFM 模型有助于分析得出由各种异常事件引发的一系列故障的传播路径。

二、基于 MFM-HAZOP 的炼化装置故障传播机理研究

前述章节提出了基于多级流模型的故障传播路径的研究,分析了生产系统内设备之间的物理关系,确定了故障在系统内传播的路径。但多级流模型对故障模式的分析不充分、不完善,只能根据模型分析出故障传播的部分机理。因此,选择应用安全分析方法分析故障发生的原因和后果,分析故障模式,研究故障传播机理。HAZOP 方法以其分析全面系统的特点成为目前危险性分析最常用的分析方法之一。

在实施 HAZOP 分析过程中,也存在着一定的局限性:

(1)HAZOP 分析仅仅依靠专家知识和经验寻找可能的事故隐患,分析得到的原因和后果,显得杂乱无序,易出现遗漏和信息冗余;

(2)传统的 HAZOP 分析繁琐,费时费力,大型工艺流程需要经历数月的时间,尤其是在分析的中后期,HAZOP 分析结果的一致性与完备性难以保障。

MFM – HAZOP 分析方法是在多级流模型的基础上分析偏差发生的原因和后果,提高了HAZOP 分析的效率和准确性。

(一)HAZOP 分析方法

HAZOP 分析,是一种辨识工艺过程危害及操作性问题的分析方法。HAZOP 分析方法具有两个突出的特点:采用"头脑风暴"的方法,采用引导词激发所有分析参与者的创新思维;是一个系统化和结构化的分析方法,分析识别潜在的工艺危险与操作问题,有助于提高系统的安全性。HAZOP 分析流程图见图 9 – 4。

HAZOP 分析报告是在对生产系统进行详细 HAZOP 分析之后形成的成果。HAZOP 分析不仅实现了对工艺系统的危险辨识,提高了对系统过程安全性的认识,同时分析结果也反映了系统内状态参数之间的因果关系,为生产过程故障诊断推理模型的建立提供了资料。

(二)基于 MFM – HAZOP 的炼化装置故障传播机理

在建立生产系统多级流模型的基础上,利用 MFM 中的告警分析算法分析节点间的关系,进行参数偏差的原因、后果分析,辅助传统人工头脑风暴完成分析的任务,从而增强危险因果分析结果的完备性和一致性。

告警分析算法的基本思想是根据告警状态来识别出初始告警。初始告警就是引发告警的初始原因,而后继告警就是告警传播造成的可能后果。告警分析算法包括告警触发规则和告警传递规则。

告警触发,就是当流功能节点的测量值超出安全运行范围时,将会引发自身的报警。如传送功能节点流量 F 超出其安全运行范围,当低于最低值 F_{min} 时将触发低流量报警,而当高于最高值 F_{max} 时将触发高流量报警。

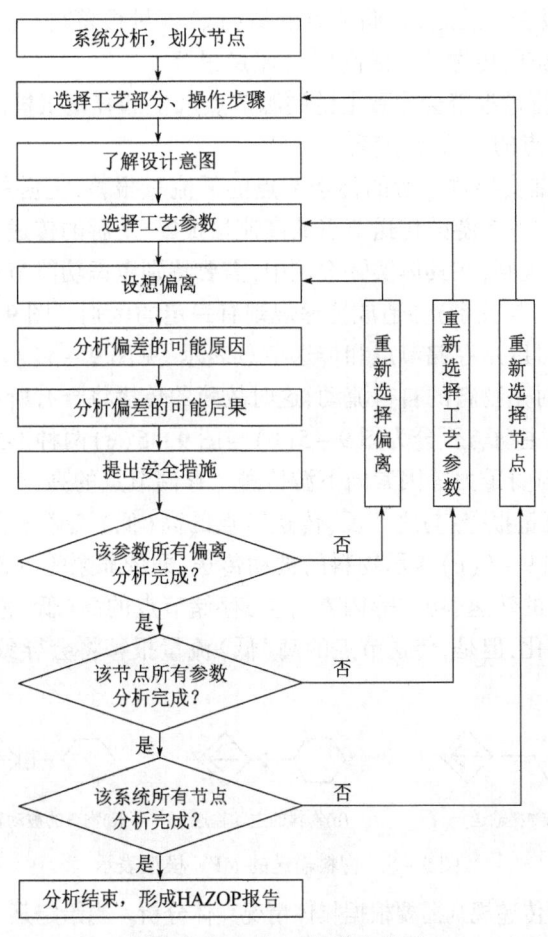

图 9-4　HAZOP 分析流程图

对于源节点,如果容量 V 小于容量 V_{min},源节点将发生低容量报警;同样,对于汇节点,如果 V 小于容量 V_{min},汇节点将发生低容量报警(需要注意的是,源节点和汇节点为理想节点,其定义为具有无限存储的能力,故不会出现高容量报警)。

对于存储节点,若容量 V 低于最低容量 V_{min},将会发生低容量报警;反之,容量 V 高于最高容量 V_{max},将会发生高容量报警。

对于平衡节点(包括分流节点、分离节点、转换节点),输入的流量比输出的流量大,说明有流量的损失,将会发生泄漏报警;反之,说明有流量填充进来,将会发生填充报警。

告警传递,就是当一个功能节点发生故障时,故障会按照一定的规则向相邻的节点传播,进而引发一系列的告警。假设源节点与传送节点相连,如果源节点的容量 V 下降到期望值之下,传送节点将不能得到足够的流量,这会导致传送流量 F 处于低流量状态。也就是说,源节点的低容量报警将会导致其下游的传送节点的低流量报警。匹配不同节点间的组合,把传递规则推广到所有流功能节点的连接,将会得到多级流模型功能节点告警传递规则,常见部分如下:

(1) 传送节点的高(低)流量报警会导致上游的存储节点的低(高)容量报警,导致下游的存储节点高(低)容量报警。反之,存储节点的高(低)容量报警将导致上游的传送节点的低(高)流量报警,导致下游的传送节点的高(低)流量报警。

(2)传送节点的高流量报警会导致上游的源节点产生低容量报警。汇节点的低容量报警将会造成上游的传送节点的高流量报警。

(3)平衡节点的泄漏会导致下游的传送节点的低流量报警、上游的传送节点的高流量报警;平衡节点的填充会导致下游的传送节点的高流量报警、上游的传送节点的低流量报警。

上述为通用的传递规则,在具体实际案例中,需要特别考虑功能节点间的连接关系。两种连接关系(影响关系和参与关系)会造成传递规则有一定的区别。图9–5为化工生产系统最常见的物料输送,一般可以用存储节点和传送节点表示,见图9–5(a)。但是,物料的输送有时是由泵来输送的,有时是物料的自行流动,这时故障的传播将会有所不同。将物料的输送过程根据物料参与输送的主动与否分为图9–5(b)与图9–5(c)两种形式。图9–5(b)表示物料的主动传送,即依靠自身重力等因素向下游传送。存储节点的高(低)液位报警必然导致下游传送节点的高(低)流量报警;与之相反,传送节点的高(低)流量报警将导致上游存储节点的低(高)液位报警。图9–5(c)表示物料的被动传送,即依靠泵等外部设备向下游传送。由于物料的输送速度与泵的转速、功率等因素有关,存储节点的高(低)液位报警一般不会引起下游传送节点的流量变化;但是,传送节点的高(低)流量报警将会导致上游存储节点低(高)液位报警。

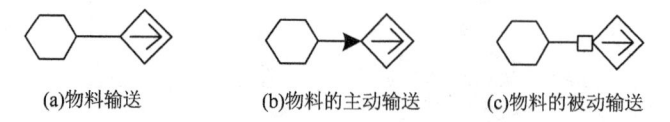

图9–5 物料输送的MFM模型表示

因此,节点间的告警传递规则需要根据具体情况具体分析。当给定某个节点的报警状态时,根据传递规则分析告警发生的原因和后果,沿着节点间连接的路径分析,把该节点作为故障传播的终点,分析报警发生的可能原因;把该节点作为路径传播的起点,分析报警发生的可能后果。

为了使分析过程更加清晰,偏离的原因和后果更加明确,在根据MFM-HAZOP进行分析之后,将分析结果绘制成Bow-tie图来表达故障传播机理。Bow-tie图是2004年由美国联邦航空局开发的安全分析方法。Bow-tie图也可以被认为是事故树分析方法与事件树分析方法的结合。Bow-tie基本原理的示意图见图9–6。

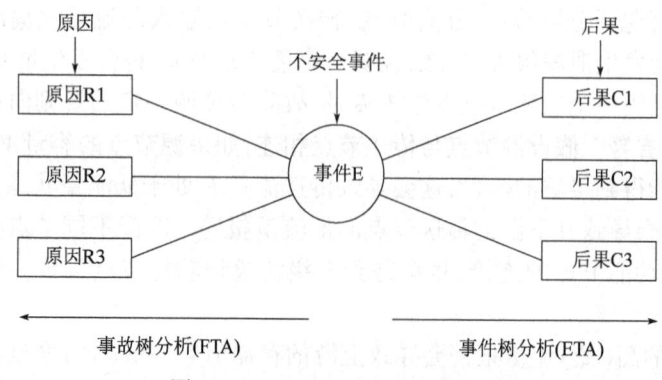

图9–6 Bow-tie基本原理示意图

在 Bow-tie 图中,不安全事件的原因在图的左边,后果在图的右边,直观地展现了事故原因→不安全事件→事故后果的全过程。将 HAZOP 分析的偏差作为不安全事件,将分析得到的偏差原因按传播路径列于偏差的左侧,偏差后果按传播路径列于偏差的右边。这样,从 Bow-tie 图能够清晰地找出事故发生的原因和事故产生的后果,以及从初始故障到故障后果的全过程,清楚地展现了引起事故的各种原因,分析人员可根据原因途径利用安全屏障设置获得事故的安全控制措施。

基于 MFM - HAZOP 的故障传播机理研究方法,利用 MFM 模型确定 HAZOP 分析的范围,应用 HAZOP 分析方法分析故障发生的原因和后果,分析故障传播机理。最后,建立包括偏差原因和后果的 Bow - tie 图,用图形表达故障传播机理。基于 MFM - HAZOP 的故障传播机理分析流程图见图 9 - 7。

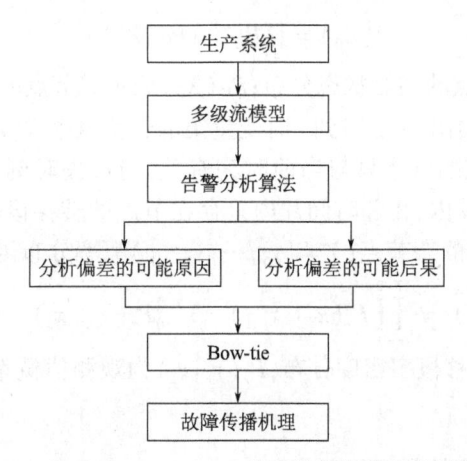

图 9 - 7 基于 MFM - HAZOP 的故障传播机理分析流程图

三、基于动态贝叶斯网络的炼化装置故障诊断预警方法

现有的故障诊断预警方法虽然能够实现对异常事件的诊断预警工作,但在原因后果推理模型的建立和表达方面存在一定的不足,如缺乏规范化的建立理论、模型表达能力不足等。

考虑到贝叶斯网络在模型表达、网络结构优化和模型推理方面的优势,本节提出一种基于动态贝叶斯网络的炼化装置故障诊断预警方法。借助 MFM 模型和 HAZOP 分析方法对设备间的物理关系及故障传播机理进行了定性的分析,通过建立基于动态贝叶斯网络的故障关联诊断预警模型来定量化表达故障传播关系,表达状态参数之间的影响关系,对生产过程中的异常事件进行诊断,实现对石油炼化系统的故障诊断及预警。

(一)动态贝叶斯网络的表示

贝叶斯网络是表示变量间影响关系的有向无环图(directed acyclic graph,DAG),适用于不确定性和概率性的事物。贝叶斯网络可分为静态贝叶斯网络(简称贝叶斯网络)和动态贝叶斯网络(dynamic bayesian networks,DBN)。

静态贝叶斯网络由两个元素组成:网络结构和网络参数。网络结构包括节点和有向边,节点代表随机变量,变量间的影响关系则用有向边表示,有向边的箭头代表影响关系的方向(由父节点指向子节点)。网络参数,即概率参数,用变量关联的条件概率分布集表示,一般以条件概率表(conditional probability table,CPT)表示。

动态贝叶斯网络是在静态贝叶斯网络的基础上添加了时间因素形成的能够处理时序数据的网络模型。DBN 模型由初始网络和转移网络两部分组成。DBN 模型的节点和有向边在每个时间片中是相同的。对于初始时间片,即时间 $t=0$ 时,初始网络参数在初始网络中确定。$t-1$ 时间片与 t 时间片之间的概率参数在转移网络中具体确定。动态贝叶斯网络的节点分为动态节点和静态节点,动态节点的状态分布随时间变化,静态节点的状态分布只受本时间片内其他节点的影响。

假设 $Z=\{Z^1,\cdots,Z^n\}$ 是 DBN 的变量集,Z_t^i 表示变量 Z 在 t 时对应的变量。初始网络给出模型初始的网络结构和联合概率分布:

$$P(Z_0) = \prod_{i=1}^{n} P[Z_0^i | Pa(Z_0^i)]$$

式中,$P[X_0^i|Pa(X_0^i)]$ 为节点的初始状态分布;$Pa(X_0^i)$ 表示父节点的初始状态分布。转移网络对所有时间点$(1,2,\cdots,t)$给出 $t-1$ 时到 t 时变量集的转移概率 $P(Z_t^i|Z_{t-1}^i)$。

DBN 模型中,未来时刻的概率只与当前时刻有关,与过去时刻无关。不同节点之间的影响关系只存在于同一时间片内,相邻时间片内只存在节点的转移概率关系。DBN 模型是动态节点$(X=\{x_0,\cdots,x_{T-1}\})$和静态节点$(Y=\{y_0,\cdots,y_{T-1}\})$概率分布函数:

$$P_r(X,Y) = \prod_{r=1}^{T-2} P_r(x_t | x_{t-1}) \cdot T_{t=0}^{T-2} P_r(y_r | x_t) \cdot P_r(x_0) \tag{9-8}$$

式中,$P_r(x_t|x_{t-1})$ 为状态转移概率密度分布;$P_r(y_r|x_t)$ 为观测值概率密度分布;$P_r(x_0)$ 为动态节点的初始状态分布。

(二)动态贝叶斯网络的构建

动态贝叶斯网络的构建主要包括以下三部分内容:变量选择、网络结构学习和参数学习。变量的选择主要依靠系统功能分析或专家的指导,选择重要的过程因素。变量的选择需要考虑模型结构的复杂性。一般来讲,数量相对较多的变量虽然能够更好地表现系统,但其概率推理的复杂性也会相应提高,会影响贝叶斯网络的推理效率。

1. 动态贝叶斯网络的结构学习

动态贝叶斯网络的构建可以完全依靠专家知识,但由于获得知识的有限,这种方式构建的网络结构与实际具有很大的偏差。随着数据挖掘和机器学习的发展,开始通过大量的训练数据来学习贝叶斯网络结构。

贝叶斯网络结构学习方法一般分为两种,一种是基于打分的结构学习方法,一种是基于依赖分析的结构学习方法。基于打分的贝叶斯网络结构学习方法即通过对网络结构打分,寻找与数据匹配度最高的网络结构。常用的结构打分函数有基于熵打分函数、贝叶斯打分函数等。基于依赖分析的结构学习算法就是通过数据验证节点间的条件独立性是否成立,若不成立,则节点之间被有向边连接;反之则不存在有向边。

2. 动态贝叶斯网络的参数学习

贝叶斯网络的参数学习是在网络结构已知的条件下,确定节点的条件概率表的过程。节点的概率分布表也可以由专家知识指定,但同样会造成与观测结果的较大误差;依靠历史数据学习参数概率分布的方式具有很强的适应性,但前提是能够获取足够的数据。参数学习一般先指定概率分布族,如多项分布、正态分布、泊松分布等,然后利用策略估计这些分布的参数。常用的参数学习方法包括最大似然估计(maximum likelihood estimation,MLE)方法和贝叶斯估计方法等。

MLE 方法是基于传统的统计学思想,根据样本与参数的似然程度来评判样本与模型的拟合程度。似然函数的一般形式为:

$$L(\theta,D) = P(D \mid \theta) = \prod_{i}^{n} P(x_i \mid \theta) \tag{9-9}$$

式中 D——历史数据;

θ——分布参数;

x_i——数据样本。

贝叶斯估计方法与传统统计方法不同,贝叶斯估计方法综合考虑先验知识和观测到的数据,寻求拥有最大后验概率的参数的取值。

(三)动态贝叶斯网络的推理

动态贝叶斯网络推理是指在给定网络结构和条件概率表的条件下,计算节点某一事件发生的概率。推理方法包括精确推理和近似推理。

理论上,在网络结构和概率分布确定的前提下,任何事件的概率都可以通过精确推理得到。但随着网络规模的扩大,精确推理的时间是难以估计的,这种情况下近似推理的高效性就显得格外重要。

常见的精确推理算法包括联合树算法、图约简算法、消息传播算法等;近似推理算法有基于搜索的算法、模型化简算法等。

(四)故障关联诊断预警模型的建立

故障关联诊断预警模型的建模过程主要包括以下3部分。

(1)节点:诊断预警模型的节点与 HAZOP 分析中的状态参数相对。HAZOP 分析的参数中,将生产过程中加以观测的过程变量作为诊断预警模型中的静态节点。静态节点的数值可以通过现场的 PLC(programmable logic controller,可编程逻辑控制器)或 DCS 系统的传感器采集获得,然后再经过参数运行区间确定其所处的状态。动态节点为状态隐含的一些变量,即 HAZOP 分析中的各种故障或设备状态(如容器壁厚状况、设备腐蚀状况等),这些隐含状态的偏差可以通过分析观测变量序列得到。

(2)网络结构:网络结构表示了各个异常事件原因和结果间的关系,也表现了从根故障到故障后果的传播网络。根据 HAZOP 分析结果,可以发现变量(节点)之间的影响关系,确定诊断预警模型的网络结构。根据 HAZOP 分析结果建立备选模型之后,引入贝叶斯网络结构学习算法寻求最优的网络结构。

选择基于评分搜索的结构学习算法,从结构给定的网络出发,利用搜索方法对网络的有向边进行操作(如增加边、删除边等),利用评分函数对网络进行评分,最终选择评分最高的网络结构为最优网络结构。评分函数选择贝叶斯信息准则（Bayesian information criterions,BIC），目标是找到评分最高的贝叶斯网络结构。BIC 的数值按照如下定义：

$$\lg P(D \mid \hat{\theta}) - 0.5 d \lg N \tag{9-10}$$

式中　　D——数据；

　　　　$\hat{\theta}$——大似然参数估计；

　　　　d——参数的数量；

　　　　N——数据条数。

（3）节点间相互影响关系：选用条件概率表表示节点间的影响关系。由于有代表性的现场数据不足，选择依据专家的知识经验确定节点的条件概率分布。故障关联诊断预警模型的建模结构图见图9-8。

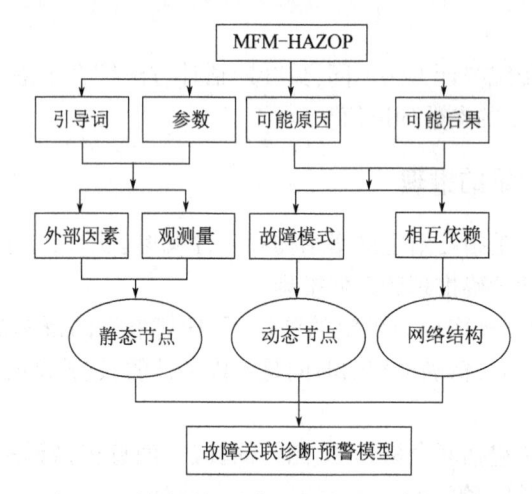

图9-8　故障关联诊断预警模型的建模结构图

（五）故障关联诊断预警模型的推理

故障关联诊断预警模型中的静态节点及静态节点间的有向边可以被视为表示事故传播发展的"事故链"，定性地表现了某一参数的变化对系统（或子系统）内其他参数的影响。模型中的静态节点（观测变量）的状态可以通过现场传感器的数值确定，而动态节点的状态只能通过分析观测变量序列得到。静态节点的状态只是生产系统安全状态的表象，而动态节点的状态则是生产系统是否安全的本质因素。

故障关联诊断预警模型的推理即求取 $P_r(X_0^T \mid Y_0^T)$，其中，Y_0^T 指有限时间 T 内的观测变量集，X_0^T 为相关隐含变量集。下面采用 FB 算法（forward backward algorithm,向前向后算法）进行模型推理研究，故障诊断预警方法主要包括两部分推理内容：

1.故障溯源推理

应用向前推理算法，递推计算 $\alpha_t(i)$：

$$\alpha_t(i) = P(X_t = iy_{it}) = P(y_t \mid X_t)\left[\sum x_{t-1} P(X_t \mid x_{t-1}) P(x_{t-1} \mid y_{lt-1})\right] \tag{9-11}$$

式中，$\alpha_t(i)$ 表示 t 时刻满足状态 $X_t = i$，且 t 时刻之前（包括 t 时刻）满足给定的观测序列 $(y_1, y_2, \cdots, y_t)$ 的概率。

2. 故障预警推理

应用向后推理算法，递推计算 $\beta_t(i)$：

$$\beta_t(i) = P(y_{t+ir} \mid X_t = i) \tag{9-12}$$

式中，$\beta_t(i)$ 表示 $t+1$ 时刻观测序列的概率，递归计算，即可得到 t 时刻以后的观测序列满足 $(y_{t+1}, y_{t+2}, \cdots, y_T)$ 的概率。

第四节 炼化装置故障诊断预警方法应用实例

一、基于 MFM-HAZOP 的炼化装置故障传播机理研究案例分析

催化裂化过程是重要的石油炼制过程之一，原料油在催化剂作用下发生裂化反应，产生裂化气、汽油和柴油等。催化裂化过程包括反应再生单元、分馏单元、吸收稳定单元、烟气能量回收系统等，其中反应再生单元的工艺流程图见图 9-9。根据其工艺特点，对反应再生单元建立多级流模型。

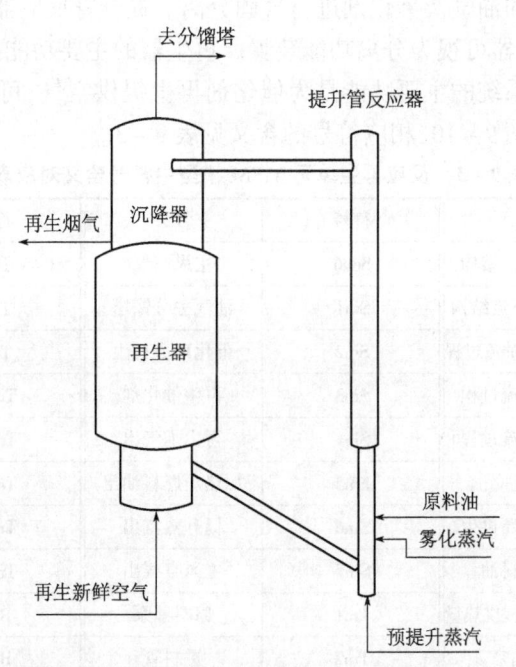

图 9-9 催化裂化反应再生单元工艺流程图

(一) 反应再生单元工艺流程分析

原料油经由喷嘴以雾化状态进入提升管反应器下部，与来自再生器的高温催化剂接触并

立即汽化,在催化剂的作用下发生裂化,油气携带着催化剂通过提升管,经快速分离器分离后,油气携带少量催化剂经旋风分离器后进入分馏系统进行分离,另一部分积有焦炭的待生催化剂经待生斜管进入再生器,与主风机提供的空气接触,进行催化剂再生反应。再生后的催化剂经再生斜管返回提升管反应器循环使用,构成了反应再生系统的循环。

(二)反应再生单元目标分解

这一部分的总目标是完成原料油的催化裂化反应,其中有 5 个子目标:
(1)目标 1 为完成油气反应,这一目标由加热炉、提升管反应器及沉降器等完成;
(2)目标 2 为保证催化剂供应,这一目标主要由再生器及其附属装置完成(其中目标 2 又是目标 1 的条件,即要保证油气反应正常进行,必须保证催化剂的正常循环);
(3)目标 3 和目标 4 也是目标 1 的条件,目标 3 是保证加热炉正常运行,为加热原料油提供热量;
(4)目标 4 是为催化反应过程提供预提升蒸汽,保证反应进行;
(5)目标 5 是目标 2 的条件,为催化剂再生过程提供空气,由主风机系统完成。

(三)反应再生单元主要设备元件及其功能分析

提升管反应器为催化剂和原料油提供接触空间,沉降器中内置快速分离器和旋风分离器,主要目的均为将反应后的油气及催化剂进行气固分离。提升管反应器可视为典型的平衡功能装置,沉降器和旋风分离器可视为分离功能装置。再生器的主要功能是恢复催化剂的活性,可视为存储功能。主风机系统的主要功能是为催化剂再生提供空气,可视为传送功能。反应再生单元的多级流模型见图 9-10,相应符号的含义见表 9-3。

表 9-3 反应再生单元 MFM 模型中符号含义对应表

符号	含义	符号	含义	符号	含义
S1	油气反应流结构	Sou6	主风空气	Tra7	待生斜管
S2	催化剂循环流结构	Sin1	油气去分馏塔	Tra8	烧焦罐
S3	加热炉燃料油流过程	Sin2	催化剂去再生	Tra9	再生器上段
S4	提升蒸汽流过程	Sin3	再生催化剂	Tra10	再生斜管
S5	再生主风流过程	Sin4	再生烟气出	Tra11	再生烟气管道
Obj1	油气反应	Sin5	加热炉燃料油出	Tra12	加热炉
Obj2	催化剂循环再生	Sin6	提升蒸汽出	Tra13	提升管反应器
Obj3	加热原料油	Sin7	主风空气出	Tra14	主风机
Obj4	为催化反应提供热量	Tra1	原料油泵	Bal1	加热炉
Sou1	原料油来	Tra2	进料管	Bal2	提升管反应器
Sou2	再生催化剂来	Tra3	进沉降器管道	Bal3	沉降器
Sou3	待生催化剂来	Tra4	沉降器顶部管道	Bal4	再生器
Sou4	加热炉燃料油来	Tra5	再生斜管	Bal5	旋风分离器
Sou5	预提升蒸汽来	Tra6	待生斜管	Sto1	再生器下段

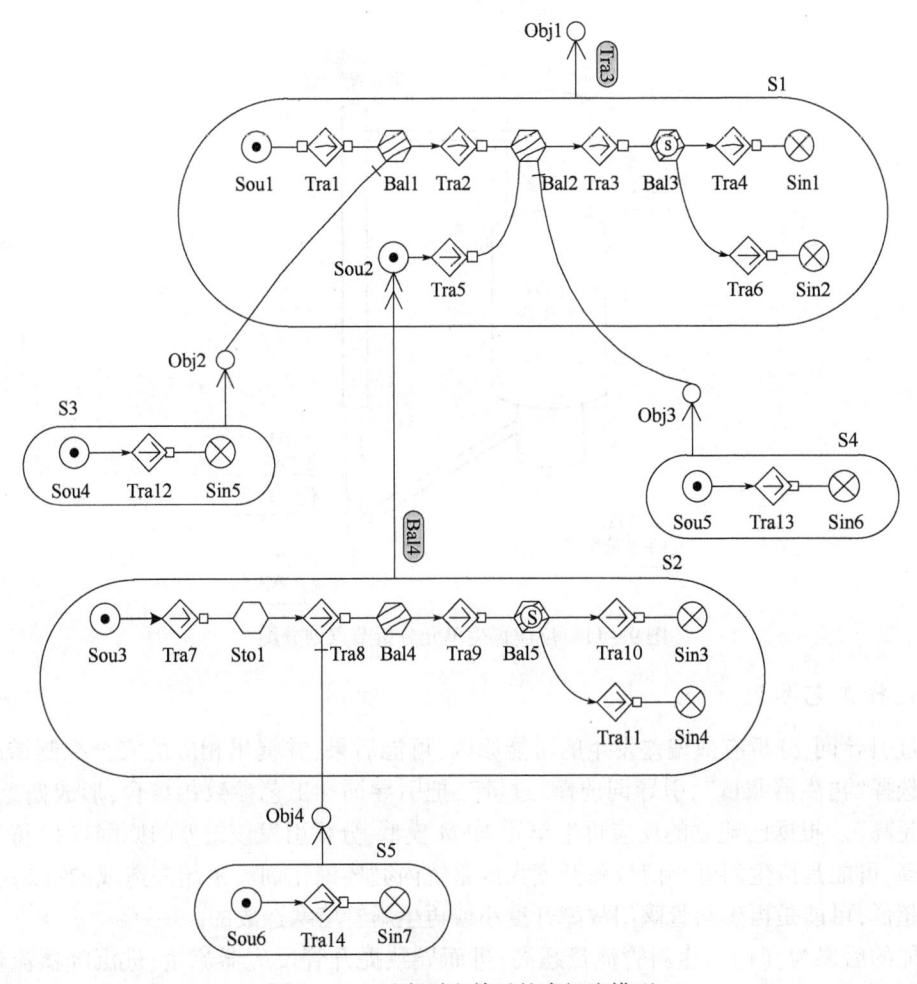

图9-10 反应再生单元的多级流模型

建立催化裂化装置反应再生单元的多级流模型后,依据基于 MFM-HAZOP 的故障传播机理分析方法,在反应再生单元的多级流模型分析确定故障传播路径的基础上,对传播路径上的参数偏差进行 HAZOP 分析,分析故障模式,研究故障传播机理。

1. 划分分析节点

分析反应再生单元的工艺流程,划分该单元的分析节点,包括原料油进料管线、提升管反应器、沉降器、再生器、再生主风进料管线、再生烟气出口管线、预提升蒸汽管线等,见图9-11。

2. 选择分析节点,分析设计意图

反应再生单元是催化裂化中的重要单元,主要包括提升管反应器、沉降器、再生器、主风机、旋风分离器等设备。提升管反应器是整个催化裂化装置中的反应器,其反应转化率直接影响着后续产品的收率;沉降器和再生器进行催化剂分离、循环,是催化裂化流程中的重点装置。在此选择再生器节点,对再生器相关参数的偏差进行 HAZOP 分析。

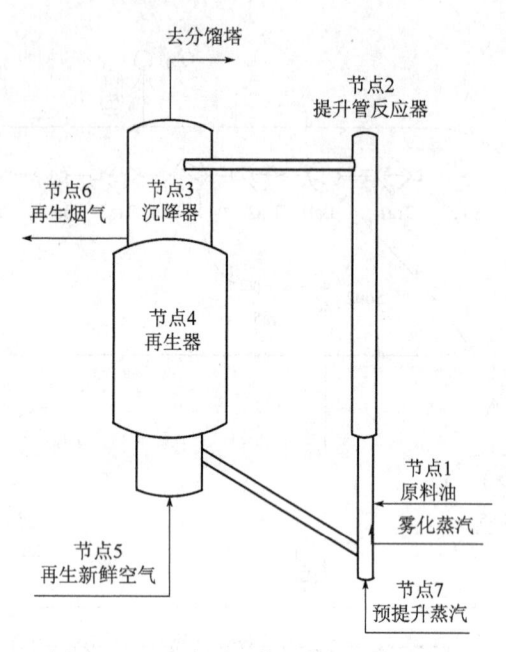

图 9-11 反应再生单元分析节点划分图

3. 选择工艺参数

通过引导词,分析有效偏差发生的可能原因、可能后果,并提出相应的安全控制措施。工艺参数选择"再生器藏量",引导词选择"过量",把引导词和工艺参数相结合,形成偏差"再生器藏量超高"。根据已建立的反应再生单元 MFM 模型,分析引发该偏差的原因:(1)待生斜管流量超高,可能是待生斜管阀门故障开度大或系统内循环催化剂流量超高造成的;(2)再生斜管流量超低,可能是再生斜管阀门故障开度小或再生斜管堵塞造成的。

可能的后果为:(1)再生斜管流量超高,进而导致提升管反应器流量、进沉降器流量和待生斜管流量超高。(2)如果主风机组不能满足催化剂再生要求,将会导致催化剂再生效果差。

针对分析的偏差原因,可以得到相应的安全控制措施,包括调节阀门开度、减少循环催化剂流量等。

同理,分析再生器上下游节点的工艺参数的偏差,如待生斜管流量、再生斜管流量等,分析每个偏差发生的原因、后果及安全控制措施。反应再生单元部分节点的 HAZOP 分析结果见表 9-4。

表 9-4 反应再生单元 HAZOP 分析表(部分)

偏差	可能原因	可能后果	对应措施
再生器藏量超高	1.再生滑阀失灵关闭;2.催化剂补充量过快、过多;3.催化剂跑损量大	再生效果差,催化剂失活	1.降低进料量;2.调整再生滑阀开度;3.增大外取热器的循环量;4.催化剂跑损严重时需停工处理
待生斜管流量超高	1.再生斜管内流量大;2.待生催化剂在预混器中停留时间短;3.待生斜管滑阀开度大	1.催化剂堆积,再生效果差;2.反应器得不到适量的催化剂供应,达不到反应目标	关小待生斜管滑阀开度

续表

偏差	可能原因	可能后果	对应措施
待生斜管流量超低	1.待生催化剂进料不足;2.待生斜管泄漏;3.再生器内压力过高;4.待生斜管堵塞	1.再生催化剂供应量不足;2.反应器内物料量相对过高,出料不到合格要求	1.增大待生斜管滑阀开度;2.检修待生斜管
再生斜管流量超高	1.待生斜管内流量大;2.再生器内压力大;3.再生斜管泄漏	提供过量催化剂,反应失去控制	1.关小待生斜管滑阀开度;2.检查再生斜管是否有泄漏;3.检查再生器压力表
再生斜管流量超低	1.再生器泄漏;2.待生斜管内流量不足;3.催化剂供应不足	再生催化剂量不足,反应达不到反应目标	1.开启催化剂补给管道,以新鲜催化剂代替再生催化剂;2.增大待生斜管滑阀开度

4. 建立 Bow-tie 图,表达故障传播机理

将节点的 HAZOP 分析的原因和后果,按故障传播路径联系在一起,针对"再生器藏量超高"这一异常事件,用 Bow-tie 图表示其故障传播机理。将引发故障的原因按影响顺序列于异常事件左边,将异常事件会导致的后果按事故发展列于异常事件的右边,绘制表达"再生器藏量超高"故障传播的 Bow-tie 图,见图 9-12。

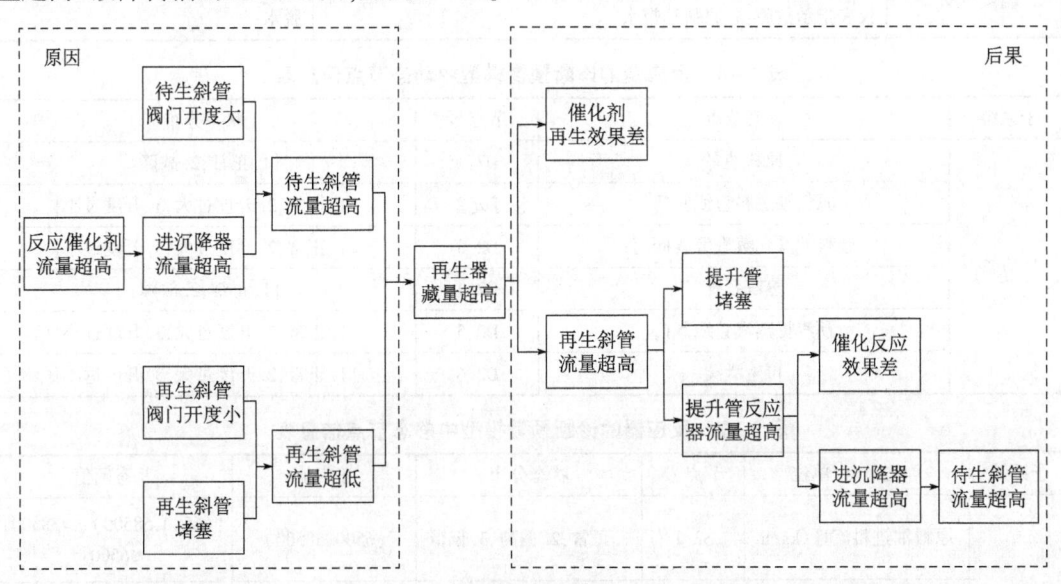

图 9-12 再生器藏量超高的 Bow-tie 图

二、基于动态贝叶斯网络的炼化装置故障诊断预警方法应用实例

在故障传播机理研究的基础上,建立故障关联诊断预警模型,对系统内发生的故障进行诊断预警研究。

表 9-5 为提升管反应器节点的 HAZOP 分析表(只列举部分 HAZOP 分析结果)。根据催化裂化单元的故障传播机理研究和 HAZOP 分析结果,选取了能反映该设备单元状态的参数。选取的动态节点和静态节点信息分别见表 9-6 和表 9-7。选择 6 个可观测的状态变

量,如原料油进料流量、反应区和预汽提段温度、提升管总压降、预汽提蒸汽和雾化蒸汽流量等,作为静态节点,通过将观测值与安全运行区间相比较确定其状态;选择原料油泵及管线阀门、蒸汽系统及原料油雾化蒸汽管线、预汽提蒸汽管线、再生滑阀等设备作为6个动态节点,其状态需要通过诊断预警模型推理确定。

表9-5 反应再生单元提升管反应器节点的HAZOP分析表

偏差	可能原因	后果	安全措施
提升管反应器温度高	1.再生滑阀开度大;2.再生温度高;3.原料油进料温度高;4.原料油进料量大;5.原料组分密度较小;6.预提升蒸汽流量过大	1.沉降器内压力增大;2.反应深度加大,结焦	1.调整再生滑阀开度,控制好催化剂循环量;2.降低原料油进料温度;3.根据原料组成及时调整处理量;4.降低预提升蒸汽流量
提升管反应器温度低	1.再生滑阀开度小;2.进料量控制阀开度大;3.原料油进料温度低;4.原料油进料量小;5.原料组分密度较大;6.预提升蒸汽带水	沉降器内压力突降	1.再生滑阀和进料控制阀改手动;2.加强原料油换热,提高进料温度;3.增大进料量;4.根据原料组成及时调整处理量;5.加强预提升蒸汽脱水
提升管反应器温度波动	1.流化失常;2.反应压力波动;3.再生压力波动;4.反应温度仪表指示故障;5.原料油带水	可能引起火灾、爆炸、物料泄漏	1.平稳两器压力、藏量;2.仪表故障时手动或副线控制;3.加强原料脱水

表9-6 反应器的诊断预警模型中动态节点信息表

子系统	动态节点	节点号	状态分布
反应器	原料油泵	D2_1	{1.正常,2.故障}
	原料油进料管线阀门	D2_2	{1.正常,2.开度过大,3.开度过小}
	原料油雾化蒸汽管线阀门	D2_3	{1.正常,2.开度过大,3.开度过小}
	蒸汽系统	D2_4	{1.正常,2.故障}
	预汽提蒸汽管线阀门	D2_5	{1.正常,2.开度过大,3.开度过小}
	再生滑阀	D2_6	{1.正常,2.开度过大,3.开度过小}

表9-7 反应器的诊断预警模型中静态节点信息表

子系统	静态节点/单位	节点号	状态分布	正常值	状态阈值
反应器	原料油进料流量,kg/h	S2_1	{1.正常,2.偏高,3.偏低}	(6500,58500)	{(6500,58500);≥58500;≤6500}
	反应区温度,℃	S2_2	{1.正常,2.偏高,3.偏低}	(520,600)	{(520,600);≥600;≤520}
	提升管总压降,kPa	S2_3	{1.正常,2.偏高,3.偏低}	(30,80)	{(30,80);≥80;≤30}
	预汽提段温度,℃	S2_4	{1.正常,2.偏高,3.偏低}	(650,700)	{(650,700);≥700;≤650}
	预汽提蒸汽流量,kg/h	S2_5	{1.正常,2.偏高,3.偏低}	(240,2400)	{(240,2400);≥2400;≤240}
	雾化蒸汽流量,kg/h	S2_6	{1.正常,2.偏高,3.偏低}	(480,4800)	{(480,4800);≥4800;≤480}

根据故障传播机理研究和 HAZOP 分析结果,建立了 3 个符合工艺过程的备选的诊断预警模型,见图 9-13 至图 9-15。

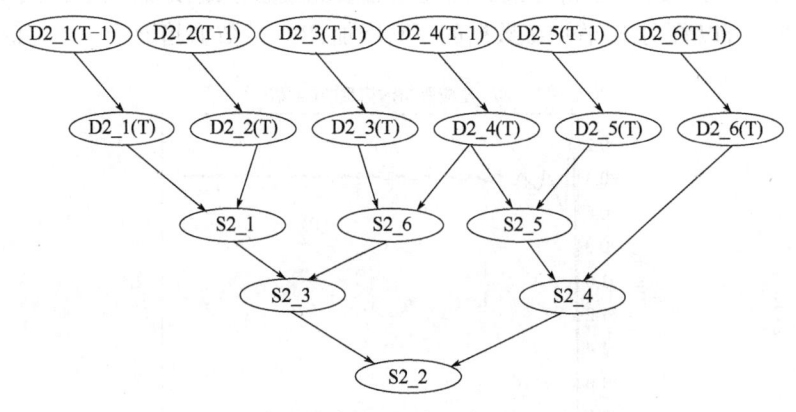

图 9-13　反应器故障关联诊断预警模型之备选模型一

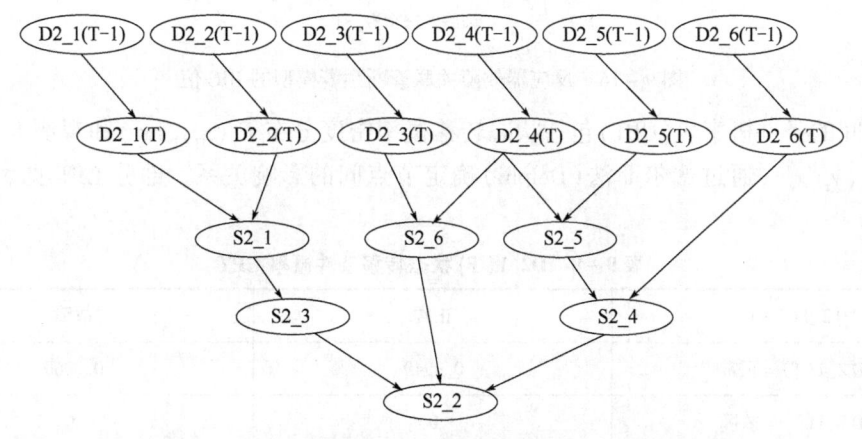

图 9-14　反应器故障关联诊断预警模型之备选模型二

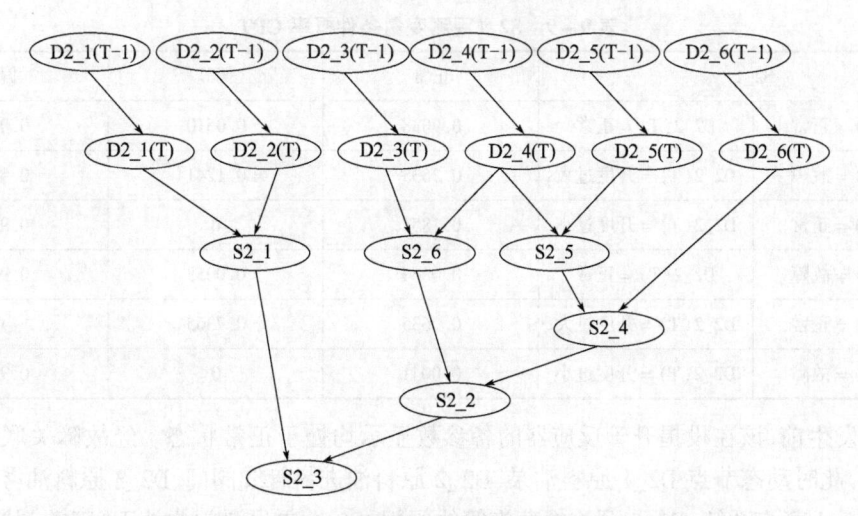

图 9-15　反应器故障关联诊断预警模型之备选模型三

选择包含正常状态和故障状态的历史数据,应用网络学习算法对各个备选模型的结构进行评分,计算每一个模型的 BIC 值。BIC 值最高的反应器故障关联诊断预警模型为备选模型二,见图 9 – 14。图 9 – 16 表示得分最高的反应器故障关联诊断预警模型在不同数量训练数据下的 BIC 值。可以看到,随着训练数据的不断增加,BIC 的数值趋近于一个定值。

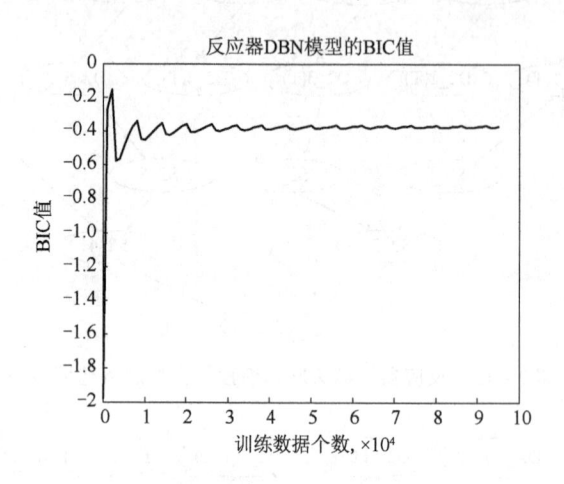

图 9 – 16 反应器故障关联诊断预警模型的 BIC 值

节点间的条件概率表(CPT)包括状态转移概率密度分布 $P_r(x_{t+1}|x_t)$ 和观测变量概率密度分布 $P_r(y_t|x_t)$,通过德尔菲法(Delphi)确定节点间的影响关系。部分 CPT 见表 9 – 8 和表 9 – 9。

表 9 – 8 D2_1(T) 状态转移条件概率 CPT

D2_1(T+1)	正常	故障
D2_1(T) = 正常	0.9940	0.0060
D2_1(T) = 故障	0	1

表 9 – 9 S2_1 观测变量条件概率 CPT

	S2_1	正常	偏高	偏低
D2_1(T) = 正常	D2_2(T) = 正常	0.9038	0.0510	0.0452
D2_1(T) = 故障	D2_2(T) = 开度过大	0.3635	0.1241	0.5124
D2_1(T) = 正常	D2_2(T) = 开度过小	0.1852	0	0.9148
D2_1(T) = 故障	D2_2(T) = 正常	0.0864	0.0053	0.9083
D2_1(T) = 正常	D2_2(T) = 开度过大	0.2635	0.7365	0
D2_1(T) = 故障	D2_2(T) = 开度过小	0.0041	0	0.9959

故障发生前,该在役提升管反应器的各参数显示均处于正常状态。经故障关联诊断预警模型推理,此时动态节点 D2_1 原料油泵、D2_2 原料油进料管线阀门、D2_3 原料油雾化蒸汽管线阀门、D2_4 蒸汽系统、D2_5 预汽提蒸汽管线阀门、D2_6 再生滑阀均处于"正常"状态。

(一) 故障溯源推理

某一时刻,预汽提段温度发生低报警,其余状态皆为正常状态。经此模型推理,此时刻节点 D2_6(再生滑阀)的状态发生变化,其处于"开度过大"状态的概率变为 87.5%,其余节点的状态概率未发生改变。图 9-17 显示的是隐含节点状态推理的结果。根据推理结果还原事故传播过程:再生滑阀开度过大,造成进入提升管反应器的催化剂的流量增加,同时预汽提蒸汽流量处于正常状态,因此导致预提升段的温度降低,发生温度低报警,进而影响到后续阶段的反应,造成提升管反应器反应区的温度低报警。

(a) D2_1 原料油泵　(b) D2_2 原料油进料管线阀门　(c) D2_3 原料油雾化蒸汽管线阀门

(d) D2_4 蒸汽系统　(e) D2_5 预汽提蒸汽管线阀门　(f) D2_6 再生滑阀

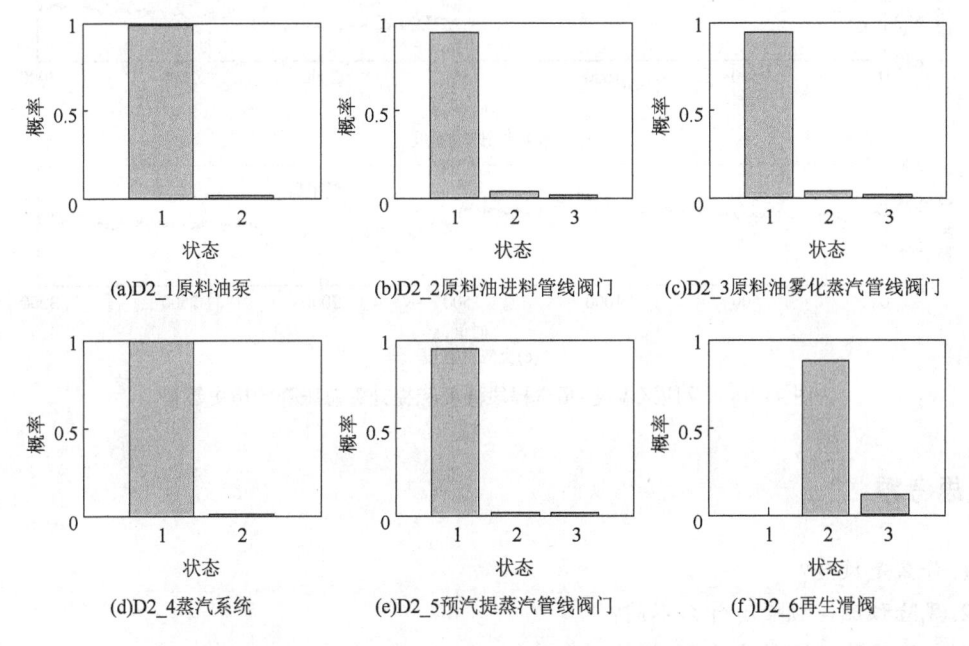

图 9-17　隐含节点状态推理结果(故障状态)

图 9-18 是提升管总压降、预汽提段温度和反应区温度的历史数据,从图中可以看出,预汽提段温度超过阈值,发生低报警;在发生低报警前,提升管总压降有一个突然的跃升,而就在跃升发生后,预提升段温度持续降低,直到发生低报警。这表明,此次预汽提段温度发生低报警源于反应器内处理量上升,分析根原因则可能是进入反应器的催化剂流量提高,造成预提升段温度降低。

(二) 故障预警推理

根据 S2_4 节点(预汽提段温度)处于"偏低"状态,应用诊断预警模型推理故障传播后果,S2_4 节点"偏低"状态将会导致 S2_2 节点(反应区温度)处于"偏低"状态的概率上升至84.7%,其他静态节点的状态几乎没有改变。参照图 9-18 可以看出,在预汽提段温度发生报警后,反应区温度持续降低,并在不久后也发生温度低报警。

根据历史数据分析的结果和故障关联诊断预警模型分析推理出来的结果一致,表明通过建立反应器的故障关联诊断预警模型,应用关联推理方法能够有效地分析推理出发生故障的原因和故障造成的后果。

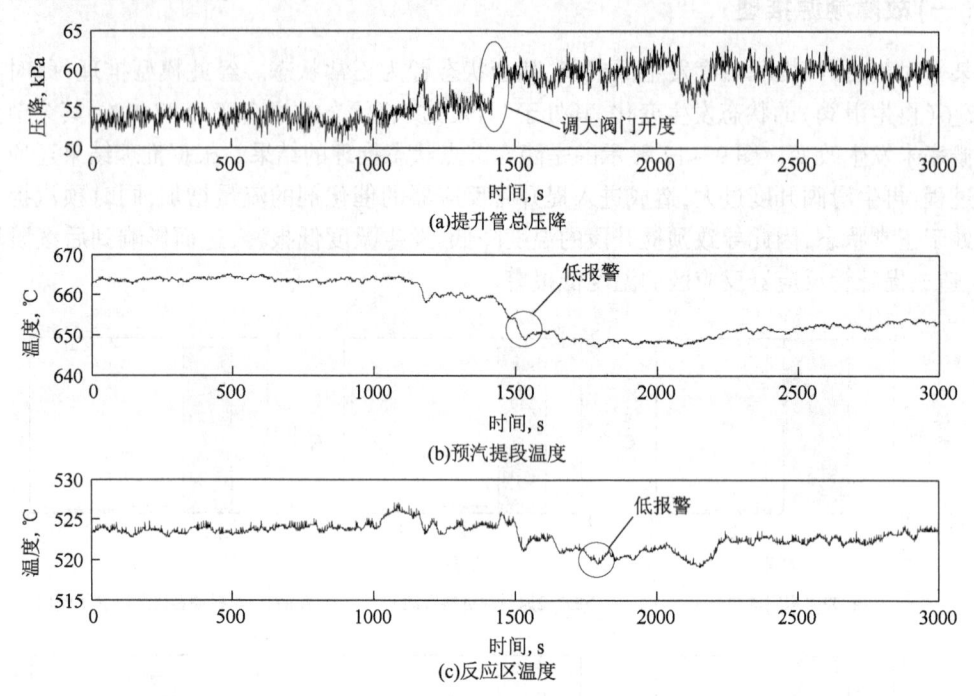

图 9-18 反应区温度、预汽提段温度和提升管总压降的历史数据

思考题

1. 什么是风险？
2. 风险预测与预警有什么不同？
3. 阐述风险预测的方法。
4. 风险预测方法的适用范围是什么？
5. 风险预测预警的方法有哪些？
6. 什么是多级流模型？
7. 简述 HAZOP 分析方法。
8. 简述动态贝叶斯网络的原理。
9. 简述炼化装置故障传播机理。

第十章 人因失误与人员风险评价

第一节 人因失误理论

一、人因失误的定义

关于人因失误的概念,直到 20 世纪 60 年代才有学者开始对其进行实质性研究。通常情况下,人因失误只有在事后才能得到确认。有学者认为如果系统的性能不如正常情况下令人满意,而这是由于人的行为造成的,那么原因很可能会被确认为人因失误。不同学者对人因失误的定义见表 10-1。

表 10-1 不同学者对人因失误的定义

人员	人因失误定义
Rigby	系统中人的行为如果没有达到系统的要求,就可以称为人因失误
Swain 与 Guttmann	人的动作或行为超出了系统工作所要求的接受标准或允许范围,即人们在完成一项任务时,没有按照规定中设计的标准执行
Reason	从心理学视角出发,人因失误指计划中的心理活动和动作行为在实现后并不能获得期望中的结果,而这种结果不能归结为某些外界因素的介入
Sträter	使系统处于不期望的或错误的状态,导致系统的需求没有得到满足或没有得到充分满足。该定义表明人因失误是由人与人、人与机、人与环境相互作用造成的
李鹏程	由于若干人的内在原因与外界情境因素的联合影响而导致人的认知失效与行为失误,从而使人无法准确、完整地执行其所规定的各项工作任务,即人因失误就是人们在完成任务的过程中出现的认识失效和行为失误
张力	在不能超出系统所设计功能范围的前提条件下,作业人员为了完成任务而进行的计划动作的失败,可分为个人失误、群体失误和团队失误

可以看出,Rigby、Swain 及 Guttmann 对人因失误的概念都是从系统的特性要求角度来考虑的,并未充分考虑到人本身的局限性,也并未涉及人的认知失误。

整体来讲,关于人因失误概念的描述实质都是用来描述导致不期望结果发生的情景状态,以及部分或全部由人的行为引起的事件的原因和行为。

注意:人的可靠性与人因失误互为对立面。一般而言,人的可靠性是指人在系统的安全性和经济性的要求下达到任务绩效标准范围的成功概率。根据不同的人因失误定义,也可以从不同的角度来描述人因失误与人的可靠性之间的关系:从工程应用的角度来看,可以通过系统目标完成情况、系统失效概率、系统失效前状态参数等指标来评价人的可靠性;从行为学的角度来看,可以通过人所拥有的心理及生理水平等指标来描述人的可靠性;从功效学的角度来看,人的可靠性是通过使人尽量不出现不可期望、不可解释、不可预测的人因失误行为,从而提高任务目标成功率。

二、人因失误的特点

与机器不同,人有自己的独立思想,可以通过日常的工作不断纠正和完善自己的本领,因此人因失误也具有其独立的特点:

(1)随机性与重复性。人因失误的随机性与重复性主要是由人的行为的可变性演变而来的,且该种可变性是人的行为的固有特征。其中,人因失误的随机性是指人的行为超出了系统目标的可接受范围,该行为的具体失效模式无法进行预测,仅能确定该种行为超出系统目标可接受范围的偏离程度;人因失误的重复性是指当人对系统正常运行的标准程序尚未完全了解和掌握时,由于人的行为具有固定的可变性,从而造成人在不同的环境甚至相同的环境下重复发生相同的失误行为,该特点也间接证明了"人不犯错是不可能的"。

(2)情景环境驱使性。任何系统任务或活动都是处在一定的情景环境下的,人因失误行为的产生除了会受到人的知识水平、经验、安全意识、疲劳程度等因素影响外,硬件、照明、噪声等环境因素也会诱发人的失误行为。若外部环境的恶劣程度超出了人员自身所能承受的水平、经验或期望范围,则易引发人因失误行为。

(3)潜在性。有的人因失误行为并不一定会即刻、直接造成表面上的系统失效或任务失败,而是通过一种潜在的方式持续隐匿在系统或任务的进行过程中,当一定的触发条件成立时,就可能导致整个系统的故障或任务失败。潜在的人因失误行为可能存在于设计、研发、制造、维修和管理等任一过程中,这种失误具有较强的隐蔽性,如果不进行深入挖掘,难以被检查发现。

(4)可修复性。人因失误行为常常会造成系统失效或任务失效,但值得注意的是,当由于人因失误导致系统异常、任务偏离的情况下,人的及时补救或纠正举动可以避免或减轻任务失败或系统失效导致的后果,使系统或任务能够及时恢复到正常运行状态或可接受水平。这是因为人作为行为主体,可以通过自身的感知能力与认知意识或系统的反馈信息,迅速发现并解决系统或任务中产生的问题或异常。

(5)学习性。人因失误的学习性是指人往往能够在事后通过对以往自身或他人的人因失误行为进行总结反思,吸取教训,增长经验,避免发生同样失误行为,并且借此可以学习新的知识来弥补自身的技能缺陷以及增强综合素质能力。

(6)容许限度性。人因失误行为通常是指一种超出系统目标可接受范围的人的行为,因此,为保证人的行为的可变性一直处于系统目标的可接受范围而做出的投入或努力,即被称为人因失误的容许限度性,具体可分为固定限度、测量限度、障碍限度等。

三、人因失误的分类

人因失误包括行为、情境以及概念三大类。行为是通过观测人的动作进行分类,情境是依照人—机情景的因果关系分类,而概念则是根据认知功能来进行分类。

(一) Rasmussen 的人因失误分类

早在 20 世纪 80 年代，Rasmussen 把执行者的行为功能、对于技能的掌握以及人的信息处理进行了整合，构建了模型（图 10-1）。从图中可以看出 Rasmussen 把操作者的技能形成过程划分为技能、规则和知识三种层面。位于最下层的为技能层，因为工作人员拥有了丰富的工作经验以及长期的作业，人在工作中所进行的反应都是自动感官运动模式。而在其上层规则层，由于有新的规则制约操作者，所以其行动受到规则的约束与驱动。最上层知识层，工作人员的自动感官运动模式完全丧失，没有经验与肌肉记忆，只能凭以往的知识储备来进行识别，从而确定任务及其解决方案，所以知识型的人因失误是发生概率最高的也是最危险的。

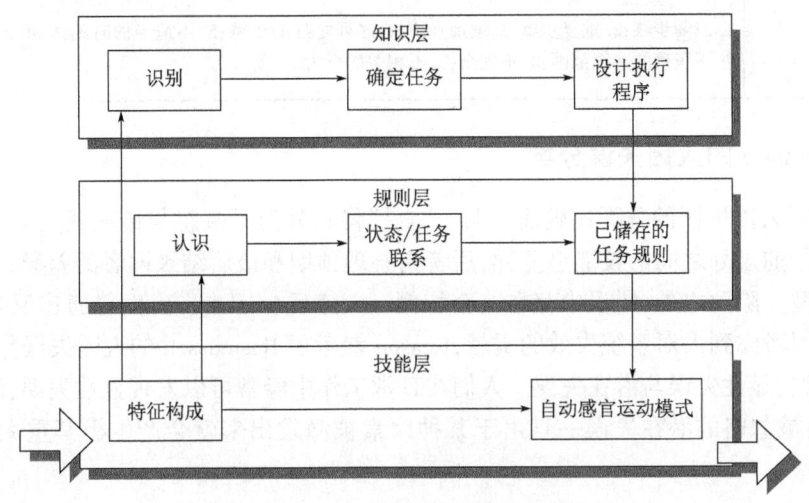

图 10-1　Rasmussen 的三层次失误模型

(二) W. B. Rouse 和 S. H. Rouse 的人因失误分类

W. B. Rouse 和 S. H. Rouse 首先建立了工作人员的理念模型，详见图 10-2，并将其定义为三个阶段，分别对应了工作人员在人—机系统中的基本操作：(1) 观察；(2) 选择；(3) 执行。值得关注的是，其研究建模过程中反复提到的"程序"一词的含义为工作人员凭借以往的工作经验来进行工作。对异常状态的定义为：有一个或是多个系统状态参数溢出系统的正常范围。一旦遇到异常状态，工作人员便要对发生的问题进行分析并解决，处于这种情形下，工作人员则需对发生的异常状态进行假设，同时对其检验后明确工作要求。这项工作对工作人员的认知水平有非常高的要求，要求一旦升高就会致使工作人员在信息处理阶段极易滋生人因失误。人因失误的分类见表 10-2。

图 10-2　工作人员的理念模型

表 10-2　W. B. Rouse 和 S. H. Rouse 的人因失误分类

一般种类	特殊种类
观察系统状态	1.过多;2.曲解;3.不正确;4.不完全;5.不适当;6.缺乏
选择假设	1.与观察不一致;2.一致,但不可能;3.一致,花费大;4.功能上不相关或假设无效
检测假设	1.不完全;2.错误接受了不正确的假设;3.错误拒绝了正确的假设;4.缺乏
选择目标	1.不完整;2.不正确;3.不必要;4.缺乏
选择程序	1.不完整;2.不正确;3.不必要;4.缺乏
执行程序	1.遗漏步骤;2.重复步骤;3.增加步骤;4.序列之外的步骤;5.不适当的时刻;6.不正确的离散点;7.不正确的连续范围;8.不完全;9.不相关的行为

(三) Reason 的人因失误分类

Reason 对人因失误的分类比较简洁明了,直接将其分为了疏忽与错误两大类。疏忽是操作过程和操作前规划之间的技能型差异,后者指心理预期和最后结果两者的差异,错误包括规则型与知识型。除此之外,错误中存在一个特例——违反(violation),由普通违反与故意损坏组成。同时因考虑到人对系统失效的贡献,Reason 参考了 Rasmussen 的人因失误分类,将失误划分成两大类:显性失误与潜在失误。人们在日常工作中经常可以发现显性失误,潜在失误经常被忽略,而被忽略的潜在失误一旦由于某种因素被激发出来就会产生极其重大的危害,详见图 10-3。

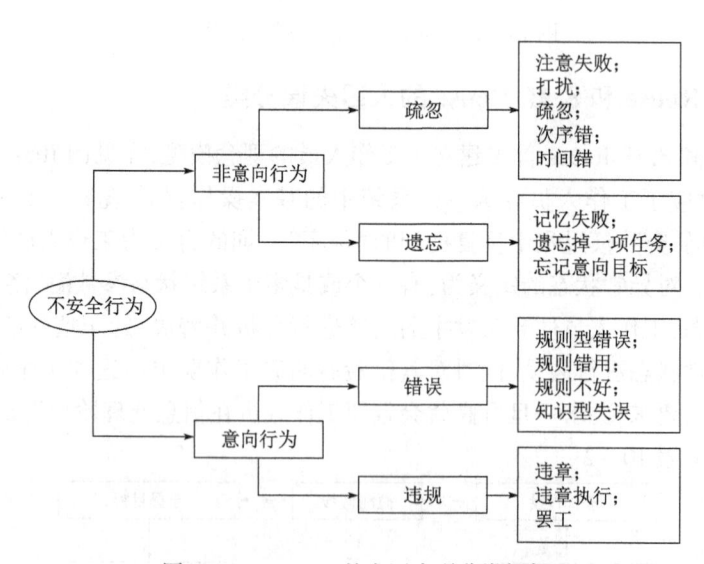

图 10-3　Reason 的人因失误分类框架

在日常工作中的行为和操作都会由主观的活动体现,因此可以将 Reason 的分类框架转换为能应用于实际的分析框架。非意向行为由检查和规划两方面构成,而意向行为由操作和决策两方面构成。具体构成如图 10-4 所示。

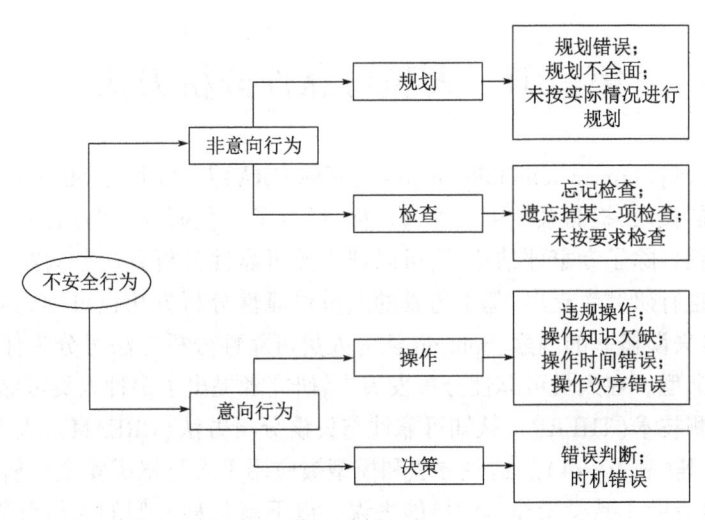

图 10-4 实际应用中的人因失误分类框架

四、人的行为形成因子

一般而言,能够对人的行为绩效水平产生影响的各种因素统称为人的行为形成因子(performance shaping factors,PSFs)。PSFs 之间会相互影响,若 PSFs 之间的相互作用是正向积极的,则可以有效提高人的绩效水平、降低人因失误概率和事故概率,反之则会降低人的绩效水平。根据目前的理论研究,还无法对实际任务中 PSFs 对人的行为产生影响的机理进行系统性分析和描述,因此在实际中难以对每一种 PSFs 赋予完全精确的权重因子,以满足每项任务在不同环境下的应用条件。

Swain 首次将 PSFs 分为三大类:外部 PSFs、内部 PSFs、应激 PSFs。综合实际应用的各类因素,将以上 3 个 PSFs 与组织因素、情景因素、个体因素以及技术因素相结合,得出典型人机系统中的各类行为形成因子,见表 10-3。

表 10-3 典型人机系统中的行为形成因子

外部 PSFs		内部 PSFs	应激 PSFs
情境因素	技术因素	组织因素	个体因素
1. 工作环境恶劣; 2. 人员组成不合理; 3. 安全设备质量问题; 4. 任务超负荷; 5. 缺少沟通交流	1. 施工前期设计不合理; 2. 施工期间规划不合理	1. 安全教育失效; 2. 技能培训失效; 3. 安全文化不完善; 4. 管理控制漏洞; 5. 决策失误; 6. 排班计划不合理; 7. 违反设计施工; 8. 监管人员的管控不足	1. 判断错误; 2. 工作态度不认真; 3. 技能水平差; 4. 规章意识不足; 5. 心存侥幸; 6. 生理/心理紧张

在人的可靠性分析过程中,一般需要根据具体任务中人员的知识经验、操作环境等 PSFs 进行人因失误概率(HEP)的修正。由于行为形成因子的联合效应较为复杂,且 PSFs 的值一般很难准确地确定,目前在决定这些修正值时通常带有很大的经验性和专家判断成分。

第二节 人员可靠性分析方法

人员可靠性分析(human reliability analysis,简称 HRA)从 20 世纪 50 年代开始发展,以分析、预测、减少人的失误,提高系统可靠性为目标,经过了从仅研究行为结果,到结合认知可靠性模型评估的过程。除了专家评估法外,可以把人员可靠性分析方法分为第一代和第二代方法。在此基础上也有研究者提出,基于仿真的人员可靠性分析方法也可称为第三代方法。另外,根据决定基本失误概率的因素,Spurgin 认为人员可靠性分析方法可分为任务定义型、时间定义型和情境定义型。在人员可靠性分析发展中,研究者提出了多种人员可靠性分析方法,如人员失误概率预测技术(THERP)、认知可靠性与失误分析方法(CREAM)、人因失误评价与减少方法(HEART)等(表 10-4)。这些方法和模型被应用于人员概率安全分析中,有助于提高评估的准确度,也有助于减少操作员的可能失误。以下就几种典型的人员可靠性分析方法进行介绍说明。

表 10-4　人因可靠性分析方法简介

方法	简介
THERP	1. 概率安全分析中应用最多的人员可靠性分析方法,第一代人员可靠性分析方法; 2. 将人员行为分解成一系列子任务,分别分析各个子任务的可靠性; 3. 适合于对动作的可靠性分析,对认知和诊断的可靠性分析较粗略; 4. 强调可观察到的失误,对于心理方面的潜在影响考虑不多
ASEP	1. THERP 的简化方法,使用简便; 2. 得到的结果较为保守,适合于筛选分析; 3. 有清晰的实施步骤,利于方法应用
HEART	1. 方法简单,由任务决定基本概率,再由环境因素修正基本概率; 2. 应用领域较为广泛
CREAM	1. 具有第二代人员可靠性分析思想,可进行追溯分析,也可进行定量化预测分析; 2. 在石油化工等领域得到大量应用
SLIM	1. 是一种基于专家判断的定量化分析方法; 2. 由绩效影响因子(PSF)来决定基本人因失误概率,比较灵活
THEANA	1. NRC 资助开发,可对遗漏型失误(EOO)和执行型失误(EOC)进行分析; 2. 有一些实例研究和应用,在定量化分析中需要很多专家资源

一、人员失误概率预测技术(THERP)

人员失误概率预测技术(THERP)作为第一代 HRA 方法的代表被看作是一种基于工作解

构上的较为完整的人因可靠性方法,同时也可以当作人因失误概率的线性模型,在进行人因失误构造解析的同时,还给出了可以进行量化的方法。THERP 是一种对操作者无法按要求完成其工作的概率的预测方法,是以任务为核心对象并将工作过程转化为图形,然后继续将操作员的功能行为提前拆解为一连串符合操作规定的基本行为,接着通过专家对这些行为的分析预测给出人因失误概率值(human error probability,HEP),最后利用 PSF 去模糊化或去中心化等手段进行修正后得到最终的概率值。

二、人的认知可靠性模型(HCR)

HCR 模型是由 Hannaman 等人研究得出的,是基于 Rasmussen 人因失误分类的一种分析模型,这样做是为了将工作人员的判断过程与工作时间之间的关系定量化。HCR 是一种能够利用计算机模拟现实中人机相互影响从而进行人因可靠性分析的有效方法,但是模拟现实的方法忽略了人的主观能动性,在现实中人会受到各种因素的影响,三种类型的行为条件并不能完全地概括工作人员的决策与操作。

三、成功似然指数法(SLIM)

成功似然指数法(success likelihood index method,SLIM)出自决策分析领域,是在专家学者经验的基础之上进行人因失误定量预测的一种方法。区别于 HCR,其基本思想重视了 PSF 对人因失误概率的综合作用。SLIM 方法首先在历史经验的基础上利用系统化确定了各个操作步骤的 PSF,并将各个 PSF 对操作者的作用权重作出评估并进行排序,在排序列表上找出每一个步骤的成功似然因子(SLI)并求得失误概率。

四、人因失误评价与减少方法(HEART)

人因失误评价与减少方法(human error assessment and reduction technique,HEART)的重点是失误产生条件(error producing condition,EPC)。该方法将个体、工作和情景要素对绩效的作用程度,利用 HEART 自身的 38 种 EPC 影响因子与 9 种基本的人因失误概率的乘积来得到最后的概率。在进行量化时首先选取人因失误的基本概率值,并辨识出该工作受哪些 EPC 的作用,在进行过甄别筛选并得到其 EPC 影响因子后将二者相乘得到相应概率。

五、认知可靠性与失误分析方法(CREAM)

认知可靠性与失误分析方法(CREAM)属于第二代 HRA 分析方法。CREAM 的观点是操作者会依照情境反馈的情况进行调整,且任何行为都是按照一定既定目标而实施的,全部过程呈现出一种动态循环的模式;同时它也重视了操作者在工作室所处的环境因素对绩效的影响,即共同绩效条件(common performance condition,CPC)。CREAM 方法的另一大优势是它同时具有追溯和预测两大功能,即对已发事故根原因的追溯以及对人因失误概率的预测。

本章主要对 HFACS、THERP、CREAM 三种方法进行理论介绍与案例应用。

第三节 人因分析和分类系统(HFACS)

一、方法原理

人因分析及分类系统(the human factors analysis and classification system, HFACS),是由美国学者 Shappel 和 Wiegman 在 Reason 的瑞士奶酪模型基础上综合美国军方及民用航空飞行数据建立的,是一种综合的人因失误分析方法。使用该系统可以得出事故原因中的人为因素,并能从表层行为追溯到深层组织原因。

HFACS 总结了 Reason 模型所提出的导致事故发生的 4 个层级的原因,分别为不安全行为及其前提条件、不安全的监督和组织管理,其理论层次框架如图 10 - 5 所示。

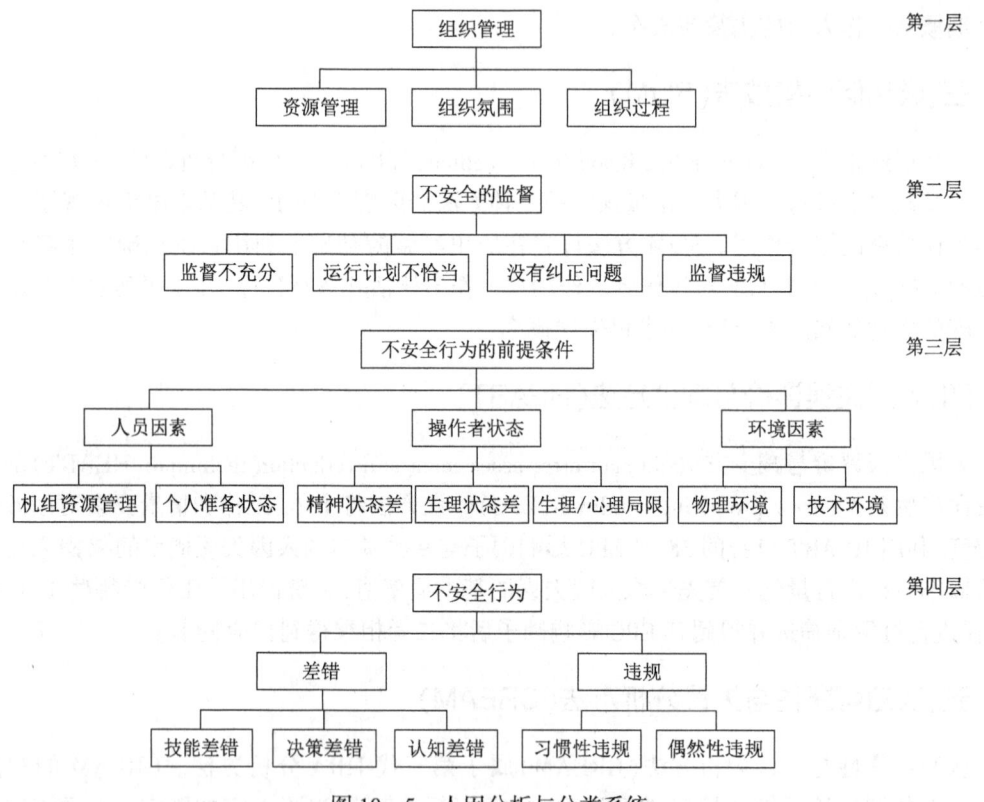

图 10 - 5　人因分析与分类系统

不安全行为层属于显性差错,其直接导致事故发生,第一、二、三层属于隐性差错,不安全行为的前提条件是指直接导致不安全行为发生的主客观条件。不安全的监督和组织管理是导致事故发生的潜在根源。各层又细化为若干的影响因素,各影响因素又有它的具体表现形式。HFACS 从高层次开始向下逐层施加影响,并强调最高层次的组织管理对事故的影响作用。当各层次同时出现差错时,系统的多层次防御作用失效,从而引发事故。

每个层级具体的定义如下:

(一) 不安全行为

不安全行为是导致事故发生最直接的原因,分两种类型:差错和违规。

差错指人的心理或做出的行为未能达到任务需求,分为三类:技能差错,指在技能类行为上发生的差错,如注意分配不当、记忆错误等;决策差错,指执行的行为计划不符合当前情境要求,分流程出错、选择出错及问题解决出错三类,覆盖任务中计划—决策所有阶段;认知差错,指飞行员对当前情境中的信息认知不当而造成的差错,如对视、空间信息理解偏差导致错误判断。

违规指有意违背与作业安全有关的规章制度,分为两类:习惯性违规,指由于违规行为持续时间长,出现频率高,习惯成自然进行违规操作,这一类违规操作很有可能导致事故发生,却往往被大部分人或监管组织接受;偶然性违规,指与个人行为习惯或组织管理制度无关的、偶然出现的违规。特殊违规与个体典型行为模式无关,也难以预测。

(二) 不安全行为的前提条件

不安全行为的前提条件即直接导致不安全行为的原因,包括三种类型:操作者状态、人员因素和环境因素。

操作者状态分三类:精神状态差,指会影响工作任务执行的精神状态,如精神疲倦、焦虑、丧失情境意识等;生理状态差,指妨碍安全操作的病理或生理状态,如出现幻觉、方向感偏差、感冒等;生理与心理局限,指人在生理与心理方面天生的有限的能力范围,在航空领域具体为飞行员本身能力无法达到完成某些任务的要求,如有限的夜间视力、不够迅速的理解和反应能力等。

人员因素分两类:第一类属于机组资源管理不达标,如机组人员沟通与协调不当、飞行任务简报信息不全等等;第二类属于个体准备状态不达标,如机组人员未能达到休息要求、飞行之前执行了会干扰个体认知准确性的任务等。

环境因素分为两类:物理环境,指工作环境中的各种物理条件,如照明、通风、温度等因素;技术环境,指企业所处环境中的科技要素及影响企业技术水平的各要素,如国家科技体制、科技政策、科技水平等。

(三) 不安全的监督

不安全的监督是指事故发生的管理层面的原因,分为四类不安全的监督:监督不充分、运行计划不恰当、没有纠正问题和监督违规。监督不充分主要包括没有提供适当的培训、没有提供专业指导、没有提供足够的休息间隙等。运行计划不恰当是指机组的操作节奏以及值班安排使得机组在冒无法克服的风险,危机机组休息,最终导致机组绩效受到影响,如机组搭配不当、没有提供足够的简令时间等。没有纠正问题指的是监督者知道个体、装备、培训和其他相关安全领域的不足之后,仍然允许其持续下去,如没有汇报不安全趋势、没有纠正安全危险事件等。监督违规指的是监督者故意忽视现有的规章制度,如授权不合格的机组驾驶飞机、没有执行规章制度、违规的程序等。

(四) 组织管理

管理中上层的不恰当决策会直接影响监督实践,同时也会影响操作者的状态和行为。一般而言,组织影响包括资源管理、组织氛围、组织过程。资源管理包括所有层次的组织资源分配及维护的决策,如人力资源、资金、装备、设施等。组织氛围指的是影响工人绩效的多种变量如组织结构、组织政策、组织文化等。组织过程指的是组织里管理日常活动的行政决定和规章,包括制订和使用标准操作程序以及在劳动力与管理之间维持检查和平衡的正式方法。

二、实施方法与案例分析

HFACS 建立之初,主要用于调查和分析航空事故中人为因素。取得成功后逐渐推广到航海、铁道、煤矿、医疗等领域。

从理论基础来看,利用 HFACS 来分析事故,可以根据先剖析显性因素再挖掘隐性因素的思路,以系统视角来找出事故的人为差错致因。下面以井喷事故为例,说明 HFACS 的系统分析过程。

(一) 井喷事故中的不安全行为

井喷事故中,司钻人员的不安全行为往往是导致事故发生的直接原因,不安全行为分为差错与违规两类:差错包括技能差错、决策差错以及认知差错三类;违规包括习惯性违规与偶然性违规两类(表 10-5)。

表 10-5 不安全行为要素

层次		内容	表现形式
不安全行为	差错	技能差错	由于注意力不集中、记忆错误以及所掌握的技能不熟练等原因产生的差错	操作不规范、蛮干、盲干、冒险作业、采用错误方法
		决策差错	计划不充分、对形势估计不恰当导致操作差错	操作程序错误、选择计划不当、处理问题超出能力范围、面对突变经验不足等
		认知差错	视觉出现差错,造成认知与实际情况不一致	仪表读数错误、方向判断错误、高度和距离判断错误等
	违规	习惯性违规	管理人员可以容忍的	经常性地违反制度和标准操作规程进行作业
		偶然性违规	严重偏离规章制度	严重违章作业及安全技术措施未执行

技能操作方面:由于注意力不集中、记忆错误以及所掌握的技能不熟练等原因产生的差错。主要表现形式包括操作不规范、蛮干、盲干、冒险作业、采用错误方法等。

决策方面:司钻人员做钻井任务中计划不充分、对形势估计不恰当导致操作差错。主要表现形式为操作程序错误、选择计划不当、处理问题超出能力范围、面对突变经验不足等。

认知方面:司钻人员在查看仪表、判断钻杆高度等操作时视觉出现差错,造成认知与实际情况不一致。主要表现为仪表读数错误、方向判断错误、高度和距离判断错误等。

违规方面:因赶工期和省能心理进行违规操作,有些违规可以被监督人员容忍,就习惯成自然,经常性地违反制度和标准操作规程进行作业;而有些不能被监督人员认可,在偶然情况下发生,但很多来不及进行阻止以及酿成不可更改的错误,包括严重违章作业及安全技术措施未执行等。

(二)不安全行为的前提条件

司钻人员在操作时的不安全行为有以下三类前提条件,人员因素、操作者状态及环境因素。人员因素包括钻井队资源管理和个人准备状态;操作者状态包括精神状态差、生理状态差及生理/心理局限;环境因素包括物理环境和技术环境(表10-6)。

表10-6 不安全行为的前提条件

层次		内容		表现形式
不安全行为的前提条件	人员因素	管理	内部沟通、协调	井队缺乏团队合作、信息相互沟通不畅、领导者缺乏领导才能
		人员准备状态	技能知识、体力及精力准备不足	未遵守休息规定、缺乏培训、饮食习惯不好等
	操作者状态	精神状态	精神状态差	警惕性低下、注意力不集中
		生理状态	身体出现不适	疾病、缺氧、中暑
	环境因素	物理环境	工作场所的环境	突发的地层情况、照明差、噪声、振动、有毒有害气体、粉尘
		技术环境	操作设备的情况	无安全防护设备或安全防护设备质量差、控制设计不合理、无监控测试设备或设备质量差、设备运行情况差、检修不到位等

人员因素:在井喷事故中,钻井队的资源管理出现问题导致不安全行为主要表现在井队内部及井队之间的沟通、协调方面,如井队缺乏团队合作、信息相互沟通不畅、领导者缺乏领导才能等;人员因素中个人准备状态主要是指操作者在工作时技能知识、体力及精力准备不足,主要表现形式为未遵守休息规定、缺乏培训、饮食习惯不好等。

人员状态包括精神状态、生理状态及身体和生理/心理局限。人员状态差会导致操作人员在操作中很容易忽略自己的操作是不是正确,有没有违规,导致自己做出不安全的行为。

环境因素,包括物理环境和技术环境。物理环境主要是指操作人员工作场所的环境,比如工作场所环境恶劣或突发的地层情况、照明差、噪声、振动、有毒有害气体、粉尘等,这些环境因素会影响操作者的判断,极易导致操作者的误操作。技术环境主要是指操作者所操作设备的情况,比如无安全防护设备或安全防护设备质量差、控制设计不合理、无监控测试设备或设备质量差、设备运行情况差或检修不到位等。

(三)不安全的监督因素

不安全行为及其前提条件在现场监督中是可以被发现的,如果处理及时,不安全行为可能不会发生或不安全行为不会导致井喷事故的发生。根据HFACS事故模型框架得出现场监督过程中导致井喷事故发生的因素主要包括监督不充分、运行计划不恰当、没有纠正问题和监督违规(表10-7)。

表 10-7 现场管理因素

层次	内容		表现形式
现场管理因素	监督不充分	监督者的监督指导不恰当	监督者专业素养低、管理不专业等
	运行计划不充分	生产计划不恰当导致井队工作无序	任务安排不合理等
	没有纠正问题	监督者发现个别人、装备、环境或其他与安全相关的问题和行为未及时进行提醒和制止	未能发现存在的问题或发现问题不处理等
	监督违规	监督者故意忽视现有的规章制度	违规指挥、授权无证人员上岗等

监督不充分是指监督者没有进行恰当的监督指导工作,如安全教育不到位、监督管理不专业、监督者专业素质低、对安全管理不重视等。

运行计划不恰当是指井队制订的工作计划不恰当,导致井队工作无序,如井队人员搭配不当、工作量大、工作人员缺少休息时间等,将其归入监督因素是由于其属于监督内容中经常容易出现的问题。

没有纠正问题主要是指监督者发现个别人、装备、环境或其他与安全相关的问题和行为未及时进行提醒和制止,如没有发现问题、发现问题及不安全行为未及时纠正、隐患排查不仔细等。

监督违规是指监督者故意忽视现有的规章制度,如监督过程没有执行规章制度、违规指挥、授权无证人员上岗等。

(四) 组织管理因素

在分析井喷事故中,组织管理因素不能被忽略,因为不管是什么身份的人员都是以组织结构、管理规章、管理流程等为基础进行日常工作的,所以不安全行为的发生或井喷事故的发生,组织管理因素不容忽视。根据 HFACS 事故框架得出管理过程漏洞、安全文化缺失和资源管理漏洞三方面的管理组织因素(表 10-8)。

表 10-8 管理组织因素

层次	内容		表现形式
管理组织因素	管理过程漏洞	组织进行日常管理的规章制度	安全管理规章制度不完善、管理流程不合理、应急预案不完善等
	安全文化缺失	安全管理结构、领导决策、事故调查、价值观、信念、态度等方面的问题	没有良好的安全管理结构、领导决策不考虑安全、员工安全意识薄弱、组织价值观重生产轻安全
	资源管理漏洞	设计、人力、资金、设施设备的配备及调整等方面出现不利于安全生产的问题	安全人员缺乏、设施设备设计缺陷、设备不合格、资金投入不足

管理过程漏洞是指组织进行日常管理的规章制度,如安全管理规章制度不完善、管理流程不合理、应急预案不完善等,这些制度的漏洞会导致操作无章可循、监督无法到位等一系列的问题出现,长时间如此必然会发生不安全行为的前提条件或不安全行为,为井喷事故的发生提供了可能。

安全文化的缺失主要是指安全管理结构、领导决策、事故调查、价值观、信念、态度等方面的问题,如没有良好的安全管理结构、领导决策不考虑安全、员工安全意识薄弱、组织价值观重生产轻安全等,这些问题不利于安全管理制度的实现,不利于监督工作的开展,那必然不会对预防井喷事故提供积极的影响。

资源管理漏洞主要是指设计、人力、资金、设施设备的配备及调整等方面出现不利于安全生产的问题,如安全人员缺乏、设施设备设计缺陷、设备不合格、资金投入不足等,这些问题很容易为不安全行为的发生提供条件,从而导致井喷事故的发生。

第四节　人员失误概率预测技术(THERP)

一、方法原理

THERP 是第一代评估人的可靠性的方法,可以在进行人因差错识别的同时量化人因差错的概率。其目标是:预测人因差错概率,评价由于人因差错自身或人因差错与设备、运营和工作结合引起的人机系统性能下降,以及其他影响系统行为的系统和人员特性。THERP 方法将人类比成机器,为人执行的任务或具体动作赋予人因失效概率,通过加入修正因子来反映不同的实际情况,再根据动作或任务之间的关联形式进行计算。如图 10-6 所示,THERP 的应用主要包括系统考察、定性与定量分析、结果应用等四个主要步骤。

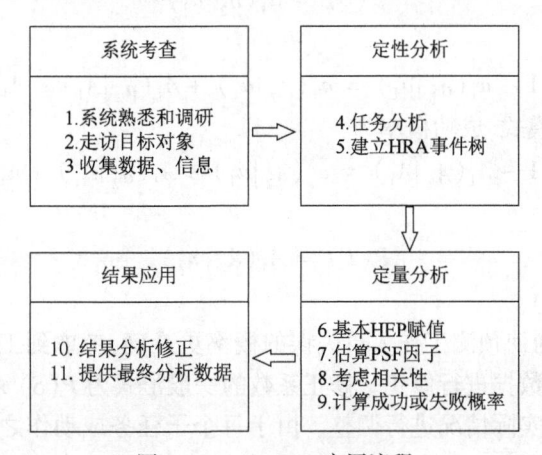

图 10-6　THERP 应用流程

(一) 系统考察阶段

查阅历史资料,包含历史事故、历史故障等,了解机械系统的运作方式,以及工作人员的工作过程等,分析历史事故与人员工作过程的关系。

(二) 定性分析阶段

该阶段需要将总任务分解成一系列动作或者子任务,并结合子任务或动作及其相关设备、动作行为、环境限制等影响因素,为子任务或动作建立相应的事件树(二叉树)。在完成上述步骤后,使用二叉树对事件进行描述,并给出各个子任务或者动作成功或失误的概率,模型如图 10-7 所示。

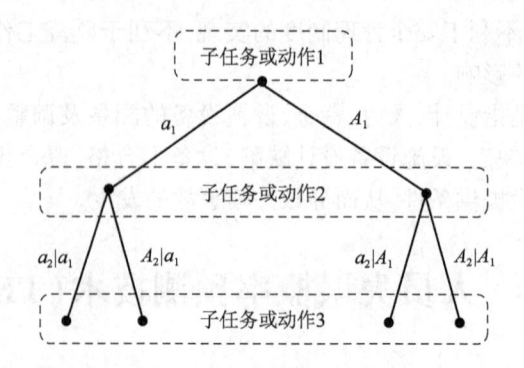

图10-7 二叉树模型

A_i—子任务或者动作的失败概率；a_i—成功概率；i—子任务序数

每个子任务或动作之间的失败或成功的独立性需要按照具体任务类型进行分析。同时，根据任务性质可划分路径为串联和并联两种模式。

(三)定量分析阶段

(1)以图10-7为例，串联模式成功概率为：

$$P(S) = a_1(a_2|a_1) \quad (10-1)$$

失误概率为：

$$P(F) = 1 - a_1(a_2|a_1) = a_1(A_2|a_1) + A_1(a_2|A_1) + A_1(A_2|A_1) \quad (10-2)$$

(2)若任务为并联模式，成功概率为：

$$P(F) = 1 - A_1(A_2|A_1) = a_1(A_2|a_1) + A_1(a_2|A_1) + a_1(a_2|a_1) \quad (10-3)$$

失误概率为：

$$P(F) = A_1(A_2|A_1) \quad (10-4)$$

(3)修正系数(PSF)。

在二叉树模型中，为使预测工作人员失误的概率更准确，考虑到工作环境的多样性，需要根据实际情况对表格中数据进行修正。修正系数的一般形式为 $P(S) \times PSF_1 \times PSF_2 \times PSF_3 \cdots$ 且修正系数的多少须按实际情况进行调整。由于每个子任务或动作之间或许存在相关性，按照Swain手册将相关性分为5个等级，依次为完全相关(CD)、强相关(HD)、相关(MD)、低相关(LD)以及无相关(ZD)，具体相应任务概率的计算公式如下：

CD：

$$P(A_2|A_1) = 1 \quad (10-5)$$

HD：

$$P(A_2|A_1) = [1 + P(A_2)]/2 \quad (10-6)$$

MD：

$$P(A_2|A_1) = [1 + 6P(A_2)]/7 \quad (10-7)$$

LD：

$$P(A_2|A_1) = [1 + 19P(A_2)]/20 \quad (10-8)$$

ZD：

$$P(A_2 \mid A_1) = P(A_2) \tag{10-9}$$

二、案例分析

以某品牌角磨机、电锯可变功能机械为例,将 THERP 应用于机械转换过程评价。首先依据 THERP 模型建立功能转换过程的二叉树,然后按照规则对二叉树的每条失误路径进行筛选,查询 THERP 模型相关表格,获取每条路径子任务或动作失误的概率;接着对剩下路径上每个子任务或动作按照风险矩阵进行评价并筛选。随后将每条路径中失误可能导致的事故严重程度转化为风险经济损失,并计算总风险经济损失,最后根据总风险经济损失得到功能转换过程的安全状态。

步骤 1:对角磨机向电锯功能之间转换的整个过程进行分析,可将这一过程分解成以下几个子任务步骤:

(1)下压板替换成链锯带动齿(子任务1);
(2)卡位对准,将角磨机固定(子任务2);
(3)安装主板铝件,拧紧螺钉(子任务3);
(4)拆卸护盖螺钉(子任务4);
(5)安装挡板,拧紧螺钉(子任务5);
(6)安装手柄,拧紧螺钉(子任务6)。

接着可按照风险矩阵(表 10-9)对此 6 个子任务步骤进行分析,初步确定其风险等级。该评定过程通常可由公司中有相关经验的技术人员通过调查完成,进而确定可忽略等级的子任务,即子任务(4)、(5)视为必定成功。

表 10-9 风险矩阵分析

发生失误的概率	失误严重度			
	非常严重	严重	中等	轻微
概率高	—	—	—	—
概率中	—	1、2	3	—
概率低	—	—	6	5
概率非常低	—	—	—	4

步骤 2:建立二叉树模型。

步骤 3:按照路径的简化原则对任务流程进行梳理简化。对于子任务 1 来说,如果发生失误,则子任务 2 将无法正常进行,也就是说子任务 1 的失败将严重影响任务 2 的进行,即用户在子任务 1 失误情况下去完成子任务 2,会发现子任务 2 难以进行,从而反过来对子任务 1 进行修正,故而我们认定子任务 1 必定成功。简化后的二叉树模型如图 10-8 所示。

从图 10-8 可以看出,失误路径一共有 7 条路径,从左至右依次为:

路径1:子任务1、2、3、4、5 成功,子任务6 失败;
路径2:子任务1、2、4、5、6 成功,子任务3 失败;
路径3:子任务1、2、4、5 成功,子任务3、6 失败;

路径4:子任务1、3、4、5、6成功,子任务2失败;
路径5:子任务1、3、4、5成功,子任务2、6失败;
路径6:子任务1、4、5、6成功,子任务2、3失败;
路径7:子任务1、4、5成功,子任务2、3、6失败。

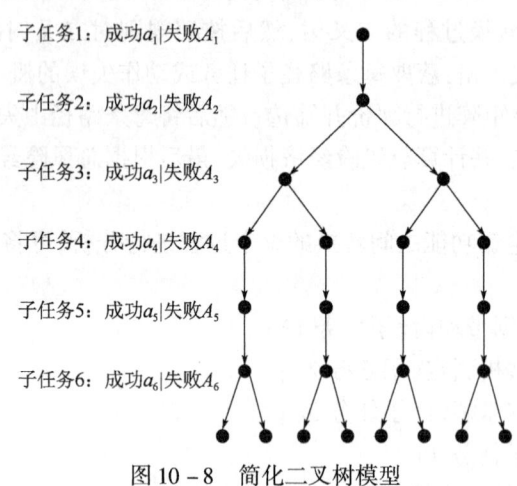

图10-8 简化二叉树模型

查询THERP表格,以相同类别的动作失误概率类比子任务的失误概率,并计算相应失误路径的失误概率。

失误路径的失误概率计算为:

$$P(F_1) = P(A_6 \mid a_5 \mid a_4 \mid a_3 \mid a_2 \mid a_1)$$
$$= 1 \times 0.997 \times 0.999 \times 1 \times 1 \times 0.001 = 9.96 \times 10^{-4}$$

其他失误路径概率计算类似$P(F_1)$。

步骤4:风险损失的定量化计算。

(1)风险经济性损失:为了量化功能转换过程的风险性,本文以功能转换过程可能造成的经济损失来量化功能转化过程的风险性。在考虑功能转换过程可能造成的最大损失以及事故发生的可能性时,可用事故在被发现前发生的可能性加以修正,以得到较为客观的功能转换过程风险评价。本节将失误可能对操作人员造成的伤害以及误工时长换算成经济损失,从而得以衡量功能转换过程的风险性。

$$D_j = \frac{T_j}{6000} \times C_d + C_p \quad (10-10)$$

式中 j——二叉树失误路径序数;
D_j——第j条失误路径造成的最大可能的经济损失,元/次;
T_j——最大可能误工天数,d;
C_d——死亡经济损失,这里取20万元/人;
C_p——最大可能的经济损失。

可变功能机械的功能转换任务失误路径有多条,任务第j条失误路径的风险程度为路径的失误发生概率与失误路径后果经济损失的乘积,则功能转换失误子任务的风险度计算公式为:

$$H_j = P(F)_j \times D_j \quad (10-11)$$

式中 H_j——功能转换失误子任务的风险度;

$P(F)_j$——第 j 条失误路径的发生概率。

（2）功能转换过程的风险值修正：由可变功能机械功能转换过程的特点可知，由于转换过程大多由用户完成，且用户的受教育水平、技能水平、心理条件等不尽相同，因此失误路径能否被用户发现也是一项重要的指标，用户如果能及时发现失误的发生并重新完成，也能大大降低此过程的风险值。故而引入失误路径发现修正系数 M_j 用以修正风险值（表 10-10）。

$$R_j = M_j \times H_j \quad (10-12)$$

$$R = \sum R_j \quad (10-13)$$

式中 R——总任务风险值;

M_j——第 j 个失误路径的风险修正系数。

表 10-10 失误路径发现概率

修正系数 M_j	失误路径发现的概率
1.0	概率 < 10%
0.5	概率 > 50%
0.1	概率 = 100%

设定各失误路径的人因失误概率的修正系数 PSF，按正常情况即不考虑各种压力情况下，PSF 取值为 1。各路径相应的事故严重度按式(10-10)至式(10-13)计算，接着评估各失误路径的发现可能性，并取相应的 M_j 值（表 10-11）。

表 10-11 功能转换过程评估结果

失误路径	M_j	$P(F)_j$	D_j	R_j
失误路径 1	1.0	9.960×10^{-4}	682.67	0.67993932
失误路径 2	1.0	9.960×10^{-4}	766.66	0.76359336
失误路径 3	1.0	9.970×10^{-7}	1233.33	0.00122963001
失误路径 4	0.1	2.994×10^{-3}	966.67	0.289420998
失误路径 5	0.5	2.997×10^{-6}	1433.32	0.00214783002
失误路径 6	0.5	2.997×10^{-6}	1433.32	0.00214783002
失误路径 7	0.5	3.000×10^{-9}	1899.98	0.00000284997

第五节 认知可靠性与失误分析方法（CREAM）

一、模型原理

认知可靠性与失误分析方法简称 CREAM，是第二代人因可靠性分析方法（HRA）中的一种代表性方法。CREAM 的基本思想是操作人员在执行任务过程中的行为活动是在具体的任务情景下依据预先计划进行的,当其接收到系统反馈的情境信息时,行为活动会进行相应修正,整个发展过程呈现动态的反复迭代循环特点;CREAM 还指出人在执行任务中的行为绩效输出取决于系统任务当时所处的具体情境,该具体的任务情境则被称为共同绩效条件(CPC),不同任务下的 CPC 因子水平决定了人不同的认知控制模式和对绩效可靠性的期望效应。CREAM 方法具有追溯分析和预测分析的双向分析功能,即它既可以对人因失误事件的根原因进行追溯分析,也可以对人因失误概率进行预测分析。

(一)人的认知控制模式

CREAM 通过 4 种控制模式来表现工作者对安全事故发生的全过程中各个阶段的认知。

(1)混乱型(scrambled)。在特别危险和紧急以及彻底失控的局面下,操作者失去了一切的判断力和应对能力的一种认知控制模式。

(2)机会型(opportunistic)。因为某种因素操作者对所处的情境不了解甚至陌生,进行每个操作步骤完全靠自己的工作经验,所以无法对可能发生的安全事故进行全面的判断。

(3)战术型(tactical)。操作者的每一步认知活动都是有一定部署的,但部署计划往往不能考虑周到,无法准确地判断实际情况是否符合预期的计划部署。

(4)战略型(strategic)。操作者受情境环境的制约较小,计划安排周密。

一个安全事故的发生全过程中,操作者置身的工作环境是判定操作者认知控制模式最直观的方式。但这四种控制模式间存在着模糊范围,各个模式之间存在着某种程度上的交互。

(二)COCOM 模型

CREAM 的认知模型又称为情景控制模型(COCOM),它以认知功能为出发点,把人的操作划分为解释、执行、计划、观察四类,将人的动作放在工作环境中综合考量,考虑操作者的行为是遵循预先的部署实施的,同时又依照情境的反馈信息实时修改,创建了一个反复交互,并对预先部署进行不断修改完善的循环过程(图 10-9)。

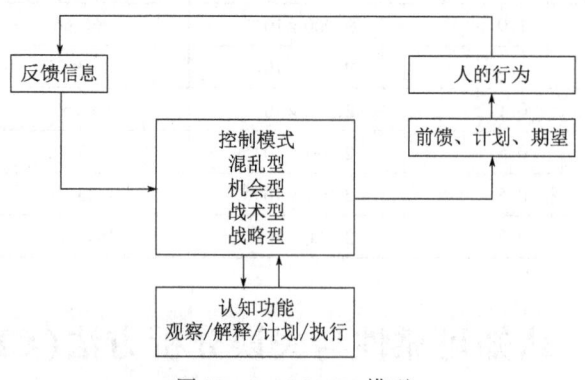

图 10-9　COCOM 模型

(三)CREAM 的共同绩效条件

CREAM 方法将环境影响因素归纳成九大因子,统称为共同绩效条件,每个因素称为一个 CPC 因子,每个 CPC 因子有不同的几个水平等级,会对人的绩效产生 3 种不同水平的影响:改进、降低和不显著,见表 10-12。CREAM 进行双向分析时,应根据事故现场的情景环境,描述出各种 CPC 因子水平,并确定其对绩效可靠性的期望效应。

表 10-12 共同绩效条件和绩效可靠性

CPC 因子	水平/描述	对绩效可靠性的期望效应
组织管理的完善性	非常有效	改进
	有效	不显著
	无效	降低
	效果差	降低
人机界面与运行支持的完善性	支持	改进
	充分	不显著
	可容忍	不显著
	不适当	降低
值班区间(生理节奏)	白天(调整)	不显著
	夜晚(未调整)	降低
规程/计划的可用性	适当	改进
	可接受	不显著
	不适应	降低
工作条件	优越	改进
	匹配	不显著
	不匹配	降低
同时出现目标数量	低于人的处理能力	不显著
	与人的当前能力匹配	不显著
	高于人的处理能力	降低
可用时间	充分	改进
	暂时不充分	不显著
	连续不充分	降低
培训和经验的充分性	充分,经验丰富	改进
	充分,经验有限	不显著
	不充分	降低
班组成员合作的质量	非常有效	改进
	有效	不显著
	无效	不显著
	效果差	降低

二、具体分析方法

CREAM 的具体分析方法由预测分析法和追溯分析法组成。

(一) CREAM 的预测分析法

CREAM 预测分析法实质为定量预测分析法,由基本法和扩展法组成,是通过量化场景环境定量分析人的可靠性的一种方法。

1. 基本法

CREAM 提出在事故过程中人存在 4 种不同的认知控制模式:混乱型、机会型、战术型、战略型,人处于哪一种认知控制模式是由当时的情景环境决定的,人的绩效可靠性按这 4 种认知控制模式由低到高顺序排列。

基本法预测分析的基本思想就是按任务所处的情景环境确定 CPC 因子水平,由 CPC 因子水平的综合,确定人完成该任务的认知控制模式,也就基本决定了发生失效的概率。基本法预测分析的步骤如下:

(1) 任务分析,建立事件序列。

(2) 评价共同绩效条件(CPC)。根据情景环境由专家或技术人员对 9 种 CPC 因子的水平进行打分和评价,确定其对绩效可靠性的期望效应。由于 CPC 因子之间不是独立的,因此还要按 CPC 因子相关性关系表,对某些绩效可靠性的期望效应进行适当修正。

(3) 确定可能的认知控制模式。根据 CPC 因子的评价结果,分别记下对绩效可靠性的期望效应为降低、不显著、改进的 CPC 因子数目之和,得到一组 [$\sum_{降低}$、$\sum_{不显著}$、$\sum_{改进}$] 值。然后在图 10 – 10 中,由 $\sum_{改进}$ 和 $\sum_{降低}$ 确定该情境环境下人完成任务所处的认知控制模式。

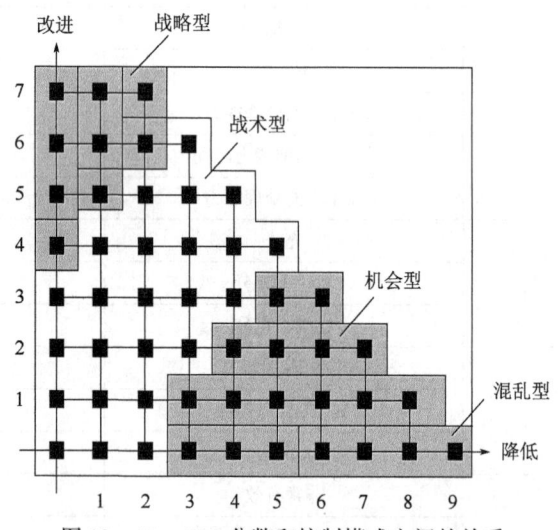

图 10 – 10 CPC 分数和控制模式之间的关系

(4) 预测失效概率。根据确定的认知控制模式,即可由表 10 – 13 中所示的控制模式和失效概率区间的关系,得到人完成该任务时可能发生失效的概率区间。

表 10 – 13 控制模式和失效概率区间

控制模式	失效概率区间
战略型	$0.00005 < P < 0.01$
战术型	$0.001 < P < 0.5$

续表

控制模式	失效概率区间
机会型	$0.01 < P < 0.5$
混乱型	$0.1 < P < 1.0$

通过 CREAM 预测分析中的基本法得到的是人因失误概率(HEP)区间,即一般失误概率,可以粗略估计人因可靠性的高低。

2. 扩展法

E. Hollnagel 从人的认知出发,对基本法进行改进,给出了每项失效模式的失误概率值,由此形成了 CREAM 预测功能的第二种方法扩展法。

扩展法进行预测分析时的一般步骤:

(1)任务辨析:此步骤主要是对认知活动所处的任务进行细化,即细化操作员的动作,识别操作员进行每项操作时所需的认知活动。E. Hollnagel 给出了认知活动分类(图 10-11)和认知活动和认知功能对照(图 10-12),由此可以确定每项步骤中的认知活动所对应的认知功能。

认知活动		一般定义
协调	一般定义	将系统状态和/或控制配置带入进行任务或任务的步骤所需的特定关系中。分配或选择资源,为任务/工作、校准设备等做准备
沟通	一般定义	通过口头、电子或机械手段,传递或接收系统操作所需的人际信息。沟通是管理不可或缺的一部分
比较	一般定义	带着发现相似或不同之处的目的,研究两个或两个以上实体(测量数据)。比较活动可能需要计算
诊断	一般定义	通过有关迹象或症状的推理,或者通过适当的性能测试,分辨或确定一种状况的性质或原因。"诊断"比"识别"更彻底
评价	一般定义	基于信息而无须特别行动的条件下,评价或评估一个实际或假设情况。相关的术语是"检验"和"检查"
执行	一般定义	执行之前订订的行动或计划,执行包括如打开/关闭,启动/停止,填补/排水等在内的行动
识别	一般定义	建立一个工厂或子系统(组件)的身份。这可能涉及通过具体的操作来检索信息和调查细节。"识别"比"评估"更彻底
维护	一般定义	保持一个特定的操作状态(这不同于维修,通常是一个离线活动)
监测	一般定义	随着时间的推移跟踪系统状态,或者遵循一组参数的发展
观察	一般定义	寻找或读取特定的测量值或系统迹象
计划	一般定义	制订或组织一组动作,通过这组动作能够成功实现一个目标。计划可能是短期,也可能是长期的
记录	一般定义	写下或记录系统事件、测量方法等
控制	一般定义	改变控制(系统)的速度和方向来实现一个目标。调整或重置组件或子系统达到目标状态
浏览	一般定义	通过展示的快速或迅速回顾或其他信息来源获得系统/子系统的正常状态的印象
证实	一般定义	通过检查或测试确认系统状态或测量的正确性,这也包括检查操作之前的反馈

图 10-11 认知活动分类

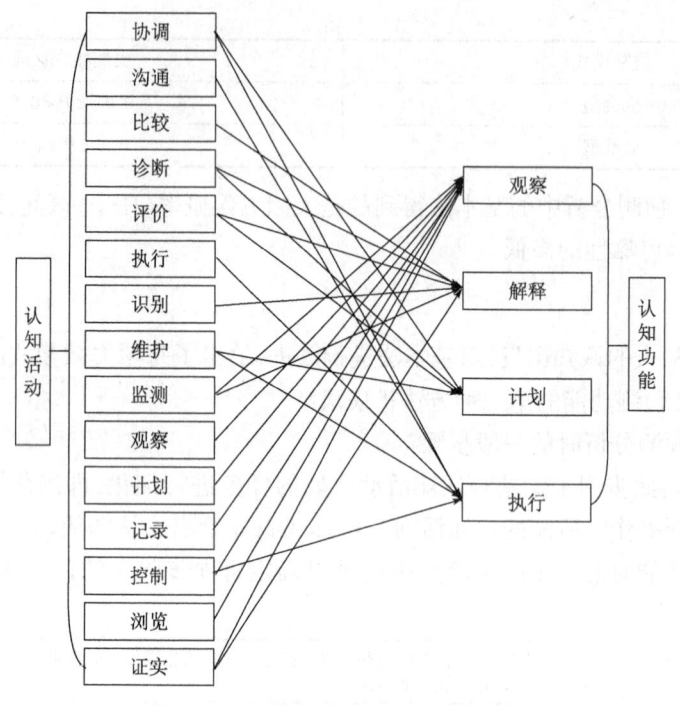

图 10 – 12 认知活动和认知功能对照

（2）评价共同绩效条件（CPC）。和基本法相同,根据情景环境,评价 9 种 CPC 因子的水平,确定其对绩效可靠性的期望效应。

（3）识别最可能的认知功能失效。按 CREAM 给出的 13 类认知功能失效模式,参考 CPC 因子水平,进一步在操作步骤的每个认知活动中找到最可能发生的认知功能失效模式。

（4）预测失效概率。传统的人因失误概率称为 HEP,CREAM 将认知功能失效概率（cognitive failure probability）简称为 CFP。按任务的操作步骤进行失效概率预测,预测过程如图 10 – 13 所示。

①按图 10 – 13 确定每个认知活动中最可能的认知功能失效模式的失效概率基本值,即可得到该认知活动的标定 CFP 值,记为 $CFP_{标定}$。

②评价 CPC 对 CFP 的影响,有粗略的、详细的两种方法。

粗略法:CREAM 提供了每种控制模式下的"平均权重因子",在由 CPC 因子按图 10 – 13 确定了控制模式后,即可查得平均权重因子值,则修正后的 CFP 值为 $CFP_{修正} = CFP_{标定} \times$ 平均权重因子。

详细法:CREAM 提供了 CPC 因子对四大认知功能的权重因子表,进而可得到每个 CPC 因子对每个认知活动的权重因子,再分别求得每个认知活动下所有 CPC 因子的权重因子的乘积,即得到该认知活动的"总权重因子",则修正后的 CFP 值为 $CFP_{修正} = CFP_{标定} \times$ 总权重因子。

一个操作步骤中的所有认知活动按①和②得到修正后的 CFP 值之后,即可求得该操作步骤的总的 CFP 值,它需要根据步骤中的所有认知活动的逻辑关系来确定计算方法。

总结以上内容,基本法和扩展法关系如图 10 – 14 所示。

第十章 人因失误与人员风险评价

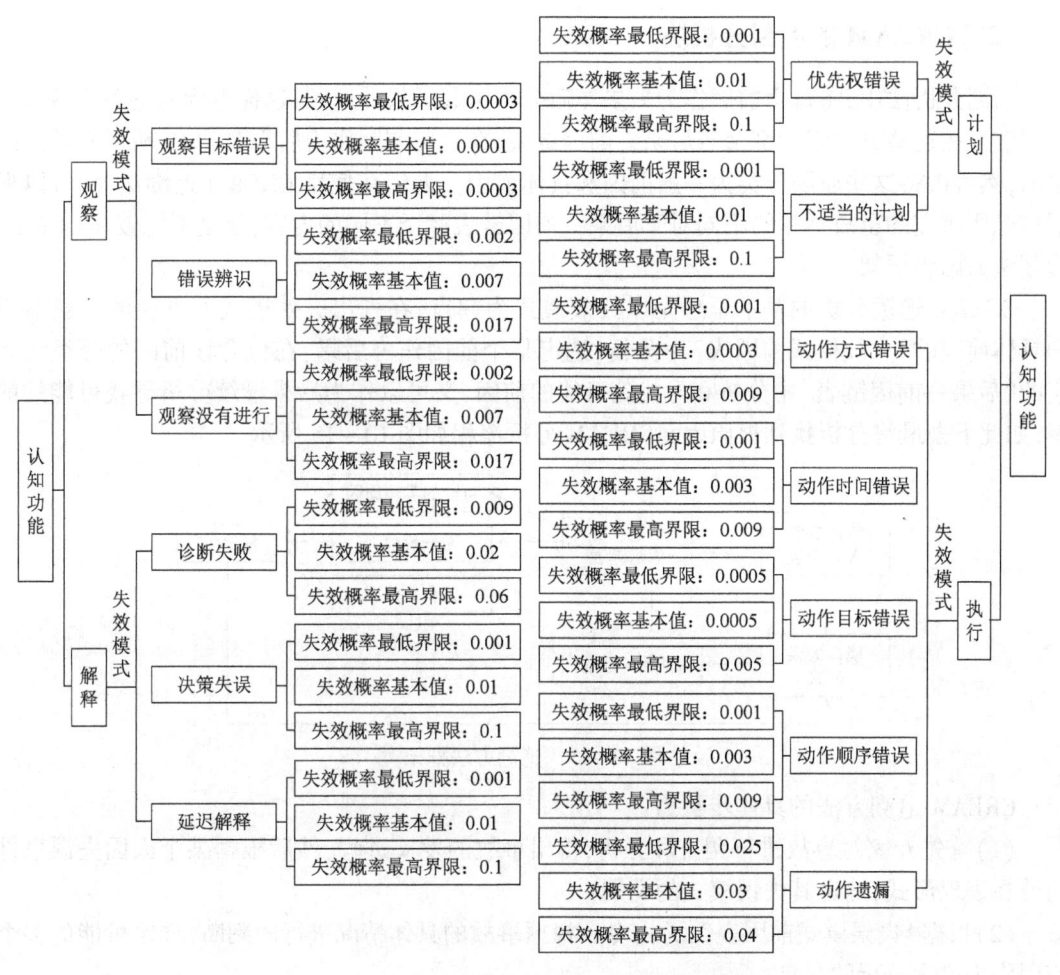

图 10-13 认知功能失效模式和失效概率基本值

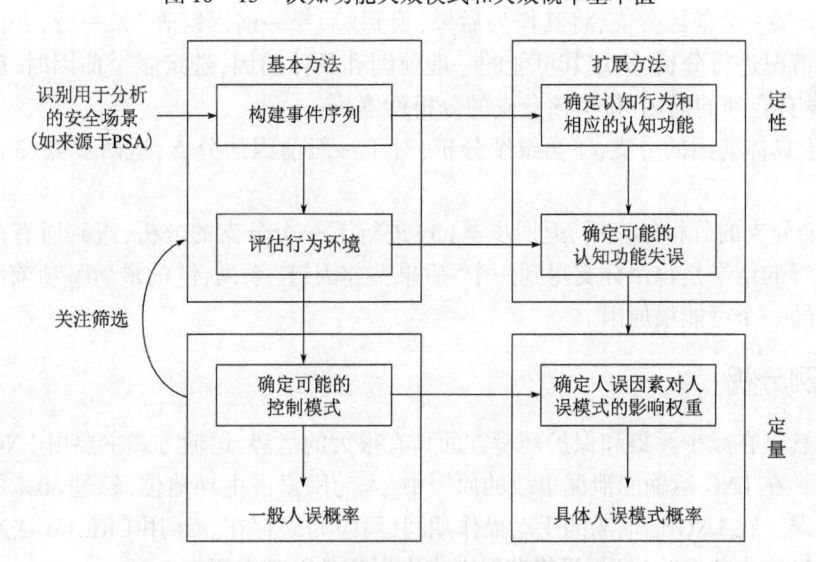

图 10-14 基本预测法和扩展预测方法

(二) CREAM 的追溯分析法

追溯分析法中,将每个前因作为后果然后分析引起后果的原因,这样得到的链条为后果—前因链。在这些分类组中都会有后果—前因链表,在这些前因作为后果时,要分析所有可能的原因,然后再将这些原因分类为一般前因和具体前因。人们在使用 CREAM 追溯法时,可以根据自己所研究的事故类型的不同对于后果—前因链表赋予不同的内容,但是不能破坏 CREAM 追溯法的思想框架。

CREAM 追溯分析的基本思想是以失效模式为起点,在列出失效模式的可能的一般前因和具体前因的"失效模式前因表"中分析,选定某个前因作为后果,在包含该前因的分类组相应的"后果—前因链表"中分析和寻找到可能的前因,又可以作为后果继续分析寻找可能的前因,如此下去最终分析找到根原因。CREAM 分析流程如图 10-15 所示。

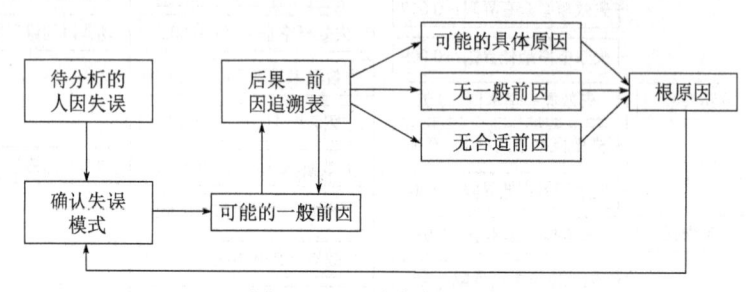

图 10-15 追溯方法框架

CREAM 追溯方法的具体步骤为:

(1) 首先专家对事故进行调查和分析,得出事故的发展进程,然后根据某个人因失误事件的外在表现形式,确定其失误模式的类别;

(2) 根据"失误模式前因表",并由专家根据事故的具体情况进行的判断,选定可能的多个前因作为追溯分析的起点;

(3) 对于某一个前因分支,将其作为后果,找到"后果—前因链表"某一行,并由专家根据事故的具体情况进行分析,选定其可能的一般前因和具体前因,选定多个前因时,就增加新的分支,如果没有合理的前因可选,该分支的分析就停止;

(4) 对于具体前因的分支,不再继续分析,对于一般前因的分支,返回步骤(3),继续进行分析;

(5) 每个分支的分析结束后,返回步骤(3)进行下一个分支的分析,直到所有分支分析完毕。追溯分析的结果是每个分支得到一个"后果—前因链"系列,链的最后一项前因都是该人因失误事件的一个可能根原因。

三、案例分析

液化天然气在减少污染和保护环境方面具有很大的优势,运输方式主要由 LNG 运输船进行海上运输。在 LNG 运输船泄漏事故的原因中,人为因素占主导地位,超过 80% 的海上事故涉及人为错误。在 LNG 运输船的手动操作期间,风险始终存在。运用 CREAM 法来预测 LNG 运输船处理操作中的人为错误,最终获得人为失误事件的基本概率。

(一) LNG 运输船装卸作业的认知功能分析及常见性能条件评估

LNG 运输船的处理系统包括货物卸载泵、压缩机、管道、加热器、控制系统和阀门。根据现有研究,详细的操作程序被确定为认知功能,包括观察、解释、计划和执行。在此基础上,可以使用专家咨询进行共同的绩效状况评估(表 10 – 14)。专家包括 LNG 港口工作部门、相关领域的研究人员及安全管理部门人员。

表 10 –14　LNG 运输船船员操作的共同性能条件评估

CPC 名称	组织的充分性（AO）	工作条件（WO）	人机界面（MMI）和运营支持（AOS）的充分性	程序或计划的可用性（AP）	同时目标数（NSG）	可用时间（AT）	一天中的时间（昼夜节律）（TD）	培训和专业知识的充分性（ATE）	船员协作质量（CCQ）
水平	改进	不显著	改进	改进	不显著	改进	改进	不显著	改进

根据表 10 – 14 的数据,6 项 CPC 表示改进的性能可靠性,3 项 CPC 为不显著,0 项 CPC 为降低。与图 10 – 10 对照,LNG 运输船的处理操作的控制模式应该是战略控制,失效概率在区间 $[5.0 \times 10^{-5}, 1.0 \times 10^{-2}]$ 中。

(二) CPC 的权重定义

为了给 CPC 分配权重,应用三角模糊数来计算评估因子的权重。例如,若 18 位专家选择"中间"(0.35,0.50,0.65),6 位专家选择"中高"(0.55,0.70,0.85),2 位专家选择"中低"(0.15,0.30,0.45)和 1 位专家选择"高"(0.75,0.90,1.00),则权重可以计算为(0.39,0.54,0.69)。各认知功能的权重见表 10 – 15。

表 10 –15　CPC 的权重

CPC	认知功能的权重			
	意见	说明	规划	执行
AO	(0.39,0.54,0.69)	(0.36,0.43,0.58)	(0.23,0.34,0.49)	(0.66,0.78,0.89)
WO	(0.54,0.69,0.83)	(0.37,0.52,0.67)	(0.37,0.52,0.67)	(0.65,0.77,0.88)
AOS	(0.67,0.79,0.90)	(0.25,0.34,0.49)	(0.38,0.53,0.68)	(0.39,0.54,0.69)
AP	(0.58,0.72,0.85)	(0.20,0.30,0.43)	(0.56,0.70,0.83)	(0.39,0.54,0.69)
NSG	(0.42,0.57,0.72)	(0.90,0.97,0.98)	(0.39,0.54,0.69)	(0.66,0.78,0.89)
AT	(0.74,0.87,0.96)	(0.55,0.70,0.84)	(0.53,0.68,0.83)	(0.39,0.54,0.69)
TD	(0.83,0.94,0.98)	(0.66,0.78,0.89)	(0.57,0.71,0.82)	(0.54,0.69,0.83)
ATE	(0.39,0.54,0.69)	(0.38,0.51,0.66)	(0.38,0.42,0.57)	(0.41,0.56,0.61)
CCQ	(0.30,0.42,0.57)	(0.23,0.34,0.49)	(0.25,0.37,0.52)	(0.36,0.51,0.66)

(三) 人因失误概率计算与比较分析

根据 $CFP_{修正} = CFP \times$ 认知功能的总权重得到结果，见表 10-16。

表 10-16　LNG 运输船人因失效概率

程序	认知	CFP	总权重	固定 CFP
A	意见	0.001	(0.003,0.022,0.117)	(3×10^{-6},2.2×10^{-5},1.2×10^{-4})
B	说明	0.01	(0.0002,0.002,0.019)	(2×10^{-6},2×10^{-5},1.9×10^{-4})
C	执行	0.003	(0.0013,0.014,0.07)	(3.9×10^{-6},4.2×10^{-5},2.1×10^{-4})
D	执行	0.005	(0.0013,0.014,0.07)	(6.5×10^{-6},7×10^{-5},3.5×10^{-4})
E	说明	0.01	(0.0002,0.002,0.019)	(2×10^{-6},2×10^{-5},1.9×10^{-4})
F	规划	0.01	(0.0002,0.002,0.022)	(2×10^{-6},2×10^{-5},2.2×10^{-4})
G	执行	0.003	(0.0013,0.014,0.07)	(3.9×10^{-6},4.2×10^{-5},2.1×10^{-4})
H	意见	0.001	(0.003,0.022,0.117)	(3×10^{-6},2.2×10^{-5},1.2×10^{-4})
I	执行	0.003	(0.0013,0.014,0.07)	(3.9×10^{-6},4.2×10^{-5},2.1×10^{-4})

在这些程序中，A 与 D 是 LNG 运输船的装载程序，E 与 I 是 LNG 运输船的卸载程序。基于串并联理论，这些程序属于一系列系统，因此人因失误概率根据以下公式计算：

$$P = 1 - \prod_{i=1}^{n}(1 - CFP_i) \qquad (10-14)$$

式中　P——LNG 运输船处理操作的人因失误概率；

　　　CFP_i——程序 i 的固定 CFP。

因此，LNG 运输船装载作业人因失误概率应为 (5×10^{-5}, 1.539×10^{-4}, 8.697×10^{-4})，LNG 运输船卸载作业的人因失误概率应为 (5×10^{-5}, 1.459×10^{-4}, 9.49×10^{-4})。

思考题

1. 简述人因失误和人的可靠性。

2. 在 HFACS 中，人的行为被分为四个层面：不安全的行为、前提条件、操作和监管。请思考一下，在实际应用中，你认为哪个层面的分析最具挑战性？为什么？

3. 考虑将 HFACS 与其他人因失误分析方法结合，例如 HRA (human reliability analysis)、STAMP (systems-theoretic accident model and processes) 等。思考这些方法之间的差异性和互补性，以及如何整合它们能够提高对人因失误的理解和防范能力。

4. 在进行 THERP 人因可靠性分析时，如何考虑人的特征和行为对人因事件的概率和严重性的影响？

5. THERP 方法通常用于分析人员误操作对系统可靠性的影响。然而，在实际应用中，人员误操作可能与其他因素相互作用，例如设备故障、环境条件等。请思考在进行 THERP 分析时，如何考虑和处理这些相互作用的因素？

6. CREAM 方法强调人员失误与系统设计和管理之间的相互作用。请思考在实际应用中,如何考虑和分析系统设计和管理对人员失误的影响?

7. CREAM方法强调对人员行为的动态分析,包括行为的序列、时序关系和时空相关性等。请思考在进行CREAM分析时,如何有效地捕捉和建模人员行为的动态特性?

8. 在CREAM人因可靠性分析方法中,通常会对人员的认知失误、决策失误和行为失误进行分析。请思考在实际应用中,如何获取和收集与这些失误相关的数据?

9. 详细阐述CREAM的缺点,指出有哪些改进方法。

10. 在HFACS、CREAM以及THERP这三种人因失误分析方法中,权衡它们在不同工业领域的适用性、复杂性以及实施成本,以制订一套综合性的人因失误预防策略,考虑它们在识别、分析和防范人因失误方面的优势和局限性,并提出整合利用这些方法的最佳实践建议。

参 考 文 献

[1] 陈国华. 风险工程学[M]. 北京:国防工业出版社,2007.

[2] 肖秦琨,高嵩,高晓光. 动态贝叶斯网络推理学习理论及应用[M]. 北京:国防工业出版社,2007.

[3] Center for Chemical Process Safety. 保护层分析:简化的过程风险评估[M]. 白永忠,党文艺,于安峰,译. 北京:中国石化出版社,2010.

[4] 胡瑾秋,董绍华,徐康凯,等. 基于红外热成像的LNG接收站关键设施漏冷缺陷智能监测方法[J]. 石油科学通报,2022,7(2):242-251.

[5] HU Y P,CHEN H X,LI G N,et al. A statistical training data cleaning strategy for the PCA-based chiller sensor fault detection,diagnosis and data reconstruction method[J]. Energy and Buildings,2016,112:270-278.

[6] LOW W L,LEE M L,LING T W. A knowledge-based approach for duplicate elimination in data cleaning[J]. Information Systems,2001,26(8):585-606.

[7] LIU H C,SIRISH S,JIANG W. On-line outlier detection and data cleaning[J]. Computers & Chemical Engineering,2004,28(9):1635-1647.

[8] HE L,HUANG G H,ZENG G M,et al. Wavelet-based multiresolution analysis for data cleaning and its application to water quality management systems[J]. Expert Systems with Applications,2008,35(3):1301-1310.

[9] 胡瑾秋,张尚尚,曾然,等. 基于深度学习的页岩气压裂砂堵事故预警方法[J]. 中国安全科学学报,2020,30(9):108-114.

[10] KAREVAN Z,SUYKENS J A K. Transductive LSTM for time-series prediction:an application to weather forecasting[J]. Neural Networks,2020,125:1-9.

[11] HABLER E,SHABTAI A. Using LSTM encoder-decoder algorithm for detecting anomalous ADS-B messages[J]. Computers & Security,2018,78:155-173.

[12] 胡瑾秋,张来斌,胡静桦. 基于视线追踪技术的工艺操作人员人为失误识别研究[J]. 中国安全生产科学技术,2019,15(5):142-147.

[13] KODAPPULLY M,SRINIVASAN B,SRINIVASAN R. Towards predicting human error:Eye gaze analysis for identification of cognitive steps performed by control room operators[J]. Journal of Loss Prevention in the Process Industries,2016,42:35-46.

[14] SHARMA C,BHAVSAR P,SRINIVASAN B,et al. Eye gaze movement studies of control room operators:A novel approach to improve process safety[J]. Computers&Chemical Engineering,2016,85:43-57.

[15] 杨坤,王浩然. 飞行员使用平视显示器的行为模式识别[J]. 科学技术与工程,2018,18(29):226-231.

[16] 胡瑾秋,田斯赟,万芳杏. 页岩气压裂井下工况多步预测方法研究[J]. 中国安全科学学报,2018,28(4):115-121.

[17] HE Z B,WEN X H,LIU H,et al. A comparative study of artificial neural network,adaptive neuro fuzzy inference system and support vector machine for forecasting river flow in the semi-arid mountain region[J]. Journal of Hydrology,2014,509:379-386.

[18] HANS E,CHIABAUT N,LECLERCQ L,et al. Real-time bus route state forecasting using particle filter and mesoscopic modeling[J]. Transportation Research Part C:Emerging Technologies,2015,61:121-140.

[19] 胡瑾秋,唐静静. 自适应神经网络在 FPSO 火灾预警中的应用[J]. 中国安全科学学报,2017,27(12):8-13.

[20] CHEN N Z. Panel reliability assessment for FPSOs[J]. Engineering Structures,2017,130:41-51.

[21] BUI D T,BUI Q T,NGUYEN Q P,et al. A hybrid artificial intelligence approach using GIS-based neural-fuzzy inference system and particle swarm optimization for forest fire susceptibility modeling at a tropical area[J]. Agricultural & Forest Meteorology,2017,233:32-44.

[22] PAVEL P,ONDREJ P. Calibration of a fuzzy model estimating fire response time in a tunnel[J]. Tunnelling and Underground Space Technology,2017,69:28-36.

[23] 胡瑾秋,郝笑笑,张来斌. 基于虚拟传感技术的工业数据错误诊断方法[J]. 仪器仪表学报,2018,39(3):29-36.

[24] SHU Y,MING L,CHENG F,et al. Abnormal situation management:Challenges and opportunities in the big data era[J]. Computers & Chemical Engineering,2016,91(8):104-113.

[25] KAMESWARI U S,BABU I R. Sensor data analysis and anomaly detection using predictive analytics for industrial process[C]. IEEE Workshop on Computational Intelligence:Theories,Applications and Future Directions,2016:1-8.

[26] AHMAD M H E. Data reconciliation and gross error detection:Application in chemical processes[J]. Cumhuriyet Science Journal,2015,36(3):1905-1913.

[27] 胡瑾秋,郭放,张来斌. 基于趋势分析的间歇过程异常工况超早期报警研究[J]. 石油学报(石油加工),2018,34(1):101-107.

[28] 胡瑾秋,郭家洁. 基于尺度效应的过程安全事故概率估计[J]. 化工学报,2017,68(12):4848-4856.

[29] WU T K,WANG B,ZHAO Y,et al. Renovated fault analysis method for ammonia leakage based on the fault tree analysis[J]. Journal of Safety and Environment,2014,14(4):15-20.

[30] PAPAZOGLOU I A. Functional block diagrams and automated construction of event trees[J]. Reliability Engineering and System Safety,1998,61(3):185-214.

[31] XIAO R,YANG D. The research on dynamic risk assessment based on Hidden Markov Models[C]//Proceedings of the 2012 International Conference on Computer Science & Service System. Washington DC,2012:1106-1109.

[32] FLEMING K N. Markov models for evaluating risk-informed in-service inspection strategies for nuclear power plant piping systems[J]. Reliability Engineering and System Safety,2004,83(1):27-45.

[33] GRAN B A. Use of Bayesian belief networks when combining disparate sources of information in the safety assessment of software-based systems[J]. International Journal of Systems Science,2002,33(6):529-542.

[34] TOUW A E. Bayesian estimation of mixed Weibull distributions[J]. Reliability Engineering and System Safety,2009,94(2):463-473.

[35] CHENG L V,ZHANG Z Y,REN X. Predicting the frequency of abnormal events in chemical process with Bayesian theory and vine copula[J]. Journal of Loss Prevention in the Process Industries,2014,9(4):192-200.

[36] ADAMYA A,HE D. Failure and safety assessment of systems using Petri nets[C]. Proceedings of IEEE International Conference on Robotics and Automation,2002,2:1919-1924.

[37] VOLOVOI V. Modeling of system reliability Petri nets with aging tokens[J]. Reliability Engineering and System Safety,2004,84(2):149-161.

[38] 胡瑾秋,肖文超."互联网+"背景下油气安全工程专业的发展与变革[J]. 安全,2017,38(1):59-62.

[39] 胡瑾秋,张来斌,伊岩,等. 基于贝叶斯估计的炼化装置动态告警管理方法研究[J]. 中国安全生产科学技术,2016,12(10):81-85.

[40] HU J,ZHANG L,XIAO S,et al. Risk path prediction and early warning method of LNG unloading system based on improved kinetic model[J]. Physica D:Nonlinear Phenomena,2024,457,133976.

[41] HU J,CHEN C,LIU Z. Early warning method for overseas natural gas pipeline accidents based on FDOOBN under severe environmental conditions[J]. Process Safety and Environmental Protection,2022,157:175-192.

[42] HU J,XIAO S,CHEN Y. Chapter Eleven – Information security risk-based inherently safer design for intelligent oil and gas pipeline systems[J]. Methods in Chemical Process Safety 2023,7:279-309.

[43] HU J,KHAN F,ZHANG,L. Dynamic resilience assessment of the Marine LNG offloading system[J]. Reliability Engineering & System Safety,2021,208,107368.

[44] 张建广,邱彤,赵劲松. 基于广义SDG的化工过程故障模拟分析. 清华大学学报:自然科学版. 2009,5(9):1561-1564.

[45] 胡瑾秋. 石油化工安全技术[M]. 北京:石油工业出版社,2018.

[46] 王其藩. 高级系统动力学[M]. 北京:清华大学出版社,1995.

[47] 钟永光. 系统动力学[M]. 北京:科学出版社,2009.

[48] 孙林辉,贾元瑞,王明扬,等. 工业系统监控作业中的人因失误研究综述[J]. 包装工程,2022,43(4):9.

[49] 王圣辉,贺华波. 基于THERP可变功能机械功能转换过程评价[J]. 宁波大学学报(理工版),2023,36(3):50-56.

[50] 高扬,朱艳妮. 基于HEART方法的管制员调配飞行冲突的人为差错概率研究[J]. 安全与环境工程,2013,20(4):5.

[51] ZHAO X,SHANG P,LIN A. Transfer mutual information:A new method for measuring information transfer to the interactions of time series[J]. Physica A:Statistical Mechanics and its Applications,2017,467:517-526.

[52] HUANG G B. An insight into extreme learning machines:random neurons,random features and kernels[J]. Cognitive Computation,2014,6(3):376-390.

[53] 石浪涛,赵云. 多级流模型(MFM)在传感器故障诊断中的应用[J]. 嘉兴学院学报,2008,20(6):87-90.

[54] 高丽洁,王辉萍,段潇雨,等. 基于多级流模型(MFM)的故障诊断技术应用[J]. 中国石油和化工,2015(12):50-52.

[55] 吴婧. 复杂系统的功能建模方法及其在安全评价中的应用[D]. 北京:中国石油大学(北京),2014.

[56] HU J,KHAN F,Zhang L,et al. Data-driven early warning model for screenout scenarios in shale gas fracturing operation[J]. Computers & Chemical Engineering,2020,143,107-116.

[57] 张来斌,胡瑾秋,肖尚蕊. 油气智慧管道"端+云+大数据"跨域"信息—物理"安全保障技术现状及发展趋势[J]. 安全与环境学报,2023,23(6):1825-1836.

[58] 陈传刚,胡瑾秋,韩子从,等. 恶劣环境条件下海外天然气管道站场事故演化知识图谱建模及预警方法[J]. 清华大学学报(自然科学版),2022,62(6):1081-1087.

[59] 董绍华,袁士义,张来斌,等. 长输油气管道安全与完整性管理技术发展战略研究[J]. 石油科学通报,2022,7(3):435-446.

[60] 蔡爽,张来斌,胡瑾秋. 炼化过程故障传播路径的不确定并行推理方法研究[J]. 中国安全科学学报,2014,24(11):116-121.

[61] 蔡战胜,张来斌,王安琪,等. 炼化系统扰动—故障复合动力学行为研究[J]. 中国安全科学学报,2014,24(7):37-42.

[62] 胡瑾秋,张来斌. 基于故障超前防御的复杂油气生产设备机会维护模型[J]. 机械工程学报,2013,49(12):167-175.